中国工程院咨询研究报告

中国煤炭清洁高效可持续开发利用战略研究

谢克昌／主编

第 3 卷

煤炭提质技术与输配方案
的战略研究

刘炯天　吴立新　吕　涛　苗真勇　王大鹏 等／编著

科学出版社

北京

内 容 简 介

本书是《中国煤炭清洁高效可持续开发利用战略研究》丛书之一。

本书围绕煤炭清洁高效可持续发展的战略需求,针对我国整体煤炭质量差、大量低品质煤资源有待开发,以及煤炭生产与消费逆向分布的现状,分析了煤炭质量与利用效率、产品结构与用户需求、质量提升与价格机制、资源释放与技术短缺、产销布局与通道能力、社会需求与配送服务等方面的矛盾。提出了煤炭质量综合评价指标——用煤洁配度。以洁配度为指导,节能减排为目标,提出了全面提质战略。通过对近中期我国煤炭生产、消费区、进出口及运输通道、港口储配能力预测与分析,建立了合理输送半径下的煤炭输配原则,形成梯度输配格局,坚持"低质煤本地消费,优质煤远距离输配"和"提质后输配"的原则。提出"煤电并举,输煤为主;优化布局,合理流向;增加运力,消除瓶颈;储配结合,应急保障"的输配优化方案。

本书可为从事煤炭洗选与加工、煤炭资源输配、能源经济与管理等领域的科技人员、大专院校师生,以及国家相关管理部门提供信息支持和决策参考。

图书在版编目(CIP)数据

煤炭提质技术与输配方案的战略研究/刘炯天等编著. —北京:科学出版社,2014.10

(中国煤炭清洁高效可持续开发利用战略研究/谢克昌主编;3)

"十二五"国家重点图书出版规划项目 中国工程院咨询研究报告

ISBN 978-7-03-040334-6

Ⅰ. 煤… Ⅱ. 刘… Ⅲ.①煤矿开采-研究-中国 ②煤炭企业-交通运输管理-研究-中国 Ⅳ.①TD82 ②F426.21

中国版本图书馆 CIP 数据核字(2014)第 068057 号

责任编辑:李 敏 王 倩 张 震/责任校对:韩 杨
责任印制:钱玉芬/封面设计:黄华斌

科学出版社 出版
北京东黄城根北街 16 号
邮政编码:100717
http://www.sciencep.com

中国科学院印刷厂 印刷
科学出版社发行 各地新华书店经销

*

2014 年 10 月第 一 版 开本:787×1092 1/16
2014 年 10 月第一次印刷 印张:14 1/4
字数:300 000

定价:118.00 元
(如有印装质量问题,我社负责调换)

中国工程院重大咨询项目

中国煤炭清洁高效可持续开发利用战略研究
项目顾问及负责人

项 目 顾 问

徐匡迪　中国工程院　十届全国政协副主席、中国工程院主席团名
　　　　　　　　　　誉主席、原院长、院士

周　济　中国工程院　院长、院士

潘云鹤　中国工程院　常务副院长、院士

杜祥琬　中国工程院　原副院长、院士

项目负责人

谢克昌　中国工程院　副院长、院士

课题负责人

第 1 课题　煤炭资源与水资源　　　　　　　　　　　　彭苏萍

第 2 课题　煤炭安全、高效、绿色开采技术与战略研究　谢和平

第 3 课题　煤炭提质技术与输配方案的战略研究　　　　刘炯天

第 4 课题　煤利用中的污染控制和净化技术　　　　　　郝吉明

第 5 课题　先进清洁煤燃烧与气化技术　　　　　　　　岑可法

第 6 课题　先进燃煤发电技术　　　　　　　　　　　　黄其励

第 7 课题　先进输电技术与煤炭清洁高效利用　　　　　李立浧

第 8 课题　煤洁净高效转化　　　　　　　　　　　　　谢克昌

第 9 课题　煤基多联产技术　　　　　　　　　　　　　倪维斗

第 10 课题　煤利用过程中的节能技术　　　　　　　　　金　涌

第 11 课题　中美煤炭清洁高效利用技术对比　　　　　　谢克昌

综　合　组　中国煤炭清洁高效可持续开发利用　　　　　谢克昌

本卷研究组成员

顾 问

陈清如	中国矿业大学	院士
吴 吟	国家能源局	原副局长
王显政	中国煤炭工业协会	会长
胡省三	中国煤炭学会	原常务副理事长
鲁俊岭	国家发展和改革委员会经济运行局	副巡视员

组 长

刘炯天	郑州大学	校长、院士

副组长

姜智敏	中国煤炭工业协会	副会长
樊民强	太原理工大学	教授,第3章执笔人
陶秀祥	中国矿业大学	教授,第1、4章执笔人
张锁江	中国科学院过程工程研究所	研究员

成 员(按姓氏笔画排序)

万永周	中国矿业大学	讲师
马 剑	中国煤炭加工利用协会	副理事长兼秘书长、教授级高工
王 宏	中国煤炭科工集团有限公司	教授级高工
王大鹏	中国矿业大学	讲师
王向辉	中国科学院过程工程研究所	研究员
王春晶	煤炭科学研究总院北京煤化工分院	工程师
王彩丽	太原理工大学	博士
邓晓阳	大地工程开发集团	副总裁、教授级高工
左家和	中国工程院一局	处长
叶大武	中国煤炭加工利用协会	教授级高工
叶旭东	中国煤炭工业发展研究中心	处长、研究员
冉进财	中国矿业大学	副处长、高工,第9章执笔人
邢春芳	山西焦煤集团有限责任公司	高工
成玉琪	中国煤炭学会	研究员
曲思建	煤炭科学研究总院北京煤化工分院	院长、研究员
吕 涛	中国矿业大学	教授,第10章执笔人

吕俊复	清华大学	教授
朱　超	中国煤炭工业发展研究中心	研究员
任世华	煤炭科学研究总院北京煤化工分院	副所长、副研究员
任相坤	北京宝塔三聚能源科技有限公司	研究员、科技部863能源领域专家
刘晋芳	山西焦煤集团有限责任公司	工程师
刘满芝	中国矿业大学	讲师
许光文	中国科学院过程工程研究所	研究员
李　华	铁道部经济规划研究院	研究员
李子义	内蒙古煤炭工业局	总工、教授级高工
李志红	太原理工大学	副教授
李松庚	中国科学院过程工程研究所	研究员
李明辉	中国煤炭科工集团北京华宇工程有限公司	总经理、高工
李学俊	中国煤炭科工集团有限公司唐山研究院	教授级高工
李春山	中国科学院过程工程研究所	研究员
杨建国	国家煤加工与洁净化工程技术研究中心	副主任、教授
肖　平	中国华能集团清洁能源技术研究院有限公司	研究员
肖　雷	中国矿业大学	副教授
吴　影	中国煤炭科工集团北京华宇工程有限公司	教授级高工，第2章执笔人
吴立新	煤炭科学研究总院北京煤化工分院	所长、研究员，第5、6章执笔人
吴式瑜	中国煤炭加工利用协会	教授级高工
何立新	神华北京低碳清洁能源研究所	研究员
何青松	重庆南桐矿业有限责任公司	高工
汪寿建	中国化学工程集团公司	总工
宋世杰	陕西煤业战略合作部	经理
张　宏	中国煤炭工业协会政策研究室	主任、教授级高工，第11章执笔人
张　磊	中国矿业大学	副教授
张仕和	贵州盘江投资控股（集团）有限公司	董事长、高工
张奉春	内蒙古锡林郭勒白音华煤提质公司	总工
张明旭	安徽理工大学	党委书记、教授
张绍强	中国煤炭加工利用协会	副理事长、高工
张秋民	大连理工大学	教授
张海军	国家煤加工与洁净化工程技术研究中心	副教授
陈贵锋	煤炭科学研究总院北京煤化工分院	副院长、研究员
武建军	中国矿业大学	副院长、教授，第7章执笔人

苗文华	中国电科院富通公司	高工
苗真勇	中国矿业大学	讲师
罗　腾	煤炭科学研究总院北京煤化工分院	高工、博士
金俊杰	兖矿集团有限公司煤化分公司	高工
周　敏	中国矿业大学	副院长、教授，第8章执笔人
周安宁	西安科技大学	院长、教授
周国莉	中国矿业大学	博士
宗玉生	中国工程院办公厅	调研员
屈进州	中国矿业大学	博士
孟献梁	中国矿业大学	副教授
赵文成	中国工程院三局	副调研员
贺佑国	中国煤炭工业发展研究中心	主任、研究员
聂　锐	中国矿业大学	院长、教授
桂夏辉	中国矿业大学	讲师
倪中海	中国矿业大学	教授
徐振刚	中国中煤能源集团有限公司煤化工研究院	院长、研究员
高　翔	浙江大学	教授
高士秋	中国科学院过程工程研究所	研究员
唐跃刚	中国矿业大学（北京）	教授
黄建宇	淮北矿业（集团）有限责任公司	副总经理、教授级高工
曹亦俊	国家煤加工与洁净化工程技术研究中心	副主任、教授
常少英	北京国电龙源环保工程公司	高工
崔永君	北京宝塔三聚能源科技有限公司	高工
彭　垠	山西焦煤集团有限责任公司煤炭综合利用部	部长、教授级高工
韩　梅	兖矿集团有限公司煤化分公司	总工、高工
傅雪海	中国矿业大学	教授
解京选	中国矿业大学	院长、教授

序 一

近年来，能源开发利用必须与经济、社会、环境全面协调和可持续发展已成为世界各国的普遍共识，我国以煤炭为主的能源结构面临严峻挑战。煤炭清洁、高效、可持续开发利用不仅关系我国能源的安全和稳定供应，而且是构建我国社会主义生态文明和美丽中国的基础与保障。2012 年，我国煤炭产量占世界煤炭总产量的 50% 左右，消费量占我国一次能源消费量的 70% 左右，煤炭在满足经济社会发展对能源的需求的同时，也给我国环境治理和温室气体减排带来巨大的压力。推动煤炭清洁、高效、可持续开发利用，促进能源生产和消费革命，成为新时期煤炭发展必须面对和要解决的问题。

中国工程院作为我国工程技术界最高的荣誉性、咨询性学术机构，立足我国经济社会发展需求和能源发展战略，及时地组织开展了"中国煤炭清洁高效可持续开发利用战略研究"重大咨询项目和"中美煤炭清洁高效利用技术对比"专题研究，体现了中国工程院和院士们对国家发展的责任感和使命感，经过近两年的调查研究，形成了我国煤炭发展的战略思路和措施建议，这对指导我国煤炭清洁、高效、可持续开发利用和加快煤炭国际合作具有重要意义。项目研究成果凝聚了众多院士和专家的集体智慧，部分研究成果和观点已经在政府相关规划、政策和重大决策中得到体现。

对院士和专家们严谨的学术作风和付出的辛勤劳动表示衷心的敬意与感谢。

徐匡迪

2013 年 11 月 6 日

序　二

煤炭是我国的主体能源，我国正处于工业化、城镇化快速推进阶段，今后较长一段时期，能源需求仍将较快增长，煤炭消费总量也将持续增加。我国面临着以高碳能源为主的能源结构与发展绿色、低碳经济的迫切需求之间的矛盾，煤炭大规模开发利用带来了安全、生态、温室气体排放等一系列严峻问题，迫切需要开辟出一条清洁、高效、可持续开发利用煤炭的新道路。

2010 年 8 月，谢克昌院士根据其长期对洁净煤技术的认识和实践，在《新一代煤化工和洁净煤技术利用现状分析与对策建议》(《中国工程科学》2003 年第 6 期)、《洁净煤战略与循环经济》(《中国洁净煤战略研讨会大会报告》，2004 年第 6 期) 等先期研究的基础上，根据上述问题和挑战，提出了《中国煤炭清洁高效可持续开发利用战略研究》实施方案，得到了具有共识的中国工程院主要领导和众多院士、专家的大力支持。

2011 年 2 月，中国工程院启动了"中国煤炭清洁高效可持续开发利用战略研究"重大咨询项目，国内煤炭及相关领域的 30 位院士、400 多位专家和 95 家单位共同参与，经过近两年的研究，形成了一系列重大研究成果。徐匡迪、周济、潘云鹤、杜祥琬等同志作为项目顾问，提出了大量的指导性意见；各位院士、专家深入现场调研上百次，取得了宝贵的第一手资料；神华集团、陕西煤业化工集团等企业在人力、物力上给予了大力支持，为项目顺利完成奠定了坚实的基础。

"中国煤炭清洁高效可持续开发利用战略研究"重大咨询项目涵盖了煤炭开发利用的全产业链，分为综合组、10 个课题组和 1 个专题组，以国内外已工业化和近工业化的技术为案例，以先进的分析、比较、评价方法为手段，通过对有关煤的清洁高效利用的全局性、系统性、基础性问题的深入研究，提出了科学性、时效性和操作性强的煤炭清洁、高效、可持续开发利用战略方案。

《中国煤炭清洁高效可持续开发利用战略研究》丛书是在 10 项课题研究、1 项专题研究和项目综合研究成果基础上整理编著而成的，共有 12 卷，对煤炭的开发、输配、转化、利用全过程和中美煤炭清洁高效利用技术等进行了系统的调研和分析研究。

综合卷《中国煤炭清洁高效可持续开发利用战略研究》包括项目综合报告及 10 个课题、1 个专题的简要报告，由中国工程院谢克昌院士牵头，分析了我国煤炭清洁、高效、可持续开发利用面临的形势，针对煤炭开发利用过程中的一系列重大问题进行了分析研究，给出了清洁、高效、可持续的量化指标，提出了符合我国国情的煤炭清洁、高效、可持续开发利用战略和政策措施建议。

第1卷《煤炭资源与水资源》，由中国矿业大学（北京）彭苏萍院士牵头，系统地研究了我国煤炭资源分布特点、开发现状、发展趋势，以及煤炭资源与水资源的关系，提出了煤炭资源可持续开发的战略思路、开发布局和政策建议。

第2卷《煤炭安全、高效、绿色开采技术与战略研究》，由四川大学谢和平院士牵头，分析了我国煤炭开采现状与存在的主要问题，创造性地提出了以安全、高效、绿色开采为目标的"科学产能"评价体系，提出了科学规划我国五大产煤区的发展战略与政策导向。

第3卷《煤炭提质技术与输配方案的战略研究》，由中国矿业大学刘炯天院士牵头，分析了煤炭提质技术与产业相关问题和煤炭输配现状，提出了"洁配度"评价体系，提出了煤炭整体提质和输配优化的战略思路与实施方案。

第4卷《煤利用中的污染控制和净化技术》，由清华大学郝吉明院士牵头，系统研究了我国重点领域煤炭利用污染物排放控制和碳减排技术，提出了推进重点区域煤炭消费总量控制和煤炭清洁化利用的战略思路和政策建议。

第5卷《先进清洁煤燃烧与气化技术》，由浙江大学岑可法院士牵头，系统分析了各种燃烧与气化技术，提出了先进、低碳、清洁、高效的煤燃烧与气化发展路线图和战略思路，重点提出发展煤分级转化综合利用技术的建议。

第6卷《先进燃煤发电技术》，由东北电网有限公司黄其励院士牵头，分析评估了我国燃煤发电技术及其存在的问题，提出了燃煤发电技术近期、中期和远期发展战略思路、技术路线图和电煤稳定供应策略。

第7卷《先进输电技术与煤炭清洁高效利用》，由中国南方电网公司李立浧院士牵头，分析了煤炭、电力流向和国内外各种电力传输技术，通过对输电和输煤进行比较研究，提出了电煤输运构想和电网发展模式。

第8卷《煤洁净高效转化》，由中国工程院谢克昌院士牵头，调研分析了主要煤基产品所对应的煤转化技术和产业状况，提出了我国煤转化产业布局、产品结构、产品规模、发展路线图和政策措施建议。

第9卷《煤基多联产技术》，由清华大学倪维斗院士牵头，分析了我国煤基多联产技术发展的现状和问题，提出了我国多联产系统发展的规模、布局、发展战略和路线图，对多联产技术发展的政策和保障体系建设提出了建议。

第 10 卷《煤炭利用过程中的节能技术》，由清华大学金涌院士牵头，调研分析了我国重点耗煤行业的技术状况和节能问题，提出了技术、结构和管理三方面的节能潜力与各行业的主要节能技术发展方向。

第 11 卷《中美煤炭清洁高效利用技术对比》，由中国工程院谢克昌院士牵头，对中美两国在煤炭清洁高效利用技术和发展路线方面的同异、优劣进行了深入的对比分析，为中国煤炭清洁、高效、可持续开发利用战略研究提供了支撑。

《中国煤炭清洁高效可持续开发利用战略研究》丛书是中国工程院和煤炭及相关行业专家集体智慧的结晶，体现了我国煤炭及相关行业对我国煤炭发展的最新认识和总体思路，对我国煤炭清洁、高效、可持续开发利用的战略方向选择和产业布局具有一定的借鉴作用，对广大的科技工作者、行业管理人员、企业管理人员都具有很好的参考价值。

受煤炭发展复杂性和编写人员水平的限制，书中难免存在疏漏、偏颇之处，请有关专家和读者批评、指正。

2013 年 11 月

前　　言

　　煤炭提质是指采用物理、化学等手段脱除煤的杂质，提升和稳定煤炭质量并达到质量标准和用户要求的过程和方法，包括以选煤为主的煤炭加工与低品质煤资源提质两个方面。煤炭输配指煤炭从生产地至消费地的输送过程和从消费地的储配中心至用户的配送过程，包括输送过程的流向选择、通道优化等，以及配送过程的节点布局、配送体系等。

　　本书围绕煤炭清洁高效可持续发展战略需求，针对我国整体煤炭质量差、大量低品质煤资源有待开发，以及煤炭生产与消费逆向分布的现状，分析了煤炭质量与利用效率、产品结构与用户需求、质量提升与价格机制、资源释放与技术短缺、产销布局与通道能力、社会需求与配送服务等方面的矛盾。

　　本书首次提出了煤炭质量综合评价指标——用煤洁配度。分析了我国近年来不同用煤利用方向的用煤洁配度和综合用煤洁配度，以及与国际先进水平的差距。本书提出，应设置用煤洁配度标准，实现煤炭的分质、分级利用，推动我国煤炭消费结构、产业结构的调整，以及煤炭提质技术的发展，不断提高用煤洁配度。

　　以洁配度为指导，节能减排为目标提出了全面提质战略，通过逐步调整我国煤炭消费结构，降低工业锅炉、窑炉的使用比例，提升用煤洁配度，提高煤炭利用效率；推进低品质煤提质技术，实现低品质煤资源规模化开发，提升低品质煤洁净化度。据此提出提高洁配度的四个子战略：不断提高低品质煤洁净化度的低品质煤资源开发战略；不断提高动力煤洁净化度的大规模入选战略；不断提高动力煤适配度高效分选加工技术发展战略；资源综合利用发展战略。

　　通过近中期我国煤炭生产、消费区、进出口及运输通道、港口储配能力预测与分析，建立了合理输送半径下的煤炭输配原则，形成梯度输配格局，坚持"低质煤本地消费、优质煤远距离输配"和"提质后输配"的原则。提出"煤电并举，输煤为主；优化布局，合理流向；增加运力，消除瓶颈；储配结合，应急保障"的输配优化方案。

　　本书是根据"中国煤炭清洁高效可持续开发利用战略研究"项目组的总体要求和课题任务，以科学发展观为指导，全面贯彻以人为本、全面、协调、可持续的煤炭工业发展方针，采取国内和国外相结合、整体分析和重点区域分析相结合、子课题和综合组研究相结合的研究主线，广泛开展实地调研工作。

在历时近两年的研究中，本书立足于我国煤炭条件差、煤炭利用的高排放、煤炭输配效率低的现实，瞄准煤炭提质的国际研究前沿，紧紧围绕我国整体煤炭质量的提高、低质煤（高含水、高含硫、高含灰）的开发利用，以及煤炭产业布局和输配的技术和产业，通过对煤炭整体提质的技术与产业的全局性、系统性、基础性问题的深入调研和分析，为国家提供在近中期促进煤炭整体提质切实可行的工程技术方案，为政府制定相关政策和发展战略提供科学依据。

本书是集体智慧的结晶，在研究过程中得到了中国工程院、中国矿业大学、神华集团、中国煤炭工业协会政策研究室、中国煤炭加工利用协会、中国煤炭学会、中煤科工集团唐山研究院、煤炭科学研究总院洁净煤中心、中煤国际工程集团北京华宇工程有限公司、中国矿业大学（北京）、太原理工大学等单位的领导和专家的大力支持和协助，在此一并致谢！由于本书课题内容研究时间较短，且研究任务较重，书中难免有不妥之处，敬请批评指正！

作　者
2013 年 12 月

目 录

第1章 | 煤炭提质与输配的战略意义

1.1 在未来相当长的时期内，煤炭是中国的主体能源

煤炭是中国经济持续、快速发展的最基本保证。近年来，随着中国国民经济的快速发展，对煤炭的需求量大幅度增长，能源消费保持 2 亿 tce 左右的年增长，煤炭在中国一次能源的生产和消费中占 70% 左右。尽管随着我国能源结构的不断调整，可再生能源会有一定的发展，但中国"富煤、缺油、少气"的能源赋存条件决定了在未来相当长的时期内，煤炭在能源结构中的主体地位不会改变，根据《中国可持续能源发展战略》，到 2050 年煤炭仍将是中国可长期依赖的基础能源（中国科学院能源战略研究组，2006）。

1.2 煤炭提质是实现煤炭清洁高效利用的重大战略举措

目前，资源和环境问题已成为影响中国可持续发展的主要因素。中国煤炭资源的整体质量低，商品煤的平均灰分在 22% 左右，电煤的平均灰分则高达 28%，远高于西方发达国家平均灰分（小于 8%）要求。利用效率低是中国煤炭消费的主要特点，综合效率仅为 36%，比发达国家低 10%。原煤直接燃烧是造成中国大气煤烟型污染的根本原因，我国烟尘排放量的 70%、SO_2 排放量的 85%、NO_x 排放量的 60%、CO_2 排放量的 85% 都来自煤炭燃烧。

煤炭提质是大幅度提高煤炭利用效率、降低污染物排放及改善对环境影响的重要途径。入选 1 亿 t 原煤，可减少 SO_2 排放量 100 万～150 万 t。发电用煤灰分每降低 1%，标准耗煤减少 2～5g/（kW·h），全国每年可减少 CO_2 的排放量 1500 万～3750 万 t。到 2020年，单位国内生产总值（GDP）CO_2 排放量比 2005 年下降 40%～45%，煤炭提质在节能减排中将发挥重要作用（刘炯天，2011）。

1.3 低品质煤资源开发是实现煤炭可持续发展的重要战略选择

中国煤炭资源人均占有量少，资源相对短缺给经济发展带来巨大的压力。主焦煤、肥煤成为中国的稀缺煤资源，已作为战略资源开发利用，另外约占中国煤炭资源总量40% 的褐煤、高硫煤、高灰煤等低品质煤，由于高水、高硫、高灰等原因无法直接利用造成巨大的资源浪费，或得不到合理利用使得其利用能效低、污染严重。因此，开展低

品质煤提质与综合利用是实现中国煤炭可持续发展的重要战略选择。

1.4 煤炭合理输配对于促进节能减排具有重要意义

　　中国煤炭资源"西多东少"、"北多南少"的分布特点，以及长期煤电分离的体制决定了煤炭输配"西煤东运"、"北煤南运"的格局。煤炭资源开发布局形成了煤炭长距离运输，且以铁路运输为主，煤炭运输占铁路货运的45%，2010年全国煤炭铁路运输量近20亿t，占全国煤炭总产量的61.54%，资源浪费与环境影响大（马剑，2011）。当前我国煤炭主要开发战略性西移，存在产业链和供应链发展失衡，当地产业对能源产品的需求不足，面临生态环境、水资源和运能问题；同时东部能源需求量不断增长，中国将长期呈现煤炭产需区位分离的大格局，煤炭生产与消费逆向布局的矛盾更加突出。面对国内和海外煤炭资源、国内和国际煤炭市场，优化煤炭产业布局、实施合理输配对中国减少运输、实现节能减排具有重要意义。

第2章 | 中国煤炭资源分布、煤质、煤炭生产及需求特点

本章介绍了中国煤炭资源储量、区域分布特点、煤质特征，高硫煤、褐煤、高灰煤及其他低品质煤的资源特点、煤质特征，煤炭生产特征和煤炭需求情况。

2.1 煤炭资源的赋存及煤质特点

2.1.1 煤炭储量及分布

中国煤炭资源分布呈西多东少、北富南贫的格局。陕西、内蒙古、新疆的早、中侏罗世含煤地层煤炭储量最大，约占总资源量的60%，赋存煤种多为低变质的不黏煤、长焰煤；分布在山西、河南、河北、山东、安徽的晚石炭世、早二叠世含煤地层煤炭储量次之，约占总资源量的25%（莽东鸿等，1994）。2010年年底全国煤炭储量见表2-1，全国分煤种储量分布见表2-2。

表 2-1　2010 年年底全国煤炭储量表

地区	矿区数	储量/亿 t	基础储量/亿 t	资源量/亿 t	查明资源量/亿 t
全国	8854	910.01	2 795.83	10 616.05	13 411.88
北京	28	2.71	3.79	15.53	19.32
天津	2	—	2.97	0.85	3.82
河北	249	27.22	60.59	106.86	167.45
山西	609	14.6	844.01	1 829.78	2 673.79
内蒙古	527	412.37	796.86	2 807.59	3 577.45
辽宁	487	24.93	46.63	32.62	79.25
吉林	447	8.75	12.40	13.67	26.17
黑龙江	238	16.17	68.17	149.66	217.83
江苏	127	7.89	14.23	21.78	36.01
浙江	68	0.16	0.49	0.45	0.94
安徽	221	41.09	81.93	217.65	299.58
福建	242	2.23	4.06	0.23	10.29
江西	174	3.60	6.74	8.28	15.02
山东	303	38.38	77.56	175.69	253.25
河南	315	30.94	113.49	166.25	179.74
湖北	288	0.09	3.30	4.61	7.91

地区	矿区数	储量/亿 t	基础储量/亿 t	资源量/亿 t	查明资源量/亿 t
湖南	624	9.82	18.76	13.43	32.19
广东	188	0.63	1.89	4.41	6.30
广西	180	3.41	7.74	14.62	22.36
海南	8	—	0.90	0.77	1.67
重庆	370	9.8	22.49	17.56	40.05
四川	621	29.87	54.45	63.31	117.76
贵州	985	62.84	120.29	473.33	593.62
云南	405	29.52	62.47	232.86	295.33
西藏	23	—	0.12	0.44	0.56
陕西	216	12.70	119.89	1 534.34	1 654.23
甘肃	220	32.72	58.05	92.63	150.68
青海	91	8.79	16.22	31.79	48.01
宁夏	107	26.32	54.03	294.06	348.09
新疆	491	52.48	148.31	2 285.00	2 433.31

注：据 1999 年第三次煤炭资源预测，截止到 2002 年年末，全国煤炭资源总量约 55 293 亿 t，其中保有资源量/储量 10 033 亿 t。从地理分布来看，秦岭—大别山以北的保有资源量/储量约占保有总量的 90%；太行山—雪峰山以西的保有资源量/储量约占保有总量的 87%，其中晋陕蒙（西）地区占保有总量的 64%；西北新甘宁青 4 省份占保有总量的 14%；西南的云贵川渝 4 省份占保有总量的 9%，其次蒙东（东北）、京津冀、华东、中南等主要耗煤区，共占保有总量的 13%。

表 2-2 分煤类储量分布表

煤类	无烟煤	贫煤	弱黏煤	不黏煤	长焰煤	褐煤
占全国储量/%	11.60	6.0	1.8	15.8	14.7	12.8
煤类	气煤、1/3 焦煤	肥煤、气肥煤	焦煤	瘦煤、贫瘦煤	天然焦	未分类
占全国储量/%	13.1	3.8	6.48	4.22	0.2	9.5

　　为实现煤炭工业可持续发展，更好地满足国民经济发展对煤炭的需求，国家已将大型煤炭基地的建设纳入煤炭工业中长期发展规划，并在 2005 年完成了 13 个大型煤炭基地规划的编制工作。规划编制指导思想是稳定东部煤炭调入区生产规模，加大中部调出区开发强度，适度加大西部后备区开发强度，优化煤炭生产开发布局，促进煤炭资源得到合理开发利用。截止到 2002 年年末，大型煤炭基地保有资源量/储量为 8526.6 亿 t，约占全国保有资源量/储量的 85%。

　　大型煤炭基地内煤类齐全，在 8526.6 亿 t 的保有资源量/储量中有动力用煤 6152.0 亿 t，占 72.1%，炼焦用煤 1361.2 亿 t，占 16.0%，无烟煤 1013.4 亿 t，占 11.9%。

2.1.2　主要煤类及其煤质特点

　　按照我国现行国家标准《中国煤炭分类》（GB/T5751—2009），煤炭可根据煤化程度参数（干燥无灰基挥发分和低阶煤透光率）划分为无烟煤、烟煤和褐煤三大类，各大类又可细分。

煤炭分类中所出现的无烟煤、贫煤、贫瘦煤、瘦煤、焦煤、肥煤、1/3 焦煤、气肥煤、气煤、1/2 中黏煤、弱黏煤、不黏煤、长焰煤和褐煤共计 14 个煤类在我国均有埋藏。

储量最大的是低变质烟煤，包括长焰煤、不黏煤、弱黏煤和 1/2 中黏煤，约占煤炭总储量的 52%，其煤质特点是挥发分较高、黏结性较差，我国低变质烟煤的最大特点是灰分低、硫分低、可选性好，可作为优质动力用煤，有些还可作为煤炭气化、液化的原料。

储量次之的是中变质烟煤，包括气煤、气肥煤、肥煤、1/3 焦煤、焦煤、瘦煤和贫瘦煤，约占煤炭总储量的 24%，其特点是挥发分中等、黏结性好，其主要用途是作为炼焦用煤。

储量再次之的是高变质煤，包括贫煤和无烟煤，约占煤炭总储量的 15%，其特点是挥发分低、硬度高、发热量高，可作为高炉喷吹、化工、动力等用煤。

储量最少的是褐煤，约占煤炭总储量的 12.8%，其特点是挥发分高、水分高、无黏结性、发热量低，可作为动力和民用燃料，也可作为化工及气化原料。

2.1.3　区域分布特点、煤质特征

2.1.3.1　低变质烟煤

低变质烟煤（长焰煤、不黏煤、弱黏煤和 1/2 中黏煤）主要分布在内蒙古、新疆、陕西、山西等地，成煤时代以早、中侏罗世为主，其次为早白垩世和石炭纪、二叠纪。我国低变质烟煤的主要产地见表 2-3。

表 2-3　我国低变质烟煤的主要产地

省（自治区）	矿区及煤产地	成煤时代
内蒙古	准格尔	$C_2 \sim P_1$
	东胜、大青山、营盘湾、阿巴嘎旗、昂根、北山、大杨树	$J_{1 \sim 2}$、J_3
	双辽、金宝屯、拉布达林	K_1
新疆	乌鲁木齐、乌苏、干沟、南台子、西山、南山、鄯善、巴里坤、艾格留姆、他什店、伊宁、哈密、克尔碱、布雅、吐鲁番七泉湖、哈南、和什托洛盖	$J_{1 \sim 2}$
陕西	神木、榆林、横山、府谷、黄陵、焦坪、彬长	$J_{1 \sim 2}$
山西	大同	J_2
宁夏	碎石井、石沟驿、王洼、炭山、下流水、窑山、灵盐、磁窑堡	J_2
河北	蔚县、下花园	$J_{1 \sim 2}$
黑龙江	集贤、东宁、老黑山、宝清、柳树河子、黑宝山—罕达气	K_1
	依兰	E_2
辽宁	阜新、八道壕、康平、铁法、宝力镇—亮中、谢林台、雷家、勿欢池、冰沟	K_1
	抚顺	$E_{2 \sim 3}$
河南	义马	J_2

注：C_2 为石炭纪中石炭世；P_1 为二叠纪早二叠世；J_1、J_2、J_3 分别为侏罗纪早、中、晚侏罗世；K_1 为白垩纪早白垩世；E_2、E_3 分别为古近纪始新世、渐新世。

我国长焰煤的成煤时代以侏罗纪为主，古近纪、新近纪较少。形成于晚侏罗世的长焰煤其灰分和硫分与形成于晚侏罗世的褐煤相近，平均灰分18.94%，平均硫分1.19%；焦油产率古近纪明显高于晚侏罗世，从低温干馏用煤的角度来说，以古近纪的长焰煤为最理想。我国不同时代长焰煤煤质特征的比较见表2-4。

表2-4 我国不同时代长焰煤煤质特征的比较

煤质特征	古近纪	晚侏罗世	平均
M_{ad}/%	5.02	6.24	6.07
A_d/%	16.59	18.94	18.61
V_{daf}/%	47.43	42.22	42.83
$S_{t,d}$/%	0.48	1.19	1.10
$Q_{gr,ad}$/（MJ/kg）	24.82	23.46	23.64
Tar_{daf}/%	16.09	10.39	11.24
P_M/%	73.9	76.3	76.0

注：M_{ad}为空气干燥基水分；A_d为干燥基灰分；V_{daf}为干燥无灰基挥发分；$S_{t,d}$为干燥基全硫；$Q_{gr,ad}$为空气干燥基高位发热量；Tar_{daf}为焦油产率（%）；P_M为透光率。下同。

我国的不黏煤几乎全部形成于早、中侏罗世，弱黏煤也很少有其他时代形成的。早、中侏罗世形成的不黏煤和弱黏煤都是低灰（A_d为10%~11%）、低硫（$S_{t,d}$小于0.9%）的年轻烟煤。两种煤的惰质组含量均较高而不适用于液化或低温干馏用煤，灰熔点都较低，适宜作为液态排渣的气化炉或锅炉用煤。

2.1.3.2 中变质烟煤

中变质烟煤（即炼焦用煤）主要分布在山西，主要赋存于华北石炭系、二叠系和华南二叠系含煤地层中。我国中变质烟煤的主要产地见表2-5。

表2-5 我国中变质烟煤的主要产地

省份	矿区及煤产地	成煤时代
山西	西山、古交、汾西、离石、柳林、乡宁、平朔、岚县、大同、潞安、东山、轩岗、霍县、汾孝、灵石、霍东	$C_2~P_1$
河北	开滦、井陉、兴隆、峰峰、邯郸、邢台、临城	$C_2~P_1$
山东	兖州、淄博、枣庄、陶庄、新汶、肥城、莱芜、临沂、济宁、巨野、滕州	$C_2~P_1$
贵州	六枝、盘江、水城、中营、瓮安、贵阳	P_2
新疆	乌鲁木齐、南山、阜康、艾维尔沟、巴里坤、乌恰沙里拜	$J_{1~2}$
	塔北、乌恰、库车	T_3
黑龙江	鸡西、双鸭山、鹤岗、七台河、双桦、林口	K_1
辽宁	抚顺	$E_{1~2}$
	本溪、南票、红阳、南哨	$C_2~P_1$
	北票、瓦房店、凤城、马架子	$J_{1~2}$

续表

省份	矿区及煤产地	成煤时代
吉林	辽源、杉松岗、洮安万宝山、三道沟	J_{1-2}
	通化、松树镇	J_1、$C \sim P$
内蒙古	乌达、海勃湾	$C_2 \sim P_1$
	包头、万宝、裕民	J_{1-2}
安徽	淮南、淮北、涡阳、潘谢	$C_2 \sim P_1$
江西	萍乡、花鼓山	T_3
	丰城、乐平、八景	P_2
河南	平顶山、韩梁、朝川、安阳、鹤壁、宜洛、陕渑、禹县、新安、济源、临汝、确山	$C_2 \sim P_1$
四川	渡口、广旺、永荣、华蓥山、嘉阳、达竹、威远	T_3
	南桐、天府、中梁山	P_2
云南	田坝、羊场、来宾、恩洪、圭山、后所、庆云、徐家庄	P_2
	一平浪、华坪腊石沟	T_3
宁夏	石嘴山、石炭井、横城、韦州	$C_2 \sim P_1$
陕西	黄陵、七里镇	J_{1-2}
	子长、陕南水磨沟、延安贯屯、富县	T_3
	铜川、蒲白、澄合、韩城、吴堡、府谷、洛南—商县	$C_2 \sim P_1$

注：C_2 为石炭纪中石炭世；P_1、P_2 分别为二叠纪早、晚二叠世；J_1、J_2 分别为侏罗纪早、中侏罗世；T_3 为三叠纪晚三叠世。

从表 2-5 和表 2-6 可以看出，我国的炼焦煤资源从最早的石炭纪到最晚的古近纪、新近纪均有，但其中以上石炭统太原组、下二叠统山西组、上二叠统乐平组和侏罗纪系为主。主要炼焦煤矿区大约有 16 个，分布于山西的矿区主要有西山、离（石）柳（林）、乡宁、霍东和霍州等矿区。我国其他省份的主要炼焦煤矿区中，资源储量较多的有贵州的水城和盘江矿区、安徽的淮北矿区、河南的平顶山矿区和河北的开滦矿区。

我国炼焦用煤分煤类洗精煤平均质量见表 2-7。

表 2-6 我国主要炼焦煤矿区资源和性质

地区	矿区名称	所在县市	查明资源储量/亿t	所占比例/%	煤种	原煤灰分(A_d)/%	原煤硫分($S_{t,d}$)/%
山西	离柳	临县，离石市，柳林县	203.1	11.48	1/3焦煤，肥煤，焦煤，瘦煤	19.01~25.95	0.48~2.92
	乡宁	乡宁县，吉县，蒲县	171.3	9.68	焦煤，肥煤，瘦煤	19.34~29.49	0.49~5.97
	西山	古交市，交城县，清徐县	185.3	10.47	肥煤，焦煤，贫瘦煤	19.99~32.09	0.51~2.83
	霍州	洪洞，临汾，霍州市	266.5	15.06	1/3焦煤，肥煤，焦煤，瘦煤	13.43~32.51	0.35~2.86
	霍东	沁源，古县	91.2	5.15	焦煤，瘦煤，贫瘦煤	12.99~32.33	0.41~2.73
山东	巨野	巨野，梁山，郓城县及菏泽市	64	3.62	肥煤，1/3焦煤，气煤	13.13~15.57	0.54~4.06
	兖州	邹县	33	1.86	气煤，气肥煤	12.0~23.96	0.55~3.58
安徽	淮北	萧县，涡阳县，淮北，宿州市，亳州市	98.4	5.56	气煤，1/3焦煤，肥煤，焦煤	6.00~39.45	0.10~6.74
河北	邯郸	邯郸市，邢台市	53	2.99	肥煤，焦煤，瘦煤，贫瘦煤	14.50~28.06	0.46~2.51
	开滦	唐山市	66	3.73	气煤，1/3焦煤，肥煤，焦煤	11.85~23.94	0.51~3.68
河南	平顶山	平顶山，许昌，汝州，襄县，汝阳县	75	4.24	气煤，1/3焦煤，肥煤，焦煤	8.72~35.50	0.24~7.58
贵州	盘江	盘县	102	5.76	肥煤，1/3焦煤，气煤，焦煤	18.92~27.73	0.22~3.37
	水城	水城县	113	6.38	气煤，1/3焦煤，肥煤，焦煤，瘦煤	15.0~25.0	1.0~4.5
黑龙江	七台河	七台河市	11.5	0.65	1/3焦煤，焦煤，瘦煤	20~30	0.27~0.50
	鸡西	鸡东县，穆棱县	25.5	1.44	1/3焦煤，焦煤	17.0~36.0	0.40~0.80
云南	恩洪，庆云	富源县	19.4	1.10	1/3焦煤，焦煤，瘦煤	16.02~26.20	0.19~3.65
新疆	准噶尔，南疆，伊犁	和布克赛尔，准南，艾维尔沟，尼勒克，巴音布鲁克，温宿，库拜，罗布泊，乌恰	191.73	10.83	气煤，焦煤，肥煤		
总计			1769.93	100			

注：①山西各炼焦煤矿区的成煤时代均为上部的早二叠世山西煤系（低硫），下部的石炭纪太原组煤系（高硫），因而各炼焦煤矿区的硫分变化均较大；②除新疆地区为2007年资料外，其余地区均为1996年资料。

表 2-7　我国炼焦用煤分煤类洗精煤平均质量

煤类	M_t/%	A_d/%	V_{daf}/%	$S_{t,d}$/%	$Q_{gr,ad}$/（MJ/kg）
气煤	9.9	8.78	38.98	0.58	30.53
气肥煤	11.1	9.05	41.36	2.09	31.04
1/3 焦煤	11.1	10.63	33.87	0.64	30.75
肥煤	11.5	11.09	30.96	1.00	31.18
焦煤	11.4	11.01	22.73	0.83	31.69
瘦煤	10.4	12.13	19.35	0.51	30.92
贫瘦煤	8.2	10.24	15.64	0.34	32.34

　　从表 2-7 可以看出，我国炼焦用洗精煤中，灰分最高的为瘦煤，平均达 12.13%，灰分最低的为气煤，平均 8.78%；精煤平均硫分以气肥煤最高，平均 2.09%，贫瘦煤硫分最低，平均 0.34%。

2.1.3.3　高变质煤

　　高变质贫煤、无烟煤主要分布于山西、贵州、陕西等地。我国高变质贫煤、无烟煤的主要产地见表 2-8。

表 2-8　我国高变质贫煤、无烟煤的主要产地

省份	矿区及煤产地	成煤时代
北京	京西	J_1、$C_2\sim P_1$
河北	薛村、小屯、大淑村、万年、康二城、郭二庄、贺庄、陶庄、云驾岭、周庄、显德旺、三王村、许庄、北掌、隆尧	$C_2\sim P_1$
山西	古交、阳泉、潞安、晋城、东山、高平、清交南峪、汾西高家庄、荫营、寿阳	$C_2\sim P_1$
内蒙古	石匠山、贺兰山二道岭、联合村、营盘湾、大青山煤田东部	$J_{1\sim2}$
辽宁	牛心台、桓仁暖河子、辽阳烟台矿、红阳四井、本溪小市、复州湾	$C_2\sim P_1$
	丹东梨树沟	J
吉林	通化松树镇水洞沟、长白沿江	P_1、$J_{1\sim2}$
黑龙江	勃利茄南、双鸭山新安、索伦	K_1、J_3
江苏	武进卜戈桥、江阴花山、句容刘家边、溧阳山下桥、徐州	P_2、$C_2\sim P_1$
安徽	巢湖、芜铜、淮北、濉溪、萧县	P_2、P_1
山东	坊子	$J_{1\sim2}$
	淄博、莱芜、济东、黄河北、章丘、官桥	$C_2\sim P_1$
河南	焦作、新密、登封、济源、偃龙、荥巩、永夏、鹤壁九矿、确山、商城	$C_2\sim P_1$
湖北	蒲圻、黄石（源华、袁仓、胡家湾、熊家畈、金盆、秀山、松山、桐梓沟）、七约、松宜、长阳、香炉山	P_1、P_2
湖南	涟邵、白沙、马田、湘永、华塘、黄丰桥、袁家、梅田、栖凤渡	P_2、C_1

省份	矿区及煤产地	成煤时代
四川	松藻、芙蓉、筠连、古叙、达县南江	P_2、T_3
贵州	织金、纳雍、普安、遵义、桐梓、金沙、雨谷、六枝、安顺、贵阳、兴义、兴仁	P_2
云南	老厂	P_2
	祥云	T_3
陕西	铜川、澄合、镇巴	$C_2 \sim P_1$、T_3
宁夏	汝箕沟	J_2
	马连滩、呼鲁斯台、碱沟山、石炭井	C_2、P_1

注：C_1、C_2分别为石炭纪早、中石炭世；P_1、P_2分别为二叠纪早、晚二叠世；J_1、J_2、J_3分别为侏罗纪早、中、晚侏罗世；K_1为白垩纪晚白垩世；T_3为三叠纪晚三叠世。

贫煤主要赋存于上石炭统、下二叠统和上二叠统含煤地层中，贫煤的硫分以陆相沉积的下二叠统山西组最低，平均为0.42%，但海陆交互沉积的上石炭统和上二叠统贫煤的硫分明显高于贫煤的平均硫分；不同时代的贫煤灰分相差不大，但贫煤的平均灰分却比无烟煤高约4%。我国不同成煤时代贫煤煤质特征的比较见表2-9。

表2-9　我国不同成煤时代贫煤煤质特征的比较

煤质特征	晚二叠世	早二叠世	晚石炭世	平均
M_{ad}/%	1.43	1.47	0.84	1.27
A_d/%	19.99	19.42	18.41	19.37
V_{daf}/%	14.24	15.44	15.05	14.79
$S_{t,d}$/%	3.54	0.42	3.42	2.69
$Q_{gr,ad}$/(MJ/kg)	27.2	27.71	28.31	27.66
SiO_2含量/%	43.27	50.97	46.14	46.15
Al_2O_3含量/%	24.61	39.80	32.24	31.27
Fe_2O_3含量/%	17.77	2.75	10.41	7.22
CaO含量/%	3.38	2.94	5.61	4.41
ST/℃	1314	1378	1358	1343

从表2-9中可以看出，早二叠世贫煤煤灰中的Al_2O_3含量不仅是不同时代贫煤煤灰中最高的，而且也是不同时代各种动力煤煤灰中最高的，而早二叠世贫煤煤灰中的Fe_2O_3含量则是不同时代各种动力煤煤灰中最低的，平均仅2.75%，所以，早二叠世贫煤煤灰熔点也较高。

无烟煤的成煤时代从最早的早石炭世到最晚的早、中侏罗世。无烟煤的硫分以海陆交互相沉积的晚二叠世和早、晚石炭世形成的较高，其平均硫分均在1%以上；陆相沉积的侏罗系和下二叠统山西组无烟煤的平均硫分都低于0.5%，无烟煤的灰分主要与沉积环境有关，而与沉积相的关系不十分明显；灰熔点以侏罗系最低，下二叠统最高。我国不同成煤时代无烟煤煤质特征的比较见表2-10。

表 2-10　我国不同成煤时代无烟煤煤质特征的比较

煤质特征	侏罗纪	晚二叠世	早二叠世	晚石炭世	早石炭世	平均
M_{ad}/%	1.99	2.93	3.01	1.87	2.31	2.58
A_d/%	12.59	15.31	17.12	20.22	11.1	15.31
V_{daf}/%	7.35	6.78	7.08	8.76	6.92	7.20
$S_{t,d}$/%	0.28	1.75	0.5	1.16	1.41	1.19
$Q_{gr,ad}$/(MJ/kg)	29.44	28.33	27.45	26.54	30.60	28.41
SiO_2含量/%	36.32	49.06	42.41	44.30	46.31	44.68
Al_2O_3含量/%	13.52	26.94	34.94	32.67	26.71	26.50
CaO含量/%	24.15	4.1	5.94	6.99	3.54	8.39
Fe_2O_3含量/%	12.98	12.44	6.58	7.74	16.09	11.43
ST/℃	1223	1298	1406	1303	1243	1293

2.1.3.4　褐煤

褐煤属未变质煤，主要分布在我国内蒙古、黑龙江和云南 3 省份，我国褐煤的主要产地见表 2-11。我国不同成煤时代褐煤煤质特征的比较见表 2-12。

表 2-11　我国褐煤的主要产地

省份	矿区及煤产地	成煤时代
内蒙古	扎赉诺尔、大雁、伊敏、霍林河、胜利、白音华、平庄、元宝山	K_1
黑龙江	虎林、兴凯、宝泉岭、绥滨、富锦、桦川、七星河、五常	E_{1-2}、N_1
	西岗子、伊春、建兴、东兴	K_1
云南	跨竹、小龙潭、先锋、凤鸣村、昭通、马街、越州、建水、蒙自、姚安、龙陵、昌宁、华宁、罗茨、楚雄、玉溪	N_1、N_2

注：K_1为白垩纪晚白垩世；E_1、E_2分别为古新纪、古新世、始新世；N_1、N_2分别为新近纪、中新世、上新世。

表 2-12　我国不同成煤时代褐煤煤质特征的比较

煤质特征	新近纪	古近纪	晚侏罗世	早、中侏罗世	平均
M_{ad}/%	12.35	10.56	12.79	9.23	11.37
A_d/%	18.99	23.26	17.45	10.55	19.00
V_{daf}/%	55.92	49.68	45.56	38.60	49.47
$S_{t,d}$/%	1.46	0.85	1.46	1.34	1.20
$Q_{gr,ad}$/(MJ/kg)	19.39	20.57	20.33	23.99	20.57
Tar_{daf}/%	12.67	12.03	7.68	5.71	10.82
P_M/%	16~30	44.50	40.80	53.3	<15~53.3

从表 2-11 可以看出，我国的褐煤资源主要形成于中生代侏罗纪和新生代古近纪、新近纪。以形成于早、中侏罗世，主要分布在内蒙古自治区中西部的褐煤灰分最低，平均灰分 10.55%，古近纪褐煤的平均灰分则高达 23.26%。硫分则以古近纪褐煤的稍低，平均 0.85%，其余时代的褐煤平均硫分都为 1.3%~1.4%。褐煤的焦油产率古近纪、新近纪明显高于侏罗纪，前者的平均焦油产率均大于 12%，后者平均焦油产率均小于 8%。从透光率和其他煤化程度指标看，除了早、中侏罗世褐煤的煤化程度最高、新近纪褐煤的煤化程度最低外，古近纪褐煤的煤化程度比晚侏罗世的高一些。

从我国煤炭的区域分布和煤质情况可知：我国虽各省份几乎都有煤炭产出，但总体煤炭产地相对集中，不同煤类的分布极不均衡。煤炭产地多在西部、中部工业化程度较低的地区，从而导致在全国范围内煤炭从产地到消费地的单向调运；煤炭在生产、加工的同时，需要水资源的消耗，但煤炭产地多属于缺水地区。资源赋存的不均衡性，导致了我国的煤炭和水资源从生产到使用环节存在区域调配的需求。

从使用的角度，我国动力煤的储存比例较大，炼焦用煤比例较小，且多集中在山西，山西炼焦煤储量占全国炼焦煤总储量的 51%，除贵州炼焦煤储量占全国炼焦煤总储量的 12.15% 外，其他省份均不到 10%。

从资源合理利用的角度，不同煤类有其最佳使用范围或利用途径，合理的开发、利用才是可持续发展的保障。我国煤类分布虽具有不均衡性，也存在着合理调配、合理使用的需求。炼焦煤产区将炼焦煤当做动力煤使用的情况在我国依然存在，煤炭开发者对所开发煤炭的稀缺性认识不足，从而导致资源在使用领域浪费的情况时有发生。所以，通过煤炭调配从而达到合理使用，是当前的迫切需要。

2.2 低品质煤资源分析及其煤质特点

2.2.1 高硫煤资源分析及其煤质特点

在 13 个大型煤炭基地 8526.6 亿 t 保有资源量/储量中，按含硫量划分，低硫煤 6067.9 亿 t，占 71.2%，中硫煤 1654.2 亿 t，占 19.4%，高硫煤 804.5 亿 t，占 9.4%，如图 2-1 所示。

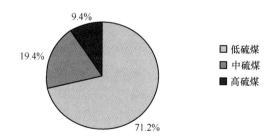

图 2-1 低硫煤、中硫煤、高硫煤比例

注：高硫煤 $S_{t,d}>3\%$，中硫煤 $S_{t,d}=1.5\%~3\%$，低硫煤 $S_{t,d}<1.5\%$

需要指出的是，图 2-1 中所定义的硫分等级中，高硫煤 $S_{t,d}>3\%$，中硫煤 $S_{t,d}=1.5\%\sim3\%$，低硫煤 $S_{t,d}<1.5\%$。这里的高硫煤按照《〈煤、泥炭地质勘查规范〉实施指导意见》（国土资发〔2007〕40 号），是不计算资源量的。如果能够在满足环保要求的条件下，经济、合理地对高硫煤加以利用，等于释放出约 9% 的煤炭资源量。

为了方便对比，将现行国家标准《煤炭质量标准——煤炭质量分级第二部分：硫分》（GB/T 15224.2—2010）中的"煤炭资源评价硫分分级"列于表 2-13。从表 2-13 也可看出，图 2-1 中所定义的中硫煤包含 GB/T 15224.2—2010"煤炭资源评价硫分分级"中定义的中高硫煤和 1/2 中硫煤。这部分煤在利用中也需要进行脱硫。

表 2-13 煤炭资源评价硫分分级

序号	级别名称	代号	干燥基全硫分（$S_{t,d}$）范围/%
1	特低硫煤	SLS	≤0.50
2	低硫煤	LS	0.51~1.00
3	中硫煤	MS	1.01~2.00
4	中高硫煤	MHS	2.01~3.00
5	高硫煤	HS	>3.00

13 个大型煤炭基地，按煤层含硫量划分的保有资源量/储量汇总见表 2-14。

表 2-14 按煤层含硫量划分的保有资源量/储量汇总表

基地	含硫量	保有资源量/储量/Mt				
		占用精查、详查、普查	找煤	合计	占合计/%	占总计/%
基地总计	高硫煤	68 459.53	11 994.87	80 554.40	9.45	9.42
	中硫煤	116 680.40	48 741.33	165 421.73	19.40	19.41
	低硫煤	450 649.84	156 137.33	606 787.17	71.16	71.14
	合计	635 789.77	216 873.53	852 763.30	100.00	100
神东	高硫煤	859.46	0.00	859.46	0.59	0.10
	中硫煤	5 626.29	0.00	5 626.29	3.83	0.66
	低硫煤	83 209.00	57 200.00	140 409.00	95.58	16.47
	合计	89 694.75	57 200.00	146 894.75	100.00	17.23
晋北	高硫煤	12 656.00	0.00	12 656.00	13.31	1.48
	中硫煤	27 546.00	0.00	27 546.00	28.98	3.23
	低硫煤	54 850.00	0.00	54 850.00	57.71	6.43
	合计	95 052.00	0.00	95 052.00	100.00	11.15
晋东	高硫煤	18 284.71	0.00	18 284.71	31.53	2.14
	中硫煤	9 122.80	0.00	9 122.80	15.73	1.07
	低硫煤	30 590.94	0.00	30 590.94	52.74	3.59
	合计	57 998.45	0.00	57 998.45	100.00	6.80

续表

基地	含硫量	保有资源量/储量/Mt				
		占用精查、详查、普查	找煤	合计	占合计/%	占总计/%
蒙东（东北）	高硫煤	192.83	0.00	192.83	0.18	0.02
	中硫煤	1 525.29	0.00	1 525.29	1.40	0.18
	低硫煤	94 419.98	12 465.00	106 884.98	98.42	12.53
	合计	96 138.10	12 465.00	108 603.10	100.00	12.74
云贵	高硫煤	11 857.19	3 338.21	15 195.40	20.40	1.78
	中硫煤	28 910.27	4 911.25	33 821.52	45.40	3.97
	低硫煤	21 724.58	3 758.50	25 483.08	34.21	2.99
	合计	62 492.04	12 007.96	74 500.00	100.00	8.74
河南	高硫煤	1 092.79	49.19	1 141.98	4.83	0.13
	中硫煤	2 884.28	105.21	2 989.49	12.63	0.35
	低硫煤	18 911.93	622.60	19 534.53	82.54	2.29
	合计	22 889.00	777.00	23 666.00	100.00	2.78
鲁西	高硫煤	4 281.00	1 026.26	5 307.26	17.80	0.62
	中硫煤	3 979.52	676.48	4 656.00	15.61	0.55
	低硫煤	17 955.00	1 903.74	19 858.74	66.59	2.33
	合计	26 215.52	3 606.48	29 822.00	100.00	3.50
晋中	高硫煤	16 569.77	6 802.53	23 372.30	23.31	2.74
	中硫煤	27 149.11	9 766.89	36 916.00	36.82	4.33
	低硫煤	28 900.15	11 083.15	39 983.30	39.87	4.69
	合计	72 619.03	27 652.57	100 271.60	100.00	11.76
两淮	高硫煤	0.00	0.00	0.00	0.00	0.00
	中硫煤	0.00	0.00	0.00	0.00	0.00
	低硫煤	28 254.04	463.26	28 717.30	100.00	3.37
	合计	28 254.04	463.26	28 717.30	100.00	3.37
黄陇	高硫煤	795.15	47.69	842.84	3.40	0.10
	中硫煤	3 724.80	251.91	3 976.71	16.06	0.47
	低硫煤	19 448.21	489.94	19 938.15	80.53	2.34
	合计	23 968.16	789.54	24 757.70	100.00	2.90
冀中	高硫煤	998.98	433.72	1 432.70	6.03	0.17
	中硫煤	3 326.69	1 444.31	4 771.00	20.09	0.56
	低硫煤	12 233.54	5 314.76	17 548.30	73.88	2.06
	合计	16 559.21	7 192.79	23 752.00	100.00	2.79

基地	含硫量	保有资源量/储量/Mt				
		占用精查、详查、普查	找煤	合计	占合计/%	占总计/%
宁东	高硫煤	871.67	297.27	1 168.94	4.35	0.14
	中硫煤	1 921.90	278.28	2 200.18	8.19	0.26
	低硫煤	8 273.63	15 236.38	23 510.01	87.47	2.76
	合计	11 067.20	15 811.93	26 879.13	100.00	3.15
陕北	高硫煤	0.00	0.00	0.00	0.00	0.00
	中硫煤	963.45	31 307.00	32 270.45	28.95	3.78
	低硫煤	31 608.55	47 600.00	79 208.55	71.05	9.29
	合计	32 572.00	78 907.00	111 479.00	100.00	13.07

注：高硫煤 $S_{t,d}$>3%，中硫煤 $S_{t,d}$=1.5%~3%，低硫煤 $S_{t,d}$<1.5%。

从表 2-14 中可以看出，13 个大型基地中，$S_{t,d}$>3% 的高硫煤占基地总储量的 9.42%，$S_{t,d}$=1.5%~3% 的中硫煤占基地总储量的 19.41%，$S_{t,d}$<1.5% 的低硫煤占总储量的 71.14%。高硫煤含量占比例最大的为晋东基地，占保有资源量/储量的 31.53%；高硫煤含量占比例较大的为云贵基地、晋中基地，分别占保有资源量/储量的 20.4% 和 23.31%；河南基地、黄陇基地、冀中基地、宁东基地高硫煤含量占比例均在 10% 以下；神东、蒙东（东北）基地高硫煤含量占比例分别为 0.59% 和 0.18%；两淮、陕北基地无高硫煤，但两基地中硫煤含量有所不同，两淮基地无中硫煤，陕北基地中硫煤占 28.95%。

从 2.1 节可知，我国长焰煤平均硫分 1.10%；不黏煤、弱黏煤平均硫分小于 0.90%。

褐煤除古近纪和新近纪硫分稍低，平均 0.85% 外，其余时代的褐煤平均硫分都为 1.3%~1.4%。

无烟煤的硫分以海陆交互相沉积形成的较高，平均硫分均在 1% 以上，陆相沉积的较低，平均硫分都低于 0.5%。贫煤的硫分含量与无烟煤相似，但海陆交互相沉积形成的贫煤硫分普遍较无烟煤高约 4%。

炼焦用煤从洗精煤的硫分来看，以海陆交互相沉积的上石炭统太原组煤最高，平均硫分达 1.95%，其次为上二叠统乐平煤系，平均硫分为 1.27%。硫分最低的纯陆相沉积的侏罗系和下二叠统石盒子组煤平均硫分分别为 0.46% 和 0.47%，下二叠统山西组煤、上、中、下三叠统煤和古近系、新近系煤的硫分均颇为接近，平均硫分都在 0.65% 左右。

分煤类看，我国的高硫煤多存在于中、高变质煤中，其中硫分的附存状况多以有机硫为主，用物理方法不易脱除。前面已经介绍过，在《煤、泥炭地质勘查规范》中，$S_{t,d}$>3% 的高硫煤是不计算储量的，也就是说，$S_{t,d}$>3% 时就不能开采了。但随着我国煤炭资源开发强度的逐渐加大，低硫煤资源（尤其是炼焦用煤）已逐渐枯竭，可供开采的只有下组高硫煤了，为了合理使用这些高硫煤，必须采取脱硫措施，以满足煤炭产品在使用方面的质量要求,减少煤炭使用过程中所产生的大气污染物。但以有机硫形式赋存的硫分采用物理方法难以脱除,在目前的加工水平上,通常采用与低硫煤掺混的办法,以达到产品质量要求,这也需要进行资源的合理配采,以达到对高硫煤的合理使用。

2.2.2 褐煤资源量

我国褐煤的储量分布(不包括新疆)见表 2-15。

表 2-15 我国褐煤的储量分布表

省份	占全国褐煤储量/%	主要成煤时代	占本省份煤炭储量/%
内蒙古	77.1	晚侏罗世	47.7
云南	12.6	新近纪	65.7
黑龙江	2.6	古近纪	8.5
辽宁	1.5	古近纪	16.5
山东	1.3	古近纪	4.3
吉林	0.9	古近纪	8.0
广西	0.8	古近纪、新近纪	35.8
其他省份	3.2	古近纪、新近纪	—
合计	100		

新疆基地内褐煤预测资源量 364.79 亿 t(截至 2007 年),占基地总量的 2.07%,主要分布在吐哈、准噶尔地区。

褐煤水分高(主要为内在水分),挥发分高(大于 37%),含游离腐殖酸;空气中易风化碎裂,燃点低(270℃左右);储存超过两个月就易发火自燃。褐煤的这种特性,决定了褐煤发热量低、不易储存且难以长途运输。实际应用中多采取就地转化的方法,用作发电厂的燃料、化工原料等,也可通过低温干馏或干燥脱水的方法,降低其挥发分、内水,从而使其更易运输,扩大使用范围。

2.2.3 高灰煤和其他低品质煤

在现行国家标准《煤炭质量分级第 1 部分:灰分》(GB/T 15224.1—2010)中,将煤炭资源评价的灰分等级分为 5 级,其中高灰煤的灰分范围为 40.01%~50.00%。

在现行国家标准《煤炭产品品种和等级划分》(GB/T17608—2006)中,将灰分大于 40% 的原煤定义为低质煤。

从以上两个标准可以看出,高灰煤和低质煤是同一类性质的煤。

在地质矿产部现行行业标准《煤、泥炭地质勘查规范》(DZ/T0215—2002)中,煤炭资源量估算指标对灰分计算标准为最高灰分为 40%,即灰分大于 40% 的煤炭资源不计算储量。

尽管《煤、泥炭地质勘查规范》中规定灰分大于 40% 的煤炭资源不计算储量,但在矿井实际开采过程中不时会有采出原煤的灰分大于 40% 的情况。

在选煤厂实际生产过程中，会产出相当一部分煤泥产品和灰分大于 40% 的中煤产品，其中的煤泥产品由于粒度细、水分高而难以使用，也可以归类为低品质煤的范畴。由于分选工艺的不同，煤泥产品的灰分也会有所不同。采用浮选工艺时，所产出的煤泥产品灰分会较高（一般大于 40%）；未采用浮选工艺时，煤泥灰分相对较低（一般在 20% 左右）。多数情况下会将灰分较低的煤泥掺入末煤产品中，但有时这部分煤泥难以掺入末煤产品，会将其单独作为产品以低价销售。

采出原煤灰分大于 40% 的情况较少，多数是在煤层情况复杂时出现。这部分高灰煤的产量与目前我国每年 30 多亿 t 的原煤产量相比，可以忽略不计。

以 2010 年原煤入洗率 50.9% 粗略估计每年约有 0.42 亿 t 中煤、0.82 亿 t 煤泥、2 亿 t 矸石产出。这部分低品质煤多作为动力煤，有些低品质煤在使用时还需掺入部分原煤，以达到锅炉的设计燃煤热值。

2.2.4　稀缺煤类二次资源量和煤质特征分析

根据现行国家标准《稀缺、特殊煤炭资源的划分与利用》（GB/T 26128—2010）中的定义，稀缺煤炭资源分为稀缺炼焦用煤，稀缺高炉喷吹用无烟煤，稀缺高炉喷吹用贫煤、贫瘦煤和特低灰、特低硫煤 4 类。

这里主要关注的是稀缺炼焦用肥煤、焦煤、瘦煤。肥煤、焦煤、瘦煤占我国煤炭资源储量分别为 3.33%、5.82%、3.80%，炼焦用煤分煤种产量见表 2-16。

表 2-16　炼焦用煤分煤种产量（2001 年）

项目	贫瘦煤	瘦煤	焦煤	肥煤	1/3 焦煤	气肥煤	气煤	其他	总计
全国合计/万 t	3 449.5	3 407.6	9 677.9	5 536.7	11 725.5	5 182.7	14 247.0	1 863.3	55 090.2
占全国比例/%	6.26	6.19	17.57	10.05	21.28	9.41	25.86	3.38	100

从表 2-16 可以看出，炼焦用煤产量较大的是气煤和 1/3 焦煤，占炼焦用煤总产量的 47.14%，肥煤、焦煤、瘦煤产量合计仅占炼焦用煤总产量的 33.81%。

从近年我国炼焦煤进口趋势也可看出炼焦煤资源的紧缺性。2009 年中国炼焦煤进口量大增，总量达 3449 万 t，较 2008 年增长超出 4 倍，占全煤种进口总量的 1/4 左右。2010 年上半年中国累计进口炼焦煤 2234.39 万 t，同比增长 73%；同时，中国出口炼焦煤 2008~2009 年呈大幅萎缩的趋势。

(1) 稀缺煤类二次可回收资源量

按照我国炼焦煤资源比例和原煤入选量，粗略估算，每年产出的炼焦煤中煤量为 0.26 亿 t，这部分中煤通常作为动力煤烧掉了，若可回收其中的部分精煤以增加稀缺的炼焦煤资源量，按照回收率 10% 计算，年可回收炼焦精煤 0.03 亿 t。

(2) 稀缺煤类二次可回收资源煤质特征分析

本部分内容需要有针对性地去分析论述，可能不同地区的煤质特征相差较大，以神华集团海勃湾矿业有限责任公司公乌素煤矿三号井 16 号煤层的煤质资料为例，说明炼焦用煤在煤质方面的特性。

公乌素煤矿三号井含煤地层为石炭系太原组及二叠系山西组。16 号煤为中高灰、富硫、精煤回收率偏低的高热值肥煤，是国内紧缺煤类，可作为冶金炼焦的配煤之用。

当选煤厂洗选精煤的总灰分为 10.49% 时，精煤理论回收率为 27.5%，实际洗选精煤的产率为 24.75%，可选性属极难选。浮选入料分步释放小浮选实验，当浮精灰分为 10.47% 时，理论产率为 57.0%，可燃体回收率为 61.65%，可浮性等级为极难浮。从混煤和矸石的筛分浮沉综合表中可看出，混煤在 1.4~1.6kg/L 密度级占本级含量高达 74.38%，并且灰分相对较低，中煤再选回收精煤很有必要；矸石浮沉资料中，细粒级中损失低灰煤量高，细粒分选效果较差。

16 号煤实验室大筛分试验见表 2-17。从表 2-17 各粒级产率上看，大粒级和细粒级煤含量较高，呈现"两边高，中间低"的特点；随着粒度的降低，灰分呈现有规律的下降趋势，可看出煤与矿物质没有得到充分的解离。从硫分的分布情况看，总硫含量在各粒度级煤样中分布较为均衡，黄铁矿硫随着粒度的降低有下降的趋势，说明大粒度煤样中黄铁矿未充分解离。同时也可看到，16 号煤有机硫含量较高，各粒度级中有机硫都较黄铁矿硫高，且随粒度的减小呈升高趋势，给物理方法降硫带来了困难。

表 2-17　16 号煤各粒级煤样灰分和硫分分布情况

| 粒级/mm | 质量/kg | 产率/% | 灰分/% | 硫分 | | | | 累计产率/% | 累计灰分/% | 累计硫分 |
				$S_{t,ad}$/%	$S_{p,ad}$/%	$S_{s,ad}$/%	$S_{o,ad}$/%			$S_{t,ad}$/%
13~25	146.7	24.05	38.69	2.46	1.22	0.02	1.22	24.05	38.69	2.46
6~13	136.25	22.34	26.84	2.50	1.00	0.02	1.48	46.39	32.98	2.48
3~6	83.9	13.75	23.10	2.30	0.70	0.01	1.59	60.14	30.72	2.44
2~3	11.48	1.88	21.84	2.48	0.78	0.01	1.69	62.02	30.45	2.44
1~2	88.97	14.58	22.53	2.57	0.32	0.02	2.23	76.60	28.95	2.46
0.5~1	34.29	5.62	21.03	2.48	0.62	0.03	1.83	82.22	28.41	2.47
<0.5	108.46	17.78	19.41	2.40	0.56	0.02	1.82	100.00	26.81	2.46
总计	610.05	100.00		2.46	0.81	0.02	1.63			

注：煤样粒级为 0~25mm，煤样总重为 614.72kg，煤样总灰为 28.17%，煤样全硫与成分硫为 $S_{t,ad}$ = 2.56%，$S_{p,ad}$ = 1.00%，$S_{s,ad}$ = 0.02%，$S_{o,ad}$ = 1.54%。

16 号煤浮沉试验见表 2-18。从表 2-18 可以看出：

1）各粒级浮沉试验 1.4~1.5kg/L 密度级含量非常高。各粒级 1.4~1.5kg/L 密度级含量分别占本级的 22.25%~30.46%，灰分为 14.89%~16.94%，可知煤与矿物质没有充分解离，煤矸夹杂严重。

表 2-18　16 号煤浮沉试验

浮沉 密度级/(kg/L)	13~25mm R/%(r/%)	A/%(a/%)	$S_{t,ad}$/%(S/%)	6~13mm R/%(r/%)	A/%(a/%)	$S_{t,ad}$/%(S/%)	3~6mm R/%(r/%)	A/%(a/%)	$S_{t,ad}$/%(S/%)	2~3mm R/%(r/%)	A/%(a/%)	$S_{t,ad}$/%(S/%)	1~2mm R/%(r/%)	A/%(a/%)	$S_{t,ad}$/%(S/%)	0.5~1mm R/%(r/%)	A/%(a/%)	$S_{t,ad}$/%(S/%)
(粒级)	24.05	38.69	2.46	22.34	26.84	2.50	13.75	23.10	2.50	1.88	21.84	2.48	14.58	22.53	2.57	5.62	21.03	2.48
<1.3	0.06	7.20	2.74	0.25	3.53	2.91	0.59	3.22	2.58	1.54	3.29	2.84	5.28	4.94	2.81	17.42	6.04	2.88
1.3~1.4	14.15	9.51	2.60	27.50	8.53	2.74	36.85	8.20	2.74	36.91	8.16	2.76	40.22	8.55	2.76	39.87	9.30	2.69
1.4~1.5	27.84	14.89	2.51	30.46	15.26	2.51	28.70	15.12	2.34	30.25	14.77	2.50	22.95	15.31	2.54	22.25	16.94	2.55
1.5~1.6	9.39	24.67	2.56	10.24	25.00	2.50	10.70	24.79	2.40	8.93	24.80	2.45	8.77	23.94	2.50	4.58	26.81	2.06
1.6~1.8	8.38	36.54	2.22	8.90	36.37	2.44	7.72	37.28	2.36	7.55	35.03	2.38	6.89	34.69	2.15	4.58	38.63	2.06
>1.8	40.18	69.54	2.74	22.65	69.85	3.32	15.44	69.55	3.90	14.82	69.68	3.03	15.87	63.60	2.58	11.29	69.65	2.68
小计	100.0	38.81	2.60	100.0	28.62	2.75	100.0	23.65	2.60	100.0	22.72	2.66	100.0	21.80	2.62	100.0	19.40	2.63
小计占总计	99.36			98.98			99.76											
浮沉煤泥	0.64	34.26	2.13	1.02	21.85	2.56	0.24	33.86	2.19									
总计	100.0	38.78	2.59	100.0	28.33	2.74	100.0	23.67	2.59									

2）总硫含量在各密度级中的分布呈现两边高中间低的特点，无机硫在低密度级含量低，随密度的升高而升高，而有机硫在低密度含量最高，随密度的升高而降低。可以判定，有机硫在煤中赋存，使用常用的物理方法难以将其脱除。

若将中煤再分选，可多回收精煤约 10%。上面是稀缺煤类煤质情况的一个典型代表，其特点是煤的中间密度级含量高，煤与矿物质没有充分解离或矿物质在煤中夹杂；有机硫含量较高，常用的物理方法无法将其除去。随着煤炭不断被开发，优质煤炭资源逐渐减少，而目前炼焦用煤还没有替代产品，对这部分炼焦煤分选后的中煤进行再分选，是资源充分利用的一个途径。

2.3 煤炭产品结构及主要产煤区煤质状况

2.3.1 煤炭产品结构

根据煤炭产品的用途，可将其分为动力煤和炼焦煤两大类。动力煤主要有发电用煤、化工用煤、建材用煤、一般工业锅炉用煤和生活用煤等；炼焦用煤的用途比较明确，炼制焦炭、供冶金行业业用和用作烧结和高炉喷吹。

2.3.2 主要产煤区煤炭质量状况

我国煤炭资源在地理分布上的总格局是西多东少、北富南贫。而且主要集中分布在目前经济还不发达的山西、内蒙古、陕西、新疆、贵州、宁夏 6 省份，这些地区的煤炭资源总量为 4.19 万亿 t，占全国煤炭资源总量的 82.8%，而且煤类齐全，煤质普遍较好。

至 2020 年，我国煤炭产量和净调出量增长将集中在晋陕蒙（西）地区和云贵等 7 个煤炭基地内。其中调出量超过 10 000 万 t 的有 4 个基地，分别是晋北基地、神东基地、晋东基地、晋中基地。下面将对这 7 个基地的情况作简要介绍。

（1）神东基地

截至 2002 年年末，神东基地内的神东、万利、准噶尔、乌海、包头、府谷矿区共有保有资源量/储量共计 1468.9 亿 t。

含煤地层：神东、万利、包头 3 个矿区为侏罗系延安组；准噶尔、府谷、乌海 3 个矿区为二叠系山西组和石炭系太原组。

煤质：二叠系山西组，中等全水分、中灰分、高挥发分、特低硫、中高热值、中等流动温度灰煤；石炭系太原组，中等全水分、中灰分、低硫分、中高硫分、中热值、中高热值、中软化温度灰煤。

神东、万利、包头 3 个矿区建井条件优，开采技术条件优，煤层埋藏浅，煤层为中厚和厚煤层。准噶尔、府谷、乌海 3 个矿区也是建井条件优良，开采条件优，煤层埋藏浅，煤层为厚煤层，煤层稳定和比较稳定，准噶尔矿区有部分储量适宜露天开采。基地煤炭生产量大，外调煤炭量大。

（2）晋北基地

截至 2002 年年末，晋北基地内的大同、平朔、朔南、轩岗、岚县、河保偏矿区共有保有资源量/储量 950.5 亿 t。

含煤地层：除大同矿区为侏罗系大同组、二叠系山西组和石炭系太原组外，其余平朔、朔南、轩岗、岚县、河保偏 5 个矿区的含煤地层均为二叠系山西组和石炭系太原组。

大同矿区当前主要开采侏罗系各煤层，矿区各井田服务年限急剧缩短，采掘接替比较紧张，现有生产矿井开采的侏罗系煤层保有资源量/储量 50 亿 t，是优质多用途的动力煤，低中灰、低硫、高热值、产块率高，为许多行业的精料和出口煤的精品，是知名的品牌，而石炭系、二叠系与侏罗系煤差一个档次。

晋北基地距离京津冀、华东等主要耗煤地区较近，从煤炭资源和运输距离看具有优先开发的条件，可建成大型优质动力煤基地，是全国屈指可数的煤炭调出和出口煤基地。

（3）晋东基地

截至 2002 年年末，晋东基地保有资源量/储量 580 亿 t。其中阳泉、潞安、晋城 3 个矿区无烟煤储量 352.6 亿 t，占基地 60.8%；占 13 个基地无烟煤保有资源量/储量的 34.8%。

晋东基地开发强度较大，有的矿区矿井接替紧张，已利用的储量多，精查储量只有 43.7 亿 t，只占基地保有资源量/储量的 7.6%，而需进一步勘探的保有地质储量仅为 293.5 亿 t，占基地保有资源量/储量的 50.6%，况且还需对 1200m 以浅预测资源量 460 亿 t 中的部分储量进行勘探，资源勘探任务重。但基地基础条件好，是我国知名的潞安、晋城、阳泉矿区所在地，同时距离华东、中南主要耗煤地区近，是基地发展的有利条件之一。

含煤地层：阳泉、武夏、潞安、晋城 4 个矿区为二叠系山西组和石炭系太原组。

晋东基地内晋城矿区和阳泉矿区的无烟煤是优质化工和冶金喷粉用煤，是我国稀缺煤炭资源。由于开采强度大，上层二叠系山西组的低硫煤资源已逐渐紧缺，有的矿区已进入下层石炭系太原组高硫煤的开采，这类高硫煤只有经过脱硫和与低硫煤的混配才能满足使用要求。

（4）晋中基地

截至 2002 年年末，晋中基地保有资源量/储量 1002.7 亿 t。其中西山、东山、离柳、汾西、霍州、乡宁、霍东、石隰 8 个矿区炼焦煤储量 714.8 亿 t，占基地总储量的 71.3%，占 13 个基地炼焦煤用煤总储量的 52.7%，是我国最重要的炼焦煤产地。

含煤地层：西山、东山、离柳、汾西、霍州、乡宁、霍东和石隰 8 个矿区全都为二叠系山西组和石炭系太原组含煤地层。

煤质：二叠系山西组煤质优良，但石炭系太原组煤层全硫含量一般为中硫-高硫分，不适宜炼冶金焦炭。

晋中基地所面临的问题与晋东基地相同，脱硫和混配将成为未来本区煤炭在使用前必须进行的工作。

（5）黄陇基地

截至 2002 年年末，黄陇基地保有资源量/储量 247.6 亿 t。

含煤地层：彬长、皇陵、旬耀、华亭 4 个矿区为侏罗系延安组；浦白、澄合、韩城 3 个矿区为二叠系山西组和石炭系太原组；铜川矿区为石炭系太原组含煤地层。

铜川、浦白、澄合和韩城 4 个老矿区开采二叠系山西组和石炭系太原组煤，煤质优良。彬长、黄陵、旬耀、华亭是新矿区和待开发矿区，开采侏罗系延安组煤，4 个矿区均属低中灰、中高挥发分、中高热值、较低软化温度灰煤，华亭矿区为特低硫，彬长矿区为低硫分，黄陵矿区为低中硫，旬耀矿区为中低硫煤。

黄陇基地外调煤炭未来主要供给四川、重庆和湖北等省份为主。

（6）陕北基地

截至 2002 年年末，陕北基地保有资源量/储量 1114.8 亿 t。

含煤地层：榆神、榆横两个矿区为侏罗系延安组含煤地层。

陕北基地内煤一般为低灰-低中灰、中高全水分、特低硫-中硫、中热值的优质不黏煤和长焰煤，主要供电力和煤化工用。

（7）云贵基地

截至 2003 年年末，云贵基地保有资源量/储量 745.0 亿 t，其中无烟煤 418.8 亿 t，占基地保有资源量/储量的 56.2%。

含煤地层：盘县、普兴、六枝、织纳、黔北、老厂、镇雄、恩洪和古叙 9 个矿区为二叠系龙潭组；水城和筠连两个矿区为二叠系宣威组；小龙潭矿区为古近系、新近系小龙潭组；昭通矿区为古近系、新近系昭通组含煤地层。

云贵基地内的贵州和云南是长江以南地区"西电东输"的重要地区；基地内水资源丰富，除能满足煤矿建设外，仍能满足电厂用水需求。

贵州各矿区煤类相对比较集中，其中盘县水城矿区以炼焦煤为主，动力煤为辅；普兴矿区以无烟煤为主，动力煤为辅；六枝矿区主要是动力煤，少量无烟煤；织纳、黔北矿区为无烟煤。

贵州各矿区主要煤质为中灰、低硫-高硫、中高热值。其中低硫（$S_{t,d} < 1.5\%$）、中硫（$S_{t,d} = 1.5\% \sim 3.0\%$）占保有资源量/储量的 80%、高硫（$S_{t,d} > 3.0\%$）占 20%；盘县、普兴、水城 3 个矿区高硫煤占 3 个矿区保有资源量/储量的 15%，而六枝、织纳、黔北 3 个矿区高硫煤占 3 个矿区保有资源量/储量的 23.2%。

云南各矿区煤类：老厂、镇雄矿区为无烟煤，恩洪矿区主要是焦煤，昭通和小龙潭矿区为褐煤。

云南各矿区主要煤质特征：老厂、镇雄、恩洪 3 个矿区为中灰、低硫-中硫为主的中高热值煤。昭通矿区为特高水分、中灰、特高挥发分、低中硫、低热值煤，小龙潭矿区为高全水分、低中灰分、中硫分、特高挥发分、中低热值煤。

四川筠连、古叙矿区煤质：中灰分、中高热值。硫分为低硫-高硫，筠连矿区低硫分煤（$S_{t,d} < 1.5\%$）占矿区保有资源量/储量的 12.1%、高硫分（$S_{t,d} > 3.0\%$）占

87.9%；古叙矿区低硫分煤占矿区保有资源量/储量的 68.8%，高硫分占 31.2%。

云贵基地内高硫煤产出比例较大，脱硫是本地区煤炭在使用前的重要加工目的。

2.4　煤炭生产与消费情况

2001～2009 年我国煤炭生产与消费情况如图 2-2 所示。从图中可以看出，我国煤炭产量与消费量基本均衡，趋势是由产量略大于消费量向产量和消费量基本平衡发展。

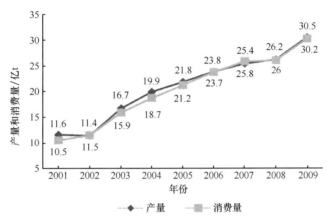

图 2-2　2001～2009 年我国煤炭生产与消费情况

从 2001 年的原煤年产量 11.6 亿 t 到 2009 年的 30.2 亿 t，平均年增产原煤 2.07 亿 t。

2004～2009 年我国煤炭分煤类产量曲线如图 2-3 所示。从图中可以看出，2004～2009 年，我国无烟煤产量呈平稳下降趋势，炼焦烟煤产量呈平稳缓慢上升趋势，一般烟煤产量呈快速上升趋势，褐煤产量呈上升趋势。这反映了我国炼焦用煤的产量基本平稳，作为动力用煤的一般烟煤和褐煤产量增长较快。

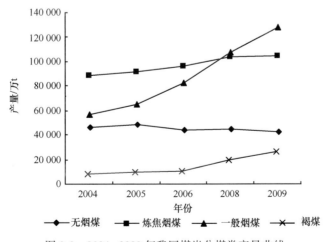

图 2-3　2004～2009 年我国煤炭分煤类产量曲线

2009 年我国分省原煤生产、消费量见表 2-19（国家统计局，2011）。从表中可以看出，2009 年原煤年产量超 2 亿 t 的省份有山西、内蒙古、河南、陕西；产量超亿吨的

表 2-19　2009 年我国分省原煤生产、消费量　　　　　（单位：万 t）

省份	产量	消费量	调入（调出）量
北京	641.25	2 665	2 023.75
天津	—	4 120	4 120.00
河北	8 494.58	26 516	18 021.42
山西	59 353.98	27 762	−31 591.98
内蒙古	60 058.45	24 047	−36 011.45
辽宁	6 624.17	16 033	9 408.83
吉林	4 401.46	8 589	4 187.54
黑龙江	8 748.72	11 050	2 301.28
上海	—	5 305	5 305.00
江苏	2 397.44	21 003	18 605.56
浙江	13.2	13 276	13 262.80
安徽	12 848.55	12 666	−182.55
福建	2 466.13	7 109	4 642.87
江西	2 982.47	5 356	2 373.53
山东	14 377.72	34 795	20 417.28
河南	23 018.12	24 445	1 426.88
湖北	1 058.45	11 100	10 041.55
湖南	6 572.85	10 751	4 178.15
广东	—	13 647	13 647.00
广西	519.72	5 199	4 679.28
海南	—	537	537.00
重庆	4 290.79	5 782	1 491.21
四川	8 997.34	12 147	3 149.66
贵州	13 690.74	10 912	−2 778.74
云南	5 571.26	8 886	3 314.74
陕西	29 611.13	9 497	−20 114.13
甘肃	3 875.59	4 479	603.41
青海	1 283.61	1 310	26.39
宁夏	5 509.53	4 781	−728.53
新疆	7 646	7 418	−228.00

省份有安徽、山东、贵州；产量在 5000 万 t 以上的省份有河北、辽宁、黑龙江、湖南、四川、宁夏、新疆、云南，产煤大省集中在中西部省份。原煤消费超亿吨的省份有河北、山西、内蒙古、辽宁、黑龙江、江苏、浙江、安徽、山东、河南、湖南、广东、四川、贵州、湖北。原煤调入量超亿吨的有河北、江苏、浙江、山东、湖北、广东，原煤调入省份有 23 个；原煤调出省有山西、内蒙古、安徽、贵州、陕西、宁夏、新疆 7 个省份，其中调出量超亿吨的有山西、内蒙古、陕西 3 个省份。煤炭消费大省在我国东南部，而生产大省在西北部，从生产到消费，均受到运输环节的制约。

2011 年山西全年煤炭产量 8.72 亿 t、内蒙古为 9.79 亿 t，陕西为 4.05 亿 t，3 省份合计产量约为 22.5 亿 t。

煤炭运量方面，2011 年全国铁路发运煤炭 22.69 亿 t。煤炭运量占货运总量的 57.9%。主要运煤通道中，大秦线完成运量 4.4 亿 t；侯月线完成 1.84 亿 t。全年主要港口预计转运煤炭 6.5 亿 t。

主要耗煤行业中，预计电力行业 2011 年消费煤炭 19.5 亿 t；钢铁行业消费煤炭 5.7 亿 t；建材行业消费煤炭 5.1 亿 t；化工行业消费煤炭 1.6 亿 t。

随着国家对清洁能源的日益重视，煤炭行业原煤入洗率由 2005 年的 31.9% 提高到 2010 年的 50.9%，如图 2-4 所示。

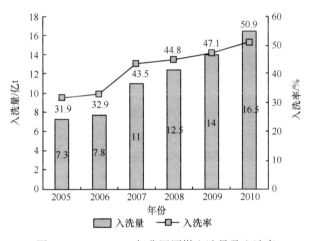

图 2-4　2005～2010 年我国原煤入洗量及入洗率

2010 年，我国入洗原煤 16.5 亿 t，节约铁路运力近 1800 亿 t·km，节约运费达 168 亿元，节约铁路运输能耗折合约 92 万 tce，通过煤炭洗选加工，节能效果显著。但是，与发达国家约 90% 的入洗率相比，我国的原煤入洗率还处于较低水平。在使用过程中，中国煤炭平均灰分约 28%，这导致了铁路运力的浪费、燃烧效率的降低和对环境污染的增加。实现清洁能源的目标还有很长的路要走。

从历年统计数字也可以看出，我国 GDP 与能源生产与消费是正相关的。而从 2009 年我国东、中、西部和东北地区 GDP 和原煤产量占全国量的比例看，不同地区存在着较大的剪刀差，如图 2-5 所示。东部地区 GDP 占全国 GDP 的 53.8%，而煤炭产量只占全国总产量的 9.6%，中、西部地区则相反，地区 GDP 占全国 GDP 比例大大低于煤炭产量占全国总产量的比例，西部地区 GDP 占全国 GDP 的 18.3%，而煤炭产量则占全国总产量的 47.8%。从上述数据也可看出，在我国煤炭消费过程中的长距离输送问题会在相当长的一段时期内存在。

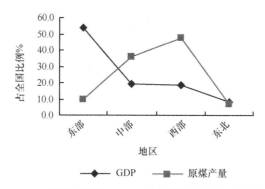

图 2-5　2009 年我国不同地区 GDP 和原煤产量占全国总量的比例

2.5　本章小结

　　我国煤炭资源的分布不均衡，呈西多东少、北富南贫格局。

　　可供炼焦煤使用的肥煤、焦煤、瘦煤储量较少，属稀缺煤类，有必要进行资源的合理使用和二次开发。

　　煤炭资源赋存的不均衡性，导致了我国的煤炭从生产到使用环节存在区域调配和混配的需求。

　　煤炭的生产与消费日趋平衡，国民经济的发展依然需要煤炭这一能源支撑。

第3章 | 国内外煤炭提质技术与输配现状

目前国内外主要通过选煤、型煤、水煤浆、动力配煤等技术来提高和稳定煤炭质量，扩展煤炭应用领域。本章重点分析了国内外选煤技术与产业现状，以及型煤、动力配煤、水煤浆和低品质煤提质技术现状，并对我国煤炭输配现状进行了分析。

3.1 国内外选煤技术与产业现状

选煤是利用煤和矿物质在密度和表面性质上的差异，借助重力分选、浮选、分级等固固分离和浓缩、过滤等固液分离方法和装备，脱除或降低产品煤中矿物质（灰分）、硫，以及 Hg、As 等有害元素，生产适应市场的煤炭产品的物理加工过程。

选煤具有提高煤炭产品热值、降低运输成本、减少污染、提高市场适应性等优势，是煤炭洁净利用的首要环节。

3.1.1 国际选煤技术与产业发展现状

为了提高煤炭热值，改善和稳定煤炭质量，世界各国都在加强原煤洗选提质工作，具体表现在以下四个方面。

（1）入选比例持续提高

世界主要产煤国家，在 20 世纪的原煤入选比例都达到了 70%以上，发达国家入选比例达到 85%~90%，德国、加拿大的煤炭入选比例已达到 95%，我国刚过 50%，差距明显。

（2）选煤厂规模大型化

近年来，美国、德国和澳大利亚新建选煤厂的处理能力均在 1000t/h 以上。有的原设计能力较小的选煤厂，通过采用现代化技术和大型设备的改造，均扩大了处理能力。

澳大利亚 MoranbahNorth 矿选煤厂原设计处理能力为 500 万 t/a（陶长林，1994），通过技术装备更新改造，提高到 1000 万 t/a；美国 Consol 能源公司 Bailey 中央选煤厂原设计能力为 900t/h，经改造后 2001 年精煤产量就达 2000 万 t/a；加拿大 Fording River 选煤厂原设计能力为 300 万 t/a，经改扩建后达 920 万 t/a。

（3）广泛采用分级分选工艺

1）分选方法多样化，不同国家和地区，由于煤质、技术发展和分选粒度的不同，采用的分选方法也不同。

2）采用大型块煤和末煤分选设备，构建工艺系统单元化，分别采用不同工艺参数分选。

3）块煤重介浅槽、粒煤重介旋流器、粗煤泥螺旋分选或煤泥分选床分选，煤泥浮选构成了最广泛的分选工艺。

（4）选煤装备向大型、机电一体化、自动化、智能化发展

1）选煤装备大型化是选煤厂规模大型化的必要条件。

2）世界主要产煤国注重研发机电一体化、自动化和智能化的大型选煤装备（梁金钢，2008）：①比利时研制了 50m² 振动筛；②美国生产了单槽容积为 127m³ 的维姆科浮选机、过滤面积为 400m² 圆盘真空过滤机和 φ1500mm 卧式振动离心脱水机；③德国制造了 40m² 等厚分级筛、处理能力为 1500m³/h 的 Ekoflot-V 浮选机、过滤面积为 1800m² 的箱式压滤机；④英国制造了处理能力达 4000t/h 的分级破碎机等。

3）选煤厂实现了自动监控。

当前，国际选煤界关注的问题有：①粗粒煤主分选设备的大型化、设备数量的减量化和系统的简化；②煤泥分选设备的创新、工艺的组合与优化、分选粒级的精细化；③难浮煤泥的精选；④细粒煤的高效分级；⑤微细粒煤的脱水；⑥煤炭产品的在线检测；⑦矸石与浮选尾煤泥的处理与利用；⑧高效干法选煤设备与工艺。

3.1.2 中国选煤技术与产业发展现状

3.1.2.1 煤炭洗选加工产业发展迅速

煤炭洗选加工是煤炭清洁高效利用的基础和前提，在我国经济快速发展带动下，"十一五"是新中国成立以来煤炭洗选加工发展最快的五年。据统计（马剑，2011），截至 2010 年年末，我国已建成各种类型的选煤厂约 1800 座，原煤入选能力达到 17.8 亿 t，单厂平均能力提高至近 100 万 t，国有大型企业单厂平均洗选能力达到了 260 万 t，大型煤矿企业选煤厂近 600 座，入选能力达到 15.4 亿 t，地方煤矿选煤厂 200 余座，入选能力 1.2 亿 t，乡镇民营选煤厂约 1000 座，入选能力超过 1.2 亿 t。按煤种分，炼焦煤选煤厂 1000 余座，入选能力 8.1 亿 t，占总能力的 45.5%，动力煤选煤厂近 800 座，入选能力 9.7 亿 t，占总能力的 54.5%。

2010 年，全国原煤入选约 16.5 亿 t，原煤入选率由 2005 年的 31.9% 提高到 50.9%。我国煤炭洗选发展情况详见表 3-1。

表 3-1　我国煤炭洗选发展情况

项目	2000 年	2005 年	2006 年	2007 年	2008 年	2009 年	2010 年
原煤产量/亿 t	12.99	22.05	23.73	25.26	27.88	29.73	32.40
入选原煤/亿 t	3.37	7.03	7.80	11.00	12.50	14.00	16.50
入选率/%	25.9	31.9	32.9	43.5	44.8	47.1	50.9

按洗选能力计，2010 年国有重点和地方煤矿选煤方法比例为跳汰 30.5%、重介 55%、浮选 9.5%、其他 5%。国外所采用的各种选煤工艺我国均已具备，在个别领域

已达到国际领先水平。自行研制开发的选煤设备已能满足年处理能力 400 万 t 及以下的不同厂型、不同煤质、不同选煤工艺的新选煤厂建设和老厂技术改造的需要。

近年来，随着市场对商品煤的质量要求和产品调节灵活性的不断提高，分选效率高的重介质选煤技术得到快速发展。通过进口与国内开发攻关相结合的方式，重介质选煤在中国选煤技术中所占比例已从 28% 上升至 55%。通过采用大型先进设备、高效的重介质选煤技术、推广模块化选煤厂建筑结构和提高设备可靠性及自动化水平，国内煤炭洗选技术水平已大幅度提高。国内采用高效的重介质选煤技术、入选能力大于 1000 万 t/a 的洗煤厂已超过 20 个。最大的炼焦煤选煤厂入选能力达到 1750 万 t/a，动力煤选煤厂单厂入选能力达到 3500 万 t/a。

同"十五"末作对比，2010 年我国已建成各种类型的选煤厂 1800 座，比 2005 年的 1000 座，新增 800 座，增长约 80%；2010 年原煤入选能力达到 17.8 亿 t，比 2005 年的 8.4 亿 t，新增 9.4 亿 t，增长 111.9%；2010 年原煤入选量达到 16.5 亿 t，比 2005 年的 7.03 亿 t，增长了 9.47 亿 t，增长了约 134.7%，高于原煤增长速度的 46.9%；2010 年原煤入选率为 50.9%，比 2005 年的 31.9%，提高了 19 个百分点。详见表 3-2。

表 3-2　煤炭洗选发展对比情况

项目	原煤产量/亿 t	选煤厂数/座	入选能力/亿 t	入选量/亿 t	入选率/%
"十五"末	22.05	1000	8.4	7.03	31.9
"十一五"末	32.4	1800	17.8	16.5	50.9
增长量	10.35	800	9.4	9.47	19.0

这样的发展速度是前所未有的，平均每年增加入选能力 1.8 亿 t，超过过去 55 年建设的选煤厂能力，现在我国每年增加的选煤厂数量和入选能力比世界上其他国家的总和还多。

3.1.2.2　选煤工艺日趋完善

目前，国内外采用的选煤方法主要有重介、跳汰、浮选以及干法选煤等（武乐鹏，2009）。我国地域广阔，煤炭资源丰富，煤种齐全，煤质变化大，因而以上选煤方法均有应用。我国煤炭洗选加工的工艺和技术经过"九五"国家科技攻关项目的实施和"十五"、"十一五"期间的发展，整体水平取得了长足进步。

我国炼焦煤（高炉喷吹煤）普遍采用重浮联合分选工艺，主要工艺流程有：①跳汰—浮选；②跳汰—重介—浮选；③原料煤不分级、不脱泥重介质旋流器—（煤泥小直径旋流器）—浮选；④预先脱泥三产品重介旋流器—粗煤泥干扰床—浮选；⑤预先脱泥三产品重介旋流器—粗煤泥返回重介—浮选；⑥预先脱泥两段两产品重介旋流器—粗煤泥返回重介—浮选。在上述工艺中，工艺③为我国独创工艺，是 2005 年左右国内炼焦煤选煤厂最常采用的工艺。工艺④为当前流行的选煤工艺。

我国动力煤主要采用重力分选，细煤泥压滤回收，主要工艺有：①分级跳汰；②块煤跳汰机—粒煤重介旋流器—煤泥螺旋分选机；③块煤重介分选机—粒煤重介旋流器—煤泥螺旋分选机。其中工艺③是国内发展最快的动力煤分选工艺。

近些年，干法选煤在缺水地区和原煤坑口降灰方面得到了一定的应用。

3.1.2.3 选煤技术与关键装备发展迅速

我国煤炭洗选加工科技得到了空前的发展，具有自主知识产权的一大批新技术得到推广应用，推动了我国煤炭洗选加工业的飞速发展。

1）采用 CAD 软件和模块化建筑结构，大大提高了选煤厂设计和建设速度，节省投资，减少用地。过去建设一个处理能力 200 万 t/a 的选煤厂从设计到施工投产，需要 3~4 年，现在只需要 6~8 个月，可以节省投资 1/3~1/2。目前已投产的装配式钢结构选煤厂 200 多座，年入选能力超过 3 亿 t。

2）研制了一批具有自主知识产权的先进选煤技术和设备，选煤技术和装备水平大大提高。在吸收国外先进技术的基础上，依靠自主创新，成功研发具有自主知识产权的三产品重介质选煤工艺及主选设备、多供介三产品重介质旋流器、大型全自动快速隔膜压滤机、干法选煤成套技术等均达到国际领先水平，已经得到大规模推广应用；"十一五"期间，使用三产品重介质旋流器选煤技术的选煤厂，入选原煤的设计能力超过 3 亿 t/a，使先进的重介质选煤方法所占的比例大幅度提升。采用复合式干法选煤成套设备的入选能力超过 1.0 亿 t/a，这些先进技术和设备的推广使用，大大提高了选煤厂的技术水平。我国自主研发的三产品重介旋流器、火力干燥设备、快速压滤机等部分选煤设备已经出口到美国、俄罗斯、印度、越南、南非等国家。

跳汰机、机械搅拌式浮选机、喷射式浮选机、旋流微泡浮选柱、加压过滤机，总体技术均达到国际先进水平，成为我国选煤厂使用数量达到或超过 90% 以上的国产设备，基本替代了进口。成功研发接近国际先进水平的各种离心脱水机、分级破碎机、振动筛、磁选机等设备开始得到应用。

3）选煤厂生产管理自动化程度提高。选煤厂广泛采用在线灰分检测装备、重介质密度自动控制系统、计算机控制和辅助管理系统及快速装车自动化等设备，使选煤厂产品的质量得到有效控制，提高了劳动效率，减少了管理和操作人员。目前，全国有 61 座选煤厂达到优质高效选煤厂标准。

4）细粒煤的分选和脱水技术有了进一步的发展。浮选柱分选下限达到 $10\mu m$，细粒精煤的回收率提高了 1%~3%。快速精煤压滤机和加压过滤技术得到了推广应用，总精煤水分由 10.86% 降低到 10% 左右。

3.1.2.4 动力煤入选规模不断扩大

我国动力煤入选长期得不到重视，动力煤，尤其是发电用煤几乎采用原散煤，大大落后于整个选煤业的发展。随着大型炼焦煤全入选工艺技术和装备的发展，动力煤洗选大量借鉴炼焦煤洗选技术和装备，带动了动力煤入选技术和装备的大发展。目前，我国自主研发的大型三产品重介质旋流器已应用于选动力煤，滚筒火力干燥设备大型化，为褐煤开发利用提供了技术支持，随着我国动力煤洗选技术的大幅度提高以及选煤厂的厂型逐步大型化，吨煤投资及运行成本大幅度下降，目前大型动力煤洗选厂的吨煤投资可达到 20~25 元，吨煤加工费 7~11 元，已具备了大规模推广应用的条件，到目前全国动力煤入选能力已经超过 8 亿 t。

3.1.3　国内外选煤设备对比

3.1.3.1　国内外选煤设备对比

目前，国内外选煤设备在朝着大型化方向发展，由于各国选煤的历史和对产品要求的差异略有不同（郭秀军和刘晓军，2011）。各国选煤厂在用的选煤设备详见表 3-3。

表 3-3　各国选煤设备的使用情况

国别	装备种类与型号
中国	重介质旋流器、浮选机、跳汰机、动筛跳汰机、水力旋流器、干选机、浮选机、浮选柱（床）等
美国	重介质分选槽、重介质旋流器、螺旋分选机、跳汰机、浮选机、水力旋流器、摇床、浮选柱等
土耳其	Baum 跳汰机和 FeldspaiAcco 跳汰机、重介质滚筒分选机、重介质旋流器、重介质斜轮分选机、螺旋分选机、浮选机、水力旋流器、摇床等
南非	Wemco 滚筒分选机和重介质旋流器、Norwalt 分选槽、Dyna 螺旋分选机、水力旋流器、ROM 动筛跳汰机和传统的跳汰机、摇床、浮选柱等
英国	干式细粒煤筛分机、BARREL 分选机组、WEMCO 滚筒分选机、重介质旋流器、螺旋分选机、浮选柱等
澳大利亚	大直径（1m、1.15m、1.3m）重介质旋流器、150mm 重介质旋流器、螺旋分选机、摇床分选机、JAMESON 浮选槽、跳汰机等
波兰	DISA 重介质分选机、跳汰机、重介质斜轮分选机、BARREL 分选机、WEMCO 滚筒分选机、浮选机和浮选柱等

国内外选煤装备现状具体体现在以下八个方面。

（1）重介质旋流器

1）两产品重介质旋流器。目前，在两产品旋流器生产与开发方面比较先进的国家除了我国还有荷兰、美国、日本、英国等。荷兰研制的 DSM 重介质旋流器是目前世界上应用最广泛的一种重介质分选设备；美国研制了麦克纳利重介质旋流器和主要用于分选 30~0.5mm 原煤的圆筒重介质旋流器 DWP；日本大阪造船公司田川机械厂研制了最大直径为 0.75m 的倒立式旋流器；英国煤炭局研制了有压给料圆筒形重介质旋流器和直径为 1.2m 的大型圆筒重介质旋流器 LARCODEMS；我国于 1991 年由煤炭科学研究总院唐山分院在国内首先研制了直径为 0.5m 的无压给料 NZX 型两产品圆筒重介质旋流器，中国矿业大学综合系也研制了 DWP 圆筒重介质旋流器，并生产了 HMCC-300 型和 HMCC-400 型旋流器。

2）多产品重介质旋流器。在多产品化方面，目前世界上比较先进的研发国家主要有意大利、英国和中国。意大利在 20 世纪 80 年代初研制了 Tri-flo 型三产品重介质旋流器。90 年代中期，英国煤炭局先后研制了 LARCODEMS 圆筒重介质旋流器和 LARCO-DEMS 500/350 无压给料三产品重介质旋流器。中国则于 80 年代初研制了 3NZX500/350 型有压给料三产品重介质旋流器；90 年代初期研制了无压给料的 3NWZX700/510 型三产品重介质旋流器；90 年代中期研制了"单一密度悬浮液、双段间接串联选三产品"的重介质旋流器；90 年代末期研制了当时国际上规格最大的 3NWZX1200/850 型无压给料三产品重介质旋流器；"十五"期间开发了双供介无压给料三产品重介质旋流器；目前又研制了四供介无压给料的 3NWZX1500/1100mm 旋流器，其直径已达 1.5m。

（2）跳汰机

目前，国外主要在跳汰机机体大型化、风阀工作方式以及自动排料方面做了大量工作。研发跳汰机较先进的国家主要有德国、日本、波兰等。德国跳汰机针对末煤和块煤采用了两种不同的排料结构：末煤跳汰机采用液压闸门调节排料口的大小，而块煤跳汰机则是采用液压缸调节筛板倾角来调节排料口的大小；日本研制的可变波形跳汰机采用两种不同压力的工作风源和两套风阀，利用电子技术控制风阀的运动，使两种风产生不同的叠加，以达到改变跳汰机脉动水流的目的，实现变波跳汰分选，使细粒煤的分选效果得到了明显改善；波兰研制的 BOSS-2000 型跳汰机，采用排料闸门和溢流堰互动的排料方法，通过调整伺服马达的静态和动态工作参数确定产品的排出量。此外，美国、英国、澳大利亚还在研发离心跳汰机。离心跳汰机是借助巨大的离心力场来强化细小颗粒的分选效果，有效分选粒度可达 0.043mm。

在我国使用较多的国产跳汰机有 SKT 系列跳汰机、X 系列筛下空气室跳汰机。X 系列筛下空气室跳汰机采用液压托板排料方式，跳汰面积为 4～45m^2；SKT 系列跳汰机跳汰面积为 6～40m^2，采用无溢流堰深仓式稳静排料方式，可避免已分层物料撞击或翻越溢流堰造成二次混杂。

德国和澳大利亚均采用液压驱动式动筛跳汰机。我国于 1989 年自行研制了首台 TD 型动筛跳汰机并试运行成功，发展至今已有液压式和机械式两大类 4 个国产系列和 1 个引进系列产品。

（3）干选机

俄罗斯是干法选煤生产规模最大、经验较丰富的国家，以 СП-6 和 СП-12 型两种风力摇床使用效果最好，近年又开发了 SP 型风选机。我国使用较多的是 FGX 系列复合式干选机和 FX 系列风力干选机。这两种设备综合了摇床和风力分选的优点，在干旱缺水地区和对煤炭产品质量要求不高的企业具有良好的应用前景。该机的不足之处是分选精度低，要求煤的外在水分不高于 7%，单位处理量较小。

日本、加拿大和中国先后开展了空气重介质流化床干法选煤技术的研究。日本煤炭利用中心（CCUJ）用流化床分选 13mm 的块煤，用振动风力摇床分选 0.5～13mm 粒级煤，完成了煤炭干选性试验项目。世界上用于处理 6～50mm 级煤炭、处理能力为 50 t/h 的空气重介质流化床干法选煤技术首先由中国矿业大学完成并通过工业性试验。目前中国矿业大学为实现全粒级（0～300mm）煤炭干法选煤，正开展小于 6mm 细粒级煤振动空气重介质流化床选煤技术、大于 50mm 块煤深床型空气重介质流化床选煤技术、三产品双密度层空气重介质流化床选煤技术和小于 1mm 煤粉摩擦电选技术的研究。

（4）浮选机、浮选柱

1）浮选机。浮选机一直是用于小于 0.5mm 粉煤分选的主要设备。目前国内选煤厂使用的大多是机械搅拌式浮选机，且单槽容积趋向大型化，已达 20m³。煤炭科学研究总院唐山研究院研发了 XJM-S 型机械搅拌式浮选机系列产品，"十五"国家科技攻关课题研发的"带有矿浆预矿化器的 20m³ 机械搅拌式浮选机"已大面积推广应用。

2）浮选柱。自 20 世纪 80 年代以来，浮选柱分选技术取得了重大突破，一批新型浮选柱脱颖而出（刘炯天，2011）。例如，国内的旋流-静态微泡浮选柱、喷射式浮选柱、充填浮选柱，以及澳大利亚的 Jameson 浮选柱和加拿大的 CPT 浮选柱、VPI 微泡浮选柱等。最近又出现几种结构新颖的浮选柱，如全泡沫浮选柱、美国 Deister 选矿有限公司的 Flotair 浮选柱、印度研制的电解浮选柱、俄罗斯 IOTT 研究所的多产品浮选柱、密西根技术大学研制的稳流板浮选柱、美国弗吉尼亚大学研制的二维浮选柱等。

（5）重介质分选机

20 世纪我国使用的块煤重介质分选机多为斜轮、立轮分选机。90 年代初，我国首次从美国引进了重介浅槽分选机，由于该设备具有易操作、易维护、低投资和高效率等特点，在我国很快得到认可。随着元器件及整机的国产化，其应用范围还将进一步扩大，有替代重介斜轮、立轮分选机的趋势。目前美国丹尼斯生产的重介浅槽分选机销售超过 400 台（含中国安太堡）。国内生产的重介浅槽分选机最大槽宽 6700mm，处理能力 700t/h 左右，使用寿命 2000~4000h。

（6）筛分设备

国外对筛分设备的研究，除提高可靠性外，还注重筛机大型化、品种多样化和制造材料的多元化（邓晓阳等，2003）。在大型化方面，国外已生产出了面积为 40~50m² 的大型筛分机；在品种方面，应用机械振动力、离心力、电磁振动力设计了各种振动筛分机；在制造材料方面，采用了复合材料、塑料及橡胶。美国康威德、1ST 和澳大利亚申克、Ludowici 等公司生产的大型筛分机，在我国大型选煤厂份额均大于 80%。

通过对 20 世纪 80 年代美国技术和 90 年代德国技术的引进、消化和吸收，我国筛宽 3m 及以下筛分机的可靠性不断提高，已不再需要从国外引进。我国在完成"九五"科技攻关项目的基础上研制成功了 2ZKP3660 型和 ZKZ3660 型振动筛，具有与国外同类设备抗衡的能力。

鉴于细粒级煤炭难筛选的特性，近年来国内对煤炭深度筛分机械的研究等较为深入，种类较多，发展较快的是棒条筛、博后筛、香蕉筛。由煤炭科学研究总院唐山研究院自行研发的新一代高端技术 SXJ 系列大型香蕉筛，处理能力提高了 40%~60%，且筛分效率在 90% 以上，达到了国际先进水平。

（7）离心机

末煤脱水使用较多的仍是各种立式、卧式离心机。国内外各生产厂家也在原有型号设备的基础上做了不少改进，其发展方向是加大筛篮直径，增加单机处理量，降低产品水分。

在国外，澳大利亚约翰芬雷公司生产的 VM 系列卧式振动离心机，Ludowici 公司的 FC 系列煤泥离心机，荷兰 TEMA 公司的 HSG 系列卧式离心机、H 系列煤泥离心机以其单机处理能力大的优势在国内选煤厂逐步得到认可。国外最大的卧式振动离心机筛篮大端直径已达 1.5m，处理能力达 300t/h，产品水分为 5%~9%。

近年来，国产离心机也得到较快发展。煤炭科学研究总院唐山研究院研制了 WZY 系列卧式振动离心机、LLL 立式刮刀卸料煤泥离心机，北京华宇工程公司研制了 WZT1400 型卧式振动离心机，中国矿业大学研发了 DG-WZL1200 卧式振动离心机。

卧式沉降过滤式离心机可用于细粒煤泥和浮选精煤的脱水。国外该设备的生产厂家主要有美国的 DMI 公司、BIRD 公司和德国的 KHD 公司等。我国该类设备近几年也有所发展，国产的 LWZ 型系列沉降过滤式离心机已经在一些选煤厂投入使用。

(8) 大型破碎机

引入我国的世界知名破碎机有英国 MMD（筛分破碎机）、澳大利亚爱邦（齿轮破碎机）、南非舒马、德国克虏伯（分级破碎机）、美国麦克拉汗的 DDC-sizer 破碎机等，其中 MMD 有 6 个系列，已有几百台在中国选煤厂使用。处理能力：粗破 12 000t/h，中破 500t/h；破碎强度 200MPa；产品合格率 96%，超粒小于 5%；使用寿命（破碎齿）是国产设备的 3~5 倍。

我国煤用破碎机产品因为制造水平等原因，破碎强度小，使用寿命短。以分级破碎机为例，我国分级破碎机起步较晚，且各研究单位发展参差不齐，最早起步于 20 世纪 90 年代，如洛阳矿山机械厂，其产品在霍林河等大型露天煤矿得到了部分应用；煤炭科学研究总院唐山研究院研发的 SSC 系列产品在神华、阳泉、兖州、伊泰等大型煤矿、选煤厂得到较为广泛的应用。SSC 系列产品是目前国内在技术水平、创新能力、加工能力、市场运作能力等方面综合实力最强、与国外产品最有竞争力的产品。SSC 系列产品在设备品种、齿型、材质等方面均可满足现场应用，但在产品多样性方面，与国外先进产品尚存在一定差距。

另外，随着选煤技术和选煤装备的发展，选煤辅助设备也在不断地更新，并有朝大型化和系列化方向发展的趋势，如给料设备、提升设备，以及过滤和压滤设备等。

经过数十年的发展，我国选煤装备制造水平得到了迅猛发展，部分产品已达到国际先进水平。但整体而言，国外的选煤设备在处理能力、技术指标、生产事故率等方面仍然优于国产设备。

3.1.3.2 中国选煤装备的发展方向

"十二五"期间，为了适应大量煤炭洗选加工的需要，要研究符合中国煤质特点的、具有知识产权的单系统 1000 万 t/a 特大型动力煤选煤厂成套技术和关键装备、单系统 600 万 t/a 特大型炼焦煤选煤厂成套技术和关键装备及其配套通用的关键设备，为建设真正的大型选煤厂创造技术条件，并提高设备的可靠性、处理能力，改进工艺参数，满足特大型选煤厂建设的需要。需要研发的设备主要有小时处理能力为 1000~1200t、入选上限大于 150mm 的特大型三产品重介质旋流器；小时处理能力 900~1000t、入料粒度为 13~300mm 的大型高效重介质浅槽分选机；小时处理能力大于 500t、入料粒度为 25~350mm 的大型动筛跳汰机；小时处理能力为 2000t、入料粒度为 25~325mm 的大型动力煤跳汰机；小时处理矿浆能力 1500~2500m³ 的大型浮选机；小时处理能力 80~120t 的大型沉降过滤式离心脱水机；小时处理能力 300~450t 的大型末煤离心脱水机；小时处理能力 60~150t 的大型全自动快开压滤机；小时处理能力 400m³ 的大型高效磁选机等。此外，还要开发运转可靠、处理能力大的选煤厂辅助设备以及智能化的自动控制系统，从而提高原煤的洗选能力。

3.1.4　中国选煤技术与产业发展中存在的问题

尽管"十五"期间我国煤炭洗选加工业得到了迅速发展，选煤技术有了较大进步，但与世界发达国家相比还存在不小差距。

3.1.4.1　原煤入选比例仍然较低

"十一五"期间我国原煤洗选加工虽然发展很快，2010 年煤炭入选率超过 50%，但与世界主要产煤国家原煤入选比例相比仍然差距较大。此外，我国煤炭资源的自然赋存条件较差，95% 以上为井工煤矿，地质条件差，构造变化大，原煤灰分、硫分普遍偏高，难选煤比例大，需要洗选的比例大。可是"十一五"期间，原煤产量增加了 11 亿 t，而原煤入选量只增加了 9 亿 t，选煤发展还赶不上煤炭产量的增加。占原煤总产量 50% 左右的发电用煤，灰分长期徘徊在 28% 以上，严重影响超临界、超超临界大机组的发电效率。

3.1.4.2　选煤技术水平发展不平衡

我国既有大批具有世界先进水平的大型、超大型优质高效选煤厂，在技术、装备、管理上达到了世界一流水平，也有大量的选煤方法落后、环节不配套、产品质量差的中小型选煤厂；国有大型企业入选比例高，单厂规模大，地方煤矿尤其是乡镇煤矿入选比例低，且单厂规模小；炼焦煤选煤厂发展快，技术先进、装备较好，而动力煤选煤厂发展比较慢，技术相对落后，不能全入选，产品质量较差而且不稳定；东部地区发展较快，而中西部地区发展较慢。

3.1.4.3　设备、仪表的可靠性较差，制造水平亟待提高

我国虽然建立起自己的选煤设备制造体系，用国产的设备能够装备 300 万~400 万 t/a 能力的选煤厂，但机械设备的制造质量差，可靠性低，自动控制水平不高，成为制约我国大型选煤厂发展的瓶颈，特别是一些大型高效选煤设备的可靠性有待提高。因此选煤厂需要备用设备，使系统变得复杂，增加了维修工作和维护人员，提高了加工成本，降低了经济效益。

(1) 选煤厂技术装备较为落后

我国选煤厂现有主选设备约 2400 余台，筛分机 2000 余台，各类泵 5000 余台。这

些设备中多数是 20 世纪 80 年代前设计研制的，90 年代研制的还不到 40%。特别是地方和乡镇煤矿选煤厂的技术装备，90% 以上是 60 ~ 70 年代的水平，设备效率低、能耗高、可靠性差、寿命短。

在全部选煤厂中，采用先进技术和装备的选煤厂占总厂数比例不到 40%。现有选煤厂中有不少技术水平落后，不能根据用户要求及时调整产品质量，造成精煤损失大、产品灰分高、分选效果差的选煤厂，这在乡镇民营选煤厂尤为突出。我国炼焦精煤和商品动力煤平均灰分分别为 9.71% 和 22.43%，精煤灰分偏高，不能满足市场需求。

（2）设备可靠性差，制造水平亟待提高

总体而言，我国目前能够满足年入选原煤 400 万 t（含 400 万 t）以下选煤厂设备的需要，但国产选煤设备平均可靠性只有 70%，有些选煤设备还存在制造质量差，不能满足生产和建设需要的问题，特别是大型振动设备可靠性更差，故障多，寿命短。我国生产的筛面面积大于 18m² 的振动筛和直径 1300mm 及其以上的离心振动脱水机无故障运行时间一般数百小时，设备大修期低于 4000h。而国外同类产品设备无故障运行时间 3000h 以上，大修期 20 000h 以上。国产重介质旋流器耐磨性低，寿命一般为 2 年，国外产品一般寿命在 10 年以上。

近几年，我国从国外引进了大量振动筛、离心机、重介质分选机等关键设备，设备的可靠性明显提高。但由于研发水平有限，无法将国外技术转化为自主技术，至今一些大型、特大型选煤关键装备还需整机进口，而且进口比例达 50% 左右。另外，我国主要自动化控制系统的集成电路和元器件还完全依赖进口。

（3）设备规格少，处理能力低

我国选煤设备的生产没有实现系列化、产品化、标准化，不能满足生产实践的需要，而且处理能力大都低于国际先进水平。国产动筛跳汰机处理能力为 40 ~ 60t/（m² · h），而国际先进指标为 100t/（m² · h）；单槽 16m³ 浮选机处理能力为 300m³/h，国际先进水平为 500m³/h；强力破碎机入料粒度为 300mm，处理能力为 300t/h，破碎强度为 120MPa，国际先进水平为入料粒度为 1500mm，处理能力为 4000t/h，破碎强度大于 200MPa；卧式振动卸料离心机的筛篮直径为 1000mm，处理能力为 100t/h，国际先进水平筛篮直径为 1300 ~ 1500mm，处理能力为 300 ~ 500t/h。

（4）自动化水平低

在选煤过程自动化测控方面，尽管国内选煤厂近年来取得了长足的进步，少数厂由电脑直接参与控制生产，基本解决了重介质分选机自动化问题，但跳汰机单机自动化和浮选自动化还需进一步改进。选煤过程自动化测控方面与国际同行相比，还有较大的差距：主要表现在自动化程度低，不足 30%；相关参数测试不够全面，部分传感元件可靠性不够，信号稳定性不够。国有重点煤矿选煤厂主要分选设备达到国际先进水平的装备率为 20.7%，达到一般水平的为 66.4%；选煤厂劳动生产率低下，平均全员工效为 20t/工，只有国外先进水平的 20% ~ 30%。

受我国整体工业水平的限制，大型选煤设备和自动化元器件的原材料差，制造工艺

落后，设备可靠性只有 70% ，自动化程度不足 20% ，严重制约着选煤工业的发展。近几年我国引进了大量国外的振动筛、离心机、重介分选机等关键设备，设备的可靠性明显提高，但研发水平差，无法转化为自主技术，至今一些大型、特大型选煤关键装备还在整机进口，比例达 50% 左右，主要自动化控制系统集成电路和元器件完全依赖进口。

3.1.4.4　动力煤尤其是优质电煤产品市场机制还没有形成

2010 年我国动力煤产量约为 23 亿 t ，而入选量不到 8 亿 t ，动力煤入选率仅为 35%。"十一五"以来，我国政府已有多项法律和政策鼓励发展动力煤洗选，但此类政策中没有经济优惠和强制性要求，没有形成优质煤优价市场和用户使用洗选煤的有效机制，动力煤洗选发展速度与政府部门所期望的相差很远。动力煤洗选率低，商品动力煤质量一直不能满足节能减排的需求。

3.1.4.5　各行业用煤标准已经不适应要求，需要制定新的用煤标准

政府虽已制定了多个用煤标准，但对环境影响考虑较少，对煤的含硫量要求比较宽松，而且这些标准大多只是指导性的，不强制执行。至今做不到为不同用煤设备供应性质不同的、可满足设计要求的动力煤产品。为用户供应 0~50mm 的散煤，一直是中国煤炭的供应方式。因此许多企业仍在使用原煤，而不愿意使用价格高的洗选煤。

3.1.4.6　用户对洗选煤的认识不够是限制原煤入选比例提高的一个重要因素

由于国家目前的污染物排放罚款、收费远低于用户采用减排技术所增加的投入和成本，加之一些地方环境执法不严，许多用户习惯使用原煤，对使用优质煤带来的效率提高、设备寿命延长、环境效益改善等缺乏正确认识，更不利于动力洗选煤的推广应用。洗选煤没有销售市场，造成洗选厂不能开工生产或不能满负荷生产。

3.1.4.7　环保意识差，副产品利用率低

洗选总量及洗选副产品与环境总量不相平衡，节约能源和资源以及老企业的生产效率有待提高。缺乏把发展煤炭洗选加工提高到作为调整产业、产品结构，减少燃煤污染，转变经济增长方式，开展资源节约综合利用和走新型工业化道路发展循环经济高度来认识的远见。

3.1.4.8　法规不完善，政策欠配套

国家现有法规政策不能推动原煤入选的发展，特别是电煤入选缺少一套完善的鼓励和推动财税政策。

1）资金投入政策。国家对煤炭工业的建设投资往往先考虑煤矿的建设，造成煤炭洗选加工能力大大落后于原煤生产能力。地方煤矿和乡镇煤矿没有建设选煤厂的资金渠道，煤矿的入选率更低。

2）洗选后产品价格政策。煤炭洗选加工对国家可起到节约能源，提高能源利用率，保护环境，缓解运输压力的作用，是一项公益性事业。尤其是对用户可起到脱硫排灰、

提质降耗的积极作用,可创造可观的环保效益。原煤经过洗选,一般排除占入选量15%~20%的矸石,即减少原煤销售量的20%左右,同时,增加综合加工费用,但由于没有合理煤炭比价政策,对煤矿带来的却是减少销售量、增加支出的负面作用。

3)环境保护政策。各级政府和环保部门对燃煤电厂、工业锅炉和窑炉污染物排放没有严格标准,缺乏监督检查,收费和罚款力度不够,不能促使他们将原煤改为洗后动力煤。

4)科技进步政策。洗选加工是我国洁净煤技术的基础,也是实现可持续发展的重要环节。国家对选煤技术和设备的科研经费投入不足,缺乏煤炭洗选加工科技攻关项目和高新技术扶持政策。

3.1.5 中国选煤技术与产业发展规划

到2015年年底,中国原煤入选比例将达到60%以上,入选总量达到24亿t,选煤厂入选能力达到25亿t以上。

到2015年,我国90万t/a以上的大中型选煤厂争取全部实现集中控制,洗水95%达到闭路循环;重介质选煤工艺达到60%以上,炼焦煤选煤厂全员工效达到100t/工以上,动力煤选煤厂达到200t/工。着力实施以下重点工程:①年设计能力600万t(炼焦煤)和1000万t(动力煤)大型选煤厂国产设备成套工程;②煤矿井下排矸工程;③低阶煤种提质技术研究;④高硫煤利用技术;⑤细粒煤高效分选技术和大型浮选设备的研发。

3.2 其他煤加工技术

3.2.1 型煤技术

型煤是用一种或一定比例的黏结剂或固硫剂在一定的压力下加工形成的、具有一定的形状和物理化学性能的煤炭产品。燃用型煤,能显著提高热效率,减少燃煤污染物的排放,适合我国国情,应该作为鼓励推广使用的洁净煤技术之一。

型煤主要包括工业型煤和民用型煤两大类,型煤技术特征有:①型煤产品冷热强度高,热稳定性好;②型煤产品粒度均匀,反应活性好;③生产工艺灵活,可实现对原煤改质优化;④生产工艺简便,建设投资少,成本低。

3.2.1.1 国外型煤技术发展现状

20世纪初,德国开始用年轻褐煤通过高压无黏结剂成型工艺生产褐煤砖(黄山秀等,2010)。1985年仅德国的莱茵褐煤矿区就生产了褐煤砖400万t左右,用于造气、集中供热和民用。1933年,日本开始在工业上生产蒸汽机车用型煤,以节约大量煤炭;1971年,日本铁路机车79%用型煤,成为国外型煤用量最大的行业;苏联型煤工业发展也较迅速,1985年产量已超过1.3亿t。韩国于60年代开始普及使用型煤,在推广之初根据韩国当时的经济发展水平由政府制定了30年型煤发展计划,从政策、技术、税收等方面大力支持型煤的发展;到80年代高峰时期,韩国的型煤产量达2400万t,其中,汉城达600万t,型煤普及率100%。发达国家对型煤技术的研究从未停止。近年来生物质型煤技术成为型煤技术研究的热点之一，日本、土耳其、西班牙、瑞典、美国及中国台湾地区均开展了此方面的研究。另外，发达国家的型煤研究开始进入更细化、更环保的研究阶段，凭借其技术和装备上的先发优势进军中国市场。

3.2.1.2　中国型煤的发展现状

中国从 1958 年开始研究型煤，先后研究出 4 种不同工艺的工业型煤技术；20 世纪60~70 年代，中国研制成以无烟煤为原料，供合成氨造气用的石灰碳酸化煤球、纸浆废液型煤球、腐殖酸盐煤球，并在中国小化肥厂大量推广使用；1984 年又成功研制出高效机车用型煤；80 年代以来，无烟煤型煤技术的发展进入新的阶段，研究重点为化肥用优质防水气化型煤；"八五"期间及以后，免烘干无烟煤造气型煤技术取得可喜进展。近年来，中国生物质型煤技术、环保固硫型煤、型煤黏结剂及烟煤型煤技术等方面均取得了巨大进展，有力促进了中国型煤技术的发展。

当前我国常见的民用型煤有炊用煤球、煤砖、普通蜂窝煤、上点火蜂窝煤、烤肉型煤、火锅炭及手炉煤球等。近年来，虽然城市煤气广泛应用，但随着上点火蜂窝煤炉具、锅炉产业的发展，上点火蜂窝煤的产业发展迅速，已呈现出向规模化产业发展的态势。

近十几年来，锅炉型煤在少部分省份有所发展，全国曾先后建立 100 余座锅炉型煤厂。各厂的年生产能力在 3 万~5 万 t。但由于各种原因，中国型煤的发展与实际需求还有很大差距，作为动力用型煤技术生产水平还很低，还有很大的发展空间。

经过几十年的发展，以无烟煤及部分烟煤做气化型煤的技术已经达到很高水平，并形成了初步的技术体系。通过粉煤成型技术，将粉煤用于固定床气化，可为化工、冶金等行业开辟新的原料路线，优化原料结构，为企业降低生产成本，提高经济效益，奠定了坚实基础。最近几年，型煤气化技术有了突飞猛进的发展，基本实现了块煤炉和型煤炉的煤种互换，条件基本通用，且产气量和气质基本一样的局面。

煤炭资源的区域性差别致使型煤质量还存在一定缺陷，型煤成型工艺复杂及经济效益等方面的原因导致型煤的工业化速度十分缓慢，工业型煤生产未形成产业化、规模化，未形成一个有较强影响力的行业。主要原因有如下三点。

1）缺乏相关政策引导。我国现有的工业锅炉及窑炉大多不是燃型煤炉，在改烧型煤时存在不少问题，如火线后移和不易连火、火焰短而使锅炉出力不足或有时煤球不透等。若没有国家或地方政策的引导，改造或逐渐淘汰工业锅炉及窑炉等均非燃型煤炉有一定困难，使工业型煤难以大面积推广使用。

2）缺乏规范化的生产标准。目前没有规范的生产标准，缺乏国家认定的型煤质量中介检测机构，已有的检测方法可靠性没有通过权威机构认定，产品质量无法保证。

3）生产规模小、装备差。目前国内型煤生产厂生产规模一般年产量为 3 万~5 万 t，多数采用作坊式生产，工艺流程不规范、灵活性差、生产线能力不配套，造成产品质量波动大。

3.2.1.3　中国型煤技术重点发展方向

环保型煤：在开发粉煤成型工艺的基础上，应从型煤固硫机理、型煤固硫影响因素、型煤黏结剂和固硫剂的复合作用、固硫型煤的燃烧特性等几方面着手进行型煤燃烧脱硫净化一体化研究，以便大力开发和推广环保型煤（许力，2003）。

生物质型煤：生物质型煤总节煤率可达 20%~24%，我国仅农作物秸秆每年就有约 2.0 亿 t，具有发展生物质型煤得天独厚的条件。因此，我国应充分利用资源优势加快生物质型煤技术的研究。

低变质程度烟煤型煤技术：低变质程度煤制取型煤时，成型难度大，防水性差，用低变质程度煤制取气化型煤的技术还处于起步阶段，加强该方面的技术研究具有重要的理论意义和实际应用意义。

3.2.2　动力配煤技术

动力配煤技术是以煤化学、煤的燃烧动力学和煤质测试等学科和技术为基础，将不同类别、不同质量的单种煤通过筛选、破碎、按不同比例混合和配入添加剂等过程，改变单种动力用煤的化学组成、物理性质和燃烧特性，充分发挥单种煤的煤质优点，克服单种煤的煤质缺点，提供可满足不同燃煤设备要求的煤炭产品的一种简易的成本较低的技术。

动力配煤工艺由原料的接受和储存、筛分、混配组成。动力配煤的作用意义在于：

1）保证燃煤特性与用煤设备设计参数相匹配、提高设备热效率、节约煤炭。

2）通过"均质化"来保证燃煤质量的稳定，使用煤设备正常、高效运行。

3）充分利用低质煤或当地现有煤炭资源，做到物尽其用，提高社会效益。

4）调节燃煤中硫及其他有害物质的含量、满足环保要求。

动力配煤单位产品加工成本为 5~20 元/t，一般配煤工程产品的增值潜力为 10~30 元/t。

3.2.2.1　动力配煤的适用条件

动力配煤技术的应用与实施是有一定条件的，只有在符合条件的地方动力配煤技术才能够获得较好的发展，根据对动力配煤技术特点的分析，一般认为满足以下七点要求将有较好的发展前景。

1）资源保障：配煤加工场点的煤源，在经济的供煤半径内必须同时有可供加工配制、不同品质且来源广泛煤炭资源，并具备充足的数量，以满足市场的需要。

2）运输条件保障：一般应具备运煤的铁路专用线、公路或水运码头等进煤出煤的条件，交通较为便利。

3）技术措施保障：科学的配煤方案和先进的配煤技术与设备是动力配煤项目在竞争日益激烈的市场环境中成功运营的必不可少的重要保障。

4）生产加工场地保障：有能满足配煤加工场点的生产能力所必需的场地、水源和电源等条件。

5）有稳定客户群的产品市场保障：有相对稳定的供煤市场，能具备一定的规模生产能力，以保证能取得较好的经济效益。

6）自然条件（气候、温差、降水等）保障：良好的气候、温差、降水等自然条件，要保证充足的年工作日，确保规模生产的实现。

7）满足环保（粉尘、噪声和水污染）要求：满足动力配煤加工场点所在地对环保的要求，包括粉尘、噪声和水污染等。

3.2.2.2　国外配煤技术发展现状

在国外，最早的混煤研究，主要是满足炼焦工业的需要。混煤在锅炉上的使用只是近几十年的事情，而对其特性的研究大概始于 20 世纪 70 年代中期（苗俊明，2010）。随着电力工业的迅速发展，燃煤锅炉越来越多，因而，混煤在电站锅炉上的使用日益广泛。

一些西方国家使用混煤的主要目的是采用低硫煤与高硫煤混合以降低 SO_x 的排放，降低锅炉的结渣、沾污和积灰，充分利用高热值煤，保证灰分和发热量稳定等。而日本等国家使用混煤则主要是为了节约煤炭，减少运输费用。混煤的广泛使用，促使燃烧领域的研究工作者开始对混煤的特性进行研究。有关混煤的研究主要包括：混合系统和混合方法的研究、混煤着火燃烧性能的研究、采用混煤方法减轻结渣的研究、采用混煤方法降低 NO_x 及 SO_x 排放量的研究、混煤燃烧设备及燃烧技术的研究。从事这一研究较早的国家有美国、德国、日本、英国、西班牙、荷兰、加拿大等。

国外混煤（配煤）技术虽已开发应用，但在理论研究方面也有待深入，特别是在煤的煤化参数（如煤的发热量、煤的挥发分、煤的灰熔点等）的线性可加性、配煤的最佳数学模型、配煤的燃烧特性等方面的研究尚需进一步加强和探索。

3.2.2.3　中国配煤技术发展现状

中国动力配煤始于 1979 年，1982 年 4 月，物资部在北京召开配煤座谈会之后就正式命名为"动力配煤"技术。我国近年来加大了对混煤的研究工作力度（贾艳阳，2012），如煤炭科学院北京煤化所、浙江大学、西安热工所、哈尔滨发电设备成套设计研究所、华中理工大学煤燃国家重点实验室和株洲洗煤厂等单位对混煤（动力配煤）进行了深入研究。上海、北京、天津、沈阳、南京、齐齐哈尔等一些大中城市普遍推广的动力配煤生产线，为国家节约了大量锅炉改造资金。近年来，浙江、湖南、山西、东北等地区也均投入或拟进行动力配煤工程建设。

动力配煤是实现煤炭高效洁净燃烧的重要技术环节，是发展我国洁净煤技术的有效技术途径，具有广阔的市场前景。我国于 2011 年开始实施了《动力配煤规范》（GB25960—2010），对我国动力配煤的发展具有重要的指导意义。该规范主要规定动力配煤用的原料煤及其产品的品质要求，适用于烟煤、无烟煤和褐煤等配煤产品的生产、质量控制和销售。该规范是根据我国动力配煤技术的发展、生产现状以及市场贸易的要求而制定的，同时充分考虑了各种用途对动力配煤质量的要求，可以作为动力配煤质量控制和规范动力配煤市场行为的指导。

但从总体上看，目前的配煤技术水平仍存在以下不足：①规模小，能力远不能满足用户需求；②与选煤、型煤、添加剂等工艺结合较少，产品品种少；③煤质检测分析、配煤自动化控制水平较低；④价格配合、用户效益等因素没有达到最优化水平，综合经济效益较低；⑤没有形成集技术检测、配套机械、生产控制、市场反馈于一体的专门体系，筹建或在建的动力配煤工程，则存在基础研究、配合方案、工艺基础设计与工程设计由多个部门分割完成的情况,影响整体技术水平的提高和工程优化设计;⑥技术粗放、工艺简单,易给用户造成以劣充好、掺假的错误概念。

3.2.2.4　中国配煤技术发展方向

我国以煤为主的能源供应特点,促进了动力配煤产业向着科学化、精细化、大型化、功能多样化、规范化快速发展。

今后应扩大配煤范围,优化动力配煤工艺,合理建设配煤中心,构建全国性的输、配煤网络,制定相应的扶持政策,进一步提高我国动力配煤技术水平。

3.2.3　水煤浆技术

水煤浆是 20 世纪 70 年代兴起的一种煤基液态流体燃料,称为 CWM(coal water mixture)或 CWF(coal water fuel),它含煤约 70%,化学添加剂约 1%,其余为水。

水煤浆可作为炉窑燃料。它具有较好的流动性和稳定性,易于储存,可雾化燃烧,是一种燃烧效率较高和低污染的洁净燃料,可代重油及天然气,有效缓解油气短缺带来的能源安全问题。约 2t 水煤浆可代 1t 油,由于水煤浆与燃油在相同热值下相比,其价格仅为重油的 1/3 左右,以水煤浆代油具有显著的经济效益。

燃用水煤浆与直接烧煤相比,具有燃烧效率高、负荷易调控、节能和环境效益好等显著优点,所以也是洁净煤技术中的重要分支。

水煤浆经长距离管道输送到终端后可直接燃用,储运过程全封闭,既减少损失又不污染环境,是解决煤炭运输问题的方法之一。

从"六五"开始,"水煤浆制备与燃烧技术"就列为国家重点攻关项目,我国在水煤浆技术领域迅速与国际接轨,取得了成套的科研与工程化技术成果,并建成了有工业规模的制浆厂和电站锅炉、工业锅炉及工业窑炉的示范性系统工程,初步建立了符合我国国情的水煤浆技术体系,培养了具有较高水平的科研、设计、生产和管理队伍。我国煤多油少,燃煤污染严重,该项技术受到国家的重视,1996 年江泽民总书记到中国矿业大学(北京)视察水煤浆科研工作时就强调对水煤浆的认识提高到战略高度。据不完全统计,截至 2010 年年底,全国各类制浆厂(燃料用)的设计生产能力已突破 5000万 t/a,生产和使用量已达到 3000 万 t/a。我国水煤浆技术也达到国际先进水平,生产与应用规模均居世界第一。可以说目前的国际国内形势为水煤浆提供了广阔的市场空间和非凡的发展机遇,也使水煤浆技术面临着重大的考验。

3.2.3.1　水煤浆的适用条件

从推广区域来看,经济发达且环保要求高的地区(如珠三角、长三角地区等)将是水煤浆重点推广区域,这些地区经济发达,能源需求量大,但资源匮乏,环保要求高。传统的化石能源如燃料油、煤等由于经济性和环保性已不能满足当地经济社会发展的需求,因此,价格相对便宜且节能环保的水煤浆已成为这些区域急需的替代能源。

随着近几年国际油价的持续上涨以及国内环保意识的逐步加强,节能、环保的水煤浆在我国得到迅速的推广应用。由于国家政策、锅炉效率等方面的原因,大型电站锅炉已不再适合推广应用水煤浆,水煤浆的利用应集中在中、小型工业锅炉及窑炉上。除了代油外，最近几年水煤浆锅炉替代燃散煤的链条锅炉也正成为许多地区水煤浆应用的新方向。

3.2.3.2　水煤浆的技术条件

（1）水煤浆的制备技术

作为燃料，水煤浆既要浓度高，又要流动性好，而且储运中不产生硬沉淀。这些要求相互制约，涉及煤化学、颗粒学、粉体工程、有机与表面化学及流变学等多学科技术。水煤浆制备技术关键是：①煤炭成浆性判定；②粒度级配；③化学添加剂；④制浆工艺。

经过多年的研究与实践，我国的水煤浆制备技术形成了完整的理论体系，中国矿业大学（北京）张荣曾（1996）撰写的《水煤浆制浆技术》是国内外第一部系统阐述制浆技术与理论的学术专著。

随着水煤浆应用规模的不断扩大，原先使用的制浆用煤——中等变质程度的烟煤由于价高、量少的现状逐渐被人们舍弃，制浆用煤的选择范围正向低煤阶烟煤扩展。低煤阶烟煤大多低灰、低硫、高水分，属难成浆煤种，为克服这一难题，国家水煤浆工程技术研究中心成功开发了"低阶煤高浓度制浆技术"。该技术将"选择性分级研磨"和"优化级配"的理念成功地融入到制浆工艺开发中，通过提高煤浆的堆积效率添加高效水煤浆添加剂，使制浆浓度提高 3%~5%。其工艺流程图如图 3-1 所示。

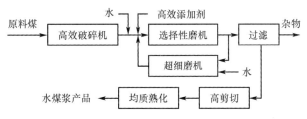

图 3-1　分级研磨高浓度制浆工艺流程图

目前该技术已成功推广至广东东莞、汕头、福建石狮、浙江杭州和江苏丹阳，总计形成 1000 万 t/a 以神华煤（典型低阶煤，灰分≤8%；硫分≤0.6%；发热量≥5000kcal/kg）（1kcal/kg=4.184kJ/kg）为主要原料的燃料浆生产规模，可以说该技术目前已成为水煤浆制备的主流技术。

采用该技术制备的水煤浆具体质量指标为：浓度（65±1）%，灰分≤6%，硫分≤0.4%，发热量（4100±100）kcal/kg，挥发分表观黏度（25℃，100s^{-1}）≤1200mPa·s，稳定性≥30 天。

（2）水煤浆的燃烧

目前水煤浆的燃烧多采用浙江大学的水煤浆燃烧技术，其燃烧方式、燃烧器（包括喷嘴、配风器）、锅炉炉体结构及烟气环保控制等方面已经成熟，并实现了在电站锅炉（75~670t/h）、工业锅炉（1~35t/h），以及多种工业窑炉上的成功应用。工业实验结果表明：水煤浆的燃烧效率一般在 97% 以上，锅炉效率可达 85%~91%，污染物排放如烟尘［≤80mg/m³（标准）］、SO_2［≤100mg/m³（标准）］均达到国家标准［《锅炉大气污染物排放标准》（GB13271—2001）］；NO_x（≤100mg/Nm³）等非国家标准指标也达到了更为严格的地方标准［广东省地方标准《大气污染物排放限值》（DB44/27—2001）］。

3.2.3.3 水煤浆技术的应用

我国的水煤浆技术经过多年的研究开发和工业性试验，在制浆工艺、装备和应用规模方面均已达到国际领先水平，质量在浓度、黏度方面与国外优质浆持平；细度、稳定性与经济指标均优于国外。目前我国水煤浆制浆厂已建成近 30 座，总设计能力超过 8000 万 t/a。主要用途有：①电站锅炉代油燃烧；②中小燃油、燃煤工业锅炉；③水煤浆在陶瓷窑炉上的应用；④水煤浆在轧钢加热炉上的应用。

3.2.3.4 技术经济及环境综合评价

（1）水煤浆生产和运输

目前我国大部分水煤浆用户集中在珠三角及长三角地区，远离煤炭主产区，因此，应结合制浆原料煤性质、用户对水煤浆产品质量要求、运输条件、运距等因素，建立大中型水煤浆配送中心，并合理布局，以期实现经济技术合理。

按《水煤浆工程设计规范》（GB50360—2005）的相关规定，水煤浆生产厂的经济规模应包括年生产能力 25 万 t、50 万 t、75 万 t、100 万 t、150 万 t 和 200 万 t 及以上。水煤浆质量标准按现行国家标准《水煤浆技术条件》（GB/T 18855—2008）规定执行。

水煤浆的运输可采用铁路罐车、汽车罐车、船舶和管道运输。目前在珠三角及长三角一带，最常见的运输方式为汽车罐车和船舶，一般认为汽车罐车的运输半径在 300km 以内，船舶可达 1000km，若条件具备，还应优先采用管道输送方式。根据东莞 100 万 t/a 水煤浆生产厂实际运营情况看，水煤浆生产及运输均采用密闭方式进行，无任何泄漏，无废水、固体废弃物及废气的排放。

（2）代油工业锅炉

水煤浆自研之初就是用来代油的，且随着国际油价的不断走高，水煤浆代油的经济性已非常明显。目前用于水煤浆代油的锅炉主要为用于供热和供气的工业及民用采暖锅炉，从 2~220t/h 均有使用。

以广东 10t/h 的燃油锅炉与水煤浆锅炉为例，年运行时间 8000h（锅炉年平均运行时间），约 2.48t 水煤浆可替代 1t 油，每替代 1t 燃料油，可节约费用 0.15 万元。此外，跟南方市场普遍高硫的重油相比，水煤浆环保效果也非常突出，每替代 1t 燃料油，可减少 SO_2 排放 8.75kg。水煤浆锅炉运行过程中无废水产生，灰渣含碳量很低，可用于建筑材料。在烟气净化方面，目前水煤浆锅炉基本上采用湿法脱硫+布袋除尘，脱硫效率可达 80%，除尘效率可达 99% 以上，各烟气污染排放情况：烟尘≤80mg/Nm³、SO_2≤100mg/Nm³、NO_x≤100mg/Nm³均达到国家及地方排放标准。

（3）水煤浆代煤锅炉

随着水煤浆推广应用的逐步深入，除了代油外，水煤浆代煤已体现出良好的环保效果、节能效果及一定的经济性。目前代替燃散煤链条锅炉的水煤浆锅炉主要是用于供热和供气的工业及民用采暖锅炉，从 2～220t/h 均有使用。与链条锅炉相比，水煤浆锅炉具备如下三点优势：①热效率高达 85% 以上、燃尽率高达 97% 以上，在燃料同等热值下，大大节省了燃料的消耗量；②与燃煤锅炉相比，灰渣量大幅度减少，且残炭量低，大大减少了除渣周期和灰渣存储面积，再加上灰渣的综合利用，基本上杜绝了灰渣的二次污染；③水煤浆采用集中制浆、密闭储运至用户，只需监控制浆厂即可轻松实现源头控污，且不需要很大的储存场地，不自燃，无散落损失与污染，与城市环保要求相符。

以广东 10t/h 的燃煤锅炉与水煤浆锅炉为例，年运行时间 8000h（锅炉年平均运行时间），水煤浆锅炉替代燃煤链条锅炉，具有较好的经济性与良好的环保效果。约 0.8t 水煤浆可替代 1t 原煤，每替代 1t 原煤，可节约费用 89.05 元，随着煤炭价格逐步走高，由节煤带来的经济性将更加明显。同时，每替代 1t 原煤，可减少 SO_2 排放 2.94kg。

3.2.3.5　应用前景及发展方向

（1）应用前景

随着水煤浆应用规模的不断扩大，尤其是应用范围由代油、代气扩展至代煤燃烧，水煤浆的应用前景十分广阔。由国家经济社会发展对能源需求的持续增加以及日益苛刻的环保要求，预计水煤浆的应用量将保持 500 万 t/a 增长量。按代油用 : 代煤用 = 1 : 9 估算，预计到 2015 年、2020 年和 2030 年，水煤浆的年应用量将分别达到 5500 万 t、8000 万 t 和 1.3 亿 t；年节油量分别达到 221.8 万 t、322.6 万 t 和 524.2 万 t；年节煤量分别达到 6187.5 万 t、9000 万 t 和 1.46 亿 t；年 SO_2 减排量分别达到 20.13 万 t、29.28 万 t 和 47.51 万 t；年节约费用 88.37 亿元、128.54 亿元和 208.64 亿元。

（2）产业发展方向

水煤浆技术是一项系统工程，水煤浆产业化应用也包括制浆、储运、燃烧等多个环节，每个环节缺一不可。因此，水煤浆的发展应结合我国国情，以低硫低灰的煤源、先进的制浆工艺、专用的水煤浆锅炉和环保除尘脱硫手段在经济发达、环保要求高的地区代油、代煤，将会取得非常好的环保与经济效益。

1) 应根据我国煤炭资源的储量与分布，合理布局。在珠三角、长三角及环渤海湾等以神华煤为代表的低阶煤种为主的沿海地区，应成为水煤浆推广应用的首选。

2) 根据地区的发展差异，我国水煤浆的整体发展规划应以珠三角为基础，以长三角为跳板，最终推广到环渤海湾经济发达地区，并待时机成熟时推广至我国中西部地区。

3) 在广东、福建、浙江、江苏等经济发达且环保要求高的省份，每年的工业锅炉、窑炉的耗煤量达到 6500 万 t，其中大多数仍处于能耗高、污染严重的生产状态。因此，该地区中小型工业锅炉及窑炉应成为水煤浆发展的重要方向。

（3）技术发展方向

水煤浆在不同领域的推广应用为水煤浆制备及燃用提出了许多新的课题，应加强以下几个方面的研究：①单系列50万t/a以上水煤浆制备技术；②低阶煤制浆及燃烧技术的研究与开发；③大型水煤浆专用锅炉与高效燃烧器的研制与开发，中小燃煤、燃油锅炉改烧水煤浆；④精细水煤浆制备与燃用技术的研究与开发；⑤水煤浆脱硫技术的研究；⑥小型连续式高效水煤浆制备装备的研制与开发；⑦利用水煤浆技术处理工业废水；⑧小型水煤浆气化装置的研究与开发。

煤炭在我国能源结构中的主导地位在今后的几十年不会改变，发展水煤浆技术，实现以煤代油和提高煤炭的利用率，对我国的国民经济可持续发展具有重要意义。

3.3 低品质煤技术现状分析

3.3.1 中国褐煤提质技术现状分析

褐煤提质包括干燥提质（脱水）和洗选提质（脱灰）。褐煤含有大量的水分，软褐煤含水量甚至高达60%以上。褐煤提质的关键是除去其中的水分，方法大致可分为：①直接或间接加热干燥，如回转管式干燥工艺；②机械力和热力联合提质。德国从20世纪40年代开始研究褐煤加工技术，到60年代率先实现了软褐煤的冲压成型工业化应用。70年代初，澳大利亚、美国等开始研发褐煤提质技术。此后，日本作为能源缺乏的国家对廉价褐煤的利用也非常重视。国外在褐煤预干燥领域，最成熟、先进的提质工艺是过热蒸汽流化床技术。

目前，国内褐煤干燥的工业应用还没有大规模展开。国内准工业规模褐煤预脱水装置分为：①燃煤烟气直接接触，链板式、移动床式；②转筒干燥和蒸汽间接干燥，过热蒸汽内加热流化床和（过热）蒸汽回转圆筒两种。

3.3.2 高硫煤利用技术现状分析

中国是世界上少有的以煤为主要能源的国家，而绝大多数的煤炭主要用于燃烧。硫分是除灰分外，评价煤炭质量的另一个重要指标。虽然煤炭的硫分与灰分相比含量很少，但十分有害。同时，黄铁矿又是化学工业的重要原料，从煤炭中回收黄铁矿，可以通过综合利用，使其实现资源化。

高硫煤中的硫处理技术主要有燃前的物理、化学（含生物）脱硫技术，燃中的固硫与先进的低污染燃烧技术，以及燃后的烟气脱硫技术三种类型。燃前的物理脱硫主要是脱除煤中无机硫，燃前的化学脱硫主要是脱除煤中有机硫。

选煤技术在脱硫的同时既可降灰，减少燃煤污染和无效运输，又可提高热能利用效率，因此抓住污染源头进行的燃前脱硫是经济、有效的技术途径。目前从单纯的物理方法、化学方法、生物方法脱硫，已经开始朝综合的方向发展，如在物理脱硫法的基础上采用一些化学手段促进脱硫或物理和化学方法相结合再辅以高科技和新能源的手段等，取得了良好的效果。

除了用于燃烧，高硫煤气化技术、低煤化度高硫煤液化技术、高硫煤作橡胶填料等均是高硫煤转化的有效途径。

3.3.3　中国稀缺煤资源二次开发利用技术现状

煤炭是中国重要的基础能源和原料，在国民经济中具有重要的战略地位。中国煤炭资源丰富，但优质炼焦煤和优质无烟煤资源很少。据统计，截至 2009 年年底，全国煤炭保有资源储量为 1.3 万亿 t，其中炼焦煤 2960 亿 t，占 22.6%。优质炼焦煤资源储量约 600 亿 t，仅占炼焦煤资源储量的 20%，为稀缺煤资源。

从 2005 年中国稀缺煤资源主要生产矿区精煤回收率来看（邬丽琼，2007），开滦和七台河等以产焦煤和肥煤为主的炼焦煤矿区，其精煤回收率均不足 40%，以肥煤为主的盘江矿区的精煤回收率也只有 43%，稀缺煤资源煤质可选性差，精煤回收率低，急需洗选技术的提高。而中煤产品中含有大量未释放的精煤，中煤二次分选是强化分选过程、提高精煤产率的途径之一。

在细粒难选焦煤、肥煤的分选和利用方面，国外学者进行了一定的探索，主要方法有中煤破碎再选、细磨浮选、油团聚等，但仅有中煤破碎重介（跳汰）再选见于工业应用。

开发和研究高效的稀缺煤资源分选方法，开展二次分选关键技术研究及工程示范，最大限度地提高精煤回收率，提高中煤利用率和精煤产品质量，是充分利用和保护我国的稀缺煤种，节约能源的有效途径。

3.4　中国煤炭输配现状分析

中国煤炭资源分布总体格局是北富南贫、西多东少，煤炭的赋存量与经济发展不平衡，从而形成了北煤南运、西煤东调的格局。

中国的煤炭消费大省可以分为四类：第一类是煤炭生产量大，煤炭消费能够自给自足且有大量调出，如山西、内蒙古；第二类是煤炭生产量较大，但是煤炭消费量更大，需要有大量调入，如山东、河北；第三类是煤炭生产量和消费量都较大，基本能够自给自足，如河南、安徽、贵州等；第四类是煤炭生产量较少，煤炭消费量较大，基本靠外省调入，如江苏、浙江、湖北等。总体上看，东北、京津冀、华东、中南的煤炭供应缺口依靠晋陕蒙宁地区，西南和新甘青地区基本自给。

除此之外，进口也已经对我国的煤炭供应产生了重要的补充作用，其中动力煤主要来源于南非、印度尼西亚、澳大利亚、俄罗斯；炼焦煤主要来源于蒙古、澳大利亚和俄罗斯；无烟煤主要来源于越南和朝鲜。

目前，电力、钢铁、建材和化学工业耗煤量占国内煤炭消费总量的 86% 以上，是我国的四大主要耗煤行业。

我国煤炭运输主要有铁路直达、铁水联运和公路 3 种运输方式。

铁路以其运力大、速度快、成本低、能耗小等优势，一直是我国煤炭的主要运输方式。2000 年，我国煤炭运输量在铁路货运总量中占 41.4%，到 2008 年，所占比例上升到 51.2%，2010 年上升到 53%。在铁路各主要干线的货物运输中，其中"三西"（山西、陕西和内蒙古西部）主要外运通路煤炭占货物运输量的90%左右，大秦、朔黄线则是煤炭运输专用线，全部运力用于煤炭运输；而京沪、京广线煤炭运输约占60%，一般线路也在30%以上。铁路运输能力已经成为我国煤炭供应市场的主要影响因素，新建铁路项目将有助于缓解煤炭运输难题。

我国煤炭铁水联运主要是通过铁路运输到北方港口和内河港口，再通过港口运输到消费地。目前，我国沿海已基本形成环渤海、长三角、东南沿海、珠三角以及西南沿海等五大港口群，其中环渤海港口群为发送港，其他港口主要是接卸港。承担煤炭转运的港口主要在北方：秦皇岛港、唐山港、天津港、黄骅港、青岛港、日照港、连云港，其中秦皇岛港下水煤炭、出口煤炭均占全国沿海港口下水总量的40%以上，是我国北煤南运的主要通道。近年来，华能、中电投、国电、大唐、华润等发电集团分别在辽宁的营口、锦州、葫芦岛3个港口投资建设大型煤炭输出码头，以打通蒙东能源基地与东南沿海地区的煤炭运输通道。

东南沿海主要煤炭接卸港分布在长三角地区、东南沿海地区、珠三角地区和西南沿海地区，该地区是我国煤炭消费集中区域之一，未来煤炭接卸量将大幅增加，煤炭泊位通过能力不足的现象更加明显，煤炭接卸泊位建设力度将进一步加大。

长江通道对煤炭运输具有重要意义。目前，长江煤炭的年运输总量在1600万t左右，而长江的海进江煤炭年运量超过1500万t以上，江出海煤炭运量也在不断增长。

公路主要承担能源基地内部煤炭运输，或铁路、港口煤炭集疏运输。由于铁路运力不足，在山西、内蒙古和云南、贵州煤炭外运中公路运输也发挥了一定的作用，但运煤车辆导致道路严重拥堵的现象时有发生，严重影响了运输秩序。

目前，煤炭主要生产地、主要集散地（港口）、煤炭消费地和煤炭消费大户，均开始积极建设规模化配煤中心，以提高和稳定煤炭质量，适应不同用户的需求。

认清我国煤炭产销形式，对煤炭输配进行系统优化，对我国煤炭能源的开发利用具有重要意义。

3.5 本章小结

本章重点分析了国内外选煤技术与装备现状，以及型煤、水煤浆、动力配煤和低品质煤提质技术现状，并对我国煤炭输配现状进行了分析，主要结论如下。

1）选煤是煤炭提质的基本方法，在节能减排方面贡献巨大。加强选煤技术研究，加快大型关键设备的国产化率步伐，积极采用先进选煤方法，进一步提高原煤入选率，是我国由选煤大国向选煤强国迈进的基本保障。

2）燃用型煤，能显著提高热效率，减少燃煤污染物的排放，是适合我国国情的、应该鼓励推广使用的洁净煤技术之一。型煤技术发展的重点为环保型煤、生物质型煤和低变质程度烟煤型煤。

3）动力配煤是实现煤炭高效洁净燃烧的重要技术环节，是发展中国洁净煤技术的有效技术途径，具有广阔的市场前景。今后应扩大配煤范围，优化动力配煤工艺，合理建设配煤中心，构建全国性的输、配煤网络，制定相应的扶持政策，进一步提高我国动力配煤技术水平。

4）水煤浆是一种煤基液态流体燃料，具有较好的流动性和稳定性，易于储存，可雾化燃烧，是一种燃烧效率较高和低污染的洁净燃料，可代重油及天然气，有效缓解油气短缺带来的能源安全问题。应完善制备和燃烧技术，加快推广和应用。

5）高灰、高硫、高水的低质煤在煤炭资源中占有相当比例，开发和研究高效的低品质煤提质方法，对最大限度地提高精煤回收率和精煤产品质量，充分利用我国煤炭资源、节约能源具有重要意义。

6）我国煤炭资源分布总体格局是北富南贫、西多东少，煤炭的赋存量与经济发展不平衡，从而形成了北煤南运、西煤东调的格局。加强煤炭运输通道建设，对煤炭输配进行系统优化，对我国煤炭能源的开发利用具有重要意义。

第4章 | 中国煤炭提质技术与输配存在的问题与挑战

煤炭资源的开发利用一直存在效率低、环境污染严重、供求矛盾突出等问题，实现煤炭整体提质与合理输配是中国节能减排的战略举措和重要途径。目前，中国在煤炭提质与输配方面将主要围绕节能减排这一重大目标，其焦点主要集中在如何提高煤炭的质量，如何提高煤炭利用效率，以及如何合理输配煤炭资源，建立起煤炭清洁、高效、可持续发展的技术体系。目前，所面临的问题有：①煤炭生产中心与消费中心呈逆向分布，结构性矛盾突出；②煤质条件差，洁净化程度低，节能减排压力大；③低品质煤含量高，缺少关键提质加工技术手段和产业化支撑；④煤炭提质与输配市场的机制缺乏，产业政策和相关措施不到位；⑤煤炭运输结构及配送体系不健全，输配效率低。

主要挑战有：①煤炭能源需求持续增长，煤炭提质技术产业发展相对滞后，如何实现煤炭生产—供应—消费与其质量、效率和环境在时空上的有机统一；②面对煤炭战略西移和向深部开采产业发展格局，与其相适应的提质加工关键技术缺乏，如何突破高灰、高硫、高含水等低品煤技术屏障；③煤炭运输通道能力不足和配送体系不完善，如何构建科学、合理、高效的输配体系。

4.1 煤炭生产中心与消费中心呈逆向分布，结构性矛盾突出

长期以来，我国煤炭资源分布的总格局是"西多东少"、"北富南贫"，而耗煤行业的主要消费中心主要集中在江苏、上海、广东、浙江、山东等东部沿海地区，从而引发出一系列结构性矛盾，存在的问题主要表现在以下五个方面。

1）煤炭资源分布不合理，呈现"西多东少"、"北富南贫"格局。全国煤炭资源总量为 55 700 亿 t，但探明煤炭储量为 10 421.35 亿 t，探明可经济开发的剩余总储量为 1145 亿 t。资源主要分布在华北地区和西北地区，最大的为山西、陕西、内蒙古和新疆，约占全国保有资源量的 80%。

2）煤种齐全，但不均衡。我国煤炭资源的煤种，从低变质的泥炭、褐煤到高变质的无烟煤均有赋存，其中烟煤占 75%，褐煤占 13%；从资源利用角度，动力用煤约占 50%，炼焦用煤 20%；从资源需求角度，优质炼焦煤中的主焦煤、肥煤和瘦煤为短缺煤种。

3）供需矛盾突出。我国煤炭生产与消费呈逆向布局，煤炭生产链和供应链的矛盾突出。从煤炭生产供应侧来看，东部矿区煤炭资源逐渐枯竭，煤炭产量呈下降趋势，中西部矿区在近 10 年间开发规模超常快速增长，我国煤炭生产中心主要分布在山西、内

蒙古、陕西、新疆等西部和北部地区。从煤炭消费需求侧来看，东部地区经济发达，是我国主要煤炭消费区，煤炭需求呈持续增加趋势。我国煤炭资源赋存丰度与地区经济发达程度呈逆向分布的特点，使煤炭基地远离了煤炭消费市场，煤炭资源中心远离了煤炭消费中心，从而加剧了供需矛盾。

4）产品结构单一，难以满足用户需求。目前，我国煤炭产品结构和形式单一，由于不同地区的煤炭品种、规格供应受到资源条件和加工技术手段限制，难以满足市场用户多元化的需求，其中有 70% 左右的煤炭主要作为动力煤。

5）输配体系不完善，区域供应保障度低。我国煤炭生产区主要集中在山西、内蒙古、陕西、新疆等西部和北部地区，而煤炭消费区主要集中在江苏、上海、广东、浙江、山东等东部沿海地区，长期以来形成了"北煤南运、西煤东调"格局，2010 年全国煤炭铁路运输量近 20 亿 t，占全国煤炭总产量的 61.54%，资源浪费与环境影响大。运输结构、集配中心功能性结构矛盾加剧。

4.2　煤质条件差、洁净化程度低，节能减排压力大

由于我国煤炭资源禀赋条件差，煤炭加工技术难度大，使得产品质量档次低、洁净化程度低、适配度差，给节能减排带来巨大压力。

1）煤炭入选比例低，洁净化度低。世界主要煤炭生产国的原煤入选比例均在 70%~80%，我国入选比例在 50% 左右，动力煤仅为 35%，约 70% 的动力煤直接燃烧。目前，煤炭的洁净化水平仅为 20% 左右。

从我国煤炭洗选加工业总体来看，入选率与世界主要产煤国家相比，差距较大，且国内发展不平衡：一是地方煤矿尤其是乡镇煤矿入洗率只有约 10%，90% 仍销售毛煤，且单厂规模小；二是炼焦精煤灰分偏高，主焦和肥煤少，不能满足市场需求，导致进口量逐年递增；三是动力煤入选比例仅为 35%，动力配煤刚刚起步，生产能力尚未充分利用。

2）低品质煤比例大，难于利用。低品质煤包括褐煤、高硫原煤、高灰原煤以及部分分选产品，约占煤炭资源总量的 40%，是我国不可或缺的煤炭资源。低品质是造成煤炭利用能效低、污染严重的直接原因。这部分煤炭资源由于品质差、分选技术手段缺乏而难利用或无法利用。

3）煤炭质量门槛低。我国煤炭质量问题突出，灰分小于 10% 的原煤仅占保有储量的 15%~20%；硫分大于 1% 的原煤占总量的 33%。电煤平均灰分 28% 左右，美国则小于 8%。由于煤炭质量没有市场准入门槛，煤炭经销混乱，大量低质原煤或不经任何分选加工的煤炭直接流入市场，导致整体煤炭质量较低。

4）煤炭质量标准不健全。目前，我国涉及煤炭产品质量的国家标准和煤炭行业标准近 100 项，内容涉及煤炭分类、煤炭质量评价和控制、煤中有害元素评价和控制、煤制品等多个方面，这些标准对我国煤炭资源的科学评价和合理利用发挥了重要的指导作用。但这些煤炭质量标准还不能适应产业发展和国家节能减排的现实需求。

5）煤炭调质与集配能力低。由于我国的煤质禀赋条件差，产品结构和产品形式单一，以生产单一煤种和单一产品方式已难以满足广大用户的需求。利用新的技术手段和

方法，对煤炭进行调质优化及合理集配，扩大煤炭的利用途径，改善煤炭性能指标，达到煤质互补、优化产品结构、适应用户对煤质的要求，是实现节能减排、提高资源利用效率的有效方法。然而，目前我国的煤炭调质与集配总体能力不足，大型集配中心还十分缺乏，难以担当能源安全与供应保障的重任。

总体来说，煤炭洁净化程度低、质量保障体系不完善，必须要提高洁净度和可利用性。

4.3 低品质煤含量高，缺少提质加工关键技术和产业化支撑

我国在煤加工装备加工制造水平、新工艺开发能力、自动化水平、技术对外输出能力等方面与国外还有很大差距。主要表现在以下六点。

1）大型装备可靠性和集成化低，缺乏竞争力。目前，我国煤炭洗选加工业总体自主创新能力不足，缺乏自我发展、自我提升的能力，主要表现为，一是大型装备技术落后，设备可靠性只有70%左右；二是技术原创能力差，特别是大型振动选煤设备等，不得不从国外进口；三是选煤设备没有按照用户煤炭质量特征进行设计制造，而是一种型号、性能，供给所有用户。因此，分选效率比主要产煤国家低5~8个百分点。

2）针对我国普遍存在的难选煤及低品质煤特点的专有分选加工技术与工艺缺乏，选煤工艺适应性差。我国煤炭的可选性普遍较难选，而且低品质煤所占比例较大，目前尚缺乏有针对性专有煤加工工艺及其配套技术以适应不同煤质条件和用户要求，国内选煤工艺呈现一种百花齐放的格局，缺少完整的技术体系和规范标准。缺少适合西部干旱缺水的高效选煤专有成套技术，新工艺的机电配套装备集成速度慢。

3）选煤过程自动化水平低，生产效率低。在选煤过程自动化测控方面，尽管国内选煤厂近年来取得了长足的进步，但与国际同行相比，还有较大的差距。主要表现在自动化程度低，不足30%；相关参数测试不够全面，部分传感元件可靠性不够，信号稳定性不够。国有重点煤矿选煤厂主要分选设备达到国际先进水平的装备率为20.7%，达到一般水平的为66.4%；选煤厂劳动生产率低下，平均全员工效为20t/工，只有国外先进水平的20%~30%。

4）高效干法选煤技术成熟度有待提高。目前在新型干法选煤技术开发上，还存在着设备大型化、可靠性及其工程化方面的一些瓶颈问题。在井下选煤工艺与设备的研究开发缺少成熟技术。

5）低品质煤加工技术尚需突破技术瓶颈。对煤矿二次资源开发缺乏整体认识，缺乏精细化、高效化的关键技术与装备。关于洗选中煤的再选及如何从中煤中回收优质精煤的研究，国内几乎空白。需要重点突破的关键技术包括中煤破碎解离效率与节能关键技术、深度净化关键技术、褐煤经济高效脱水提质关键技术等。

6）配煤技术问题。目前，我国在配煤技术方面还存在很多问题，需要重点解决的问题主要有：①煤质的非线性指标如灰熔点、黏结性、反应性等与其他指标相关性的数学模型的建立；②配煤的质量标准体系的建立；③配煤工艺及设备；④配煤质量检测及过程自动控制。

4.4　煤炭提质与输配市场的机制缺乏，产业政策和相关措施不到位

1）煤炭价格不合理、缺少低品质煤提质资源有效利用价格机制，不能完全做到优质优价。

价格因素是导致一些煤炭生产企业和经销企业用原煤或低品质煤充斥市场的主要动因。对煤炭产品应实行差别价格政策，真正做到优质优价，促进提质煤供需市场发育与成长。

要分析我国煤炭提质的利益相关者及其利益诉求，分别从价格、技术、政策等方面分析提质煤炭供给和需求的影响因素，探讨促进提质煤供给与需求增长的市场机制，探讨煤炭产品差别价格政策、市场补贴政策对煤炭提质的作用机制及政策框架。

2）海外市场不发育，东部沿海地区煤炭安全保障度低。长期以来，我国东部沿海地区煤炭需求旺盛，供应紧张，而海外资源是解决这些地区煤炭供应的一个不可忽视的补充，而且具有运输便利优势。越南、印度尼西亚、澳大利亚、蒙古和朝鲜等是我国现阶段煤炭进口的主要来源，应充分发挥"两种资源和两个市场"的作用。目前，我国利用海外煤炭资源的市场还不完善，尚未形成稳定的供应机制。

3）环境问题。生产和利用过程污染大、节能减排压力大、清洁生产达标低、产品利用效率低。

煤炭分选加工是洁净煤技术的源头，也是世界公认的一项最经济有效的清洁煤炭生产过程，入选 1 亿 t 原煤可减少 SO_2 排放量 $1 \sim 1.50Mt$，其成本仅为烟气洗涤脱硫的 1/10。世界主要产煤国家的原煤入选比例均在 $70\% \sim 80\%$，目前我国入选比例大体在 50%，动力煤仅占 35%，约有 70% 动力煤直接燃烧。因此，加大动力煤的入选比例，是实现煤炭整体提质的重要突破口。近年来，尽管我国煤炭加工技术取得了重大进展，但仍有一部分选煤厂工艺和装备落后，精煤损失量大、产品灰分高、分选效果差，另外，还需要进一步加大褐煤脱水提质、高硫煤燃前脱硫、优质稀缺煤种的二次开发的技术研究与开发。

4）政策与管理问题。政策与体制障碍、宏观政策导向、标准不健全、市场准入问题。

目前，针对煤炭提质技术与输配方案在宏观层面上还存在着许多政策与体制障碍，缺少宏观政策导向与监管问题。

为了严格市场准入门槛，应进一步提高煤炭经销准入条件，从煤炭经销的场地、设施、计量、检验等方面全面审核，并加强对企业准入资质的监管。煤炭加工与经销企业应当加强煤炭产品质量的监督检查和管理，煤炭产品质量应当按照国家标准或者行业标准分等论级。

严格控制劣质煤的市场流通，为了从整体上提高煤炭市场的产品质量，促进煤炭资源的洁净合理利用，需要根据不同区域、不同用户类型（发电、冶金、化工、建材等）及其产品使用特点，研究和设定煤炭市场产品质量进入标准（如灰分、水分、硫分、发热量等的最低标准），并形成一个较为合理的煤炭质量评价指标，作为衡量产品质量的标准。不符合产品质量标准的产品不得在市场上销售，洁净度高的产品能获得更好的收益，让煤炭企业真正认识到煤炭质量是煤炭企业的生命。

在相关政策层面上要充分考虑如下因素：

1）煤炭提质的利益相关者分类（受益者、支持者、影响者），各类利益相关者的利益诉求，煤炭提质利益相关者的链接关系。

2）影响提质煤需求的因素（价格、技术、政策等），影响提质煤供给的因素（资源、价格、政策等），促进提质煤供给与需求增长的机制（价格形成机制等）。

3）市场准入政策及其对煤炭提质的影响，差别价格政策及其对煤炭提质的影响，市场补贴政策及其对煤炭提质的影响。

4.5 煤炭运输结构及配送体系不健全，输配效率低

目前煤炭输配技术、产业发展障碍多，主要表现在以下两方面。

1）长期以来，我国形成了"北煤南运、西煤东调"的格局，煤炭能源的输配方式主要有输煤、输电、输气及输油等，在这几种可供选择的方案中，由于输送产品形式不同，以及距离、时空条件及成本的差异各有其针对具体实际情况的最佳方案，同时，都存在着一定的技术问题。煤炭的运输主要有铁路、公路和水路3种方式，各有其合适运输半径，其中铁路运输是主要的运输方式。

2）煤炭物流存在的主要问题：①宏观层面的煤炭物流网络体系不完善。运输结构失衡，过于依赖铁路，安全供给能力差；运输方式分散，系统协同差，运输成本高；战略储备基地布局不足，平抑市场价格波动和应急供给能力差。②微观层面的煤炭企业物流水平低。煤炭企业自营物流效率低下；煤炭物流企业服务功能单一；煤炭物流过程存在非绿色因素。③煤炭物流市场混乱。我国煤炭物流市场中，煤炭经营单位过多过滥，中介机构过多，煤价层层加码，层层盘剥，交易成本过高。我国煤炭资源主要分布在西部和北部，而煤炭消费重心在东部和南部，从而形成了"北煤南运、西煤东调"的格局，提高了运输和交易成本，流通市场分布不均也提高了交易成本，流通过程中运输和交易费用大幅增加。④煤炭物流市场产品差异程度低，功能雷同。据调查，我国煤炭物流服务企业现有的主要服务内容仅局限于货运代理、仓储、运输等基本的低层次物流作业层面，很少有物流服务企业提供综合性、全程性、集成化的现代物流服务。⑤煤炭输配基地分散，布局不合理，规模小，集约化程度低。从宏观上，应根据煤炭产业链与生产链的基本格局，从能源安全和节能减排角度出发，建立国家煤炭储备中心和配送中心。⑥配送体系不健全，供应保障度低。⑦沿海地区的海外资源和海外市场开发滞后。基于煤炭节能减排与资源保护，沿海的煤炭供给应寻求海外资源和市场，以弥补国内资源和运输条件的不足。

4.6 煤炭提质技术与输配面临的挑战与需求分析

4.6.1 面临的挑战

根据以上问题分析，目前煤炭提质技术与输配面临的挑战有：

1）煤炭能源需求持续增长，煤炭提质技术产业发展相对滞后，如何实现煤炭生

产—供应—消费与其质量、效率和环境在时空上的有机统一。

2）面对煤炭战略西移和向深部开采产业发展格局，与其相适应的提质加工关键技术缺乏，如何突破高灰、高硫、高含水等低品煤技术屏障。

3）煤炭运输通道能力不足和配送体系不完善，如何构建科学、合理、高效的输配体系。

4.6.2　需求分析

1）随着国民经济的快速发展，预计到 2030 年对煤炭的需求还将保持一定的增长，实现煤炭整体提质势在必行。

2）面对资源与环境承载能力，CO_2 减排的巨大压力，必须加大煤炭入洗比例，实现高效分选、深度净化、提高煤炭质量。

3）随着煤炭开发战略西移以及向深部开采，对低品质煤提质加工关键需求更加迫切，有着巨大的市场潜力。

4）煤炭战略西移，供应矛盾将更加突出，必须要建立一个更加科学、安全、高效的输配体系。

5）能源结构与产业结构变化，能源结构调整，但煤炭产量还将持续上升。

4.6.3　目标

煤炭提质技术与输配战备规划的最终目标是实现煤炭清洁利用与可持续发展。具体来说要达到以下目标：

1）以不断提高煤炭质量为目标，提供我国近、中期煤炭整体提质关键技术与产业发展方案。

2）以低品质煤大规模开发为目标，提供我国褐煤、高硫煤、优质稀缺煤资源二次开发提质的技术路线图。

3）形成以能源保障与安全为基础、以节能减排为目标、以区域为特征的煤炭合理利用的输配方案，提供在近、中期促进我国煤炭提质的切实可行的工程技术方案和煤炭输配方案的可行性建议，为政府制定相关政策和发展战略提供科学依据。

4.7　本章小结

我国煤炭提质与输配因煤炭整体质量低和生产与消费逆向分布而引发了一系列问题。随着国民经济的发展和能源需求的持续增长，对煤炭整体提质与输配需求更加迫切，其主要突破口是大力提升煤炭整体提质技术和产业化水平，开发适合未来煤炭增量特点的关键技术，建立更加合理和完善的输配体系。

第 5 章 煤炭整体提质评价体系的构建

本章构建煤炭提质与减排的综合评价指标——用煤洁配度,测算了我国近年来不同煤炭利用方向的用煤洁配度和综合用煤洁配度,并与国际先进水平进行比较,分析提高我国用煤洁配度潜力的主要手段,提出提高用煤洁配度的技术路线图,并在不同情景下预测了2015 年、2020 年、2030 年我国商品煤的洁配度以及洁配度提高的节能减排效果。

5.1 煤炭整体提质的评价指标——用煤洁配度

5.1.1 用煤洁配度的定义

为表征煤炭质量及其与用煤设备适配程度的指标,本书首次提出了煤炭整体提质的评价指标——用煤洁配度。用煤洁配度是表征煤炭产品煤质洁净化度、与用户的适配程度、利用方式的综合评价指标,包含灰分、硫分、水分、匹配度、煤炭利用洁净化系数等指标体系。

5.1.2 用煤洁配度的内涵

用煤洁配度是衡量煤炭利用煤质洁净程度和适用程度的综合指标,可赋予不同的涵盖范围,衡量不同行业的洁净水平和适配水平。用煤洁配度的内涵包括以下几个方面:①反映用煤质量指标值相对于煤炭资源最低品质级别的煤炭质量指标值的提高程度,即煤质洁净化程度;②反映用煤质量满足用煤设备要求的程度,即煤质与设备适配程度;③反映煤炭利用方式的影响。

5.1.3 用煤洁配度的表征

5.1.3.1 表征方式

(1) 煤质洁净化度 (JJ$_i$)

煤质洁净化度是指实际用煤煤质指标相对于基准指标值 (煤炭资源最低品质级别) 的煤炭质量指标值的提高程度。

针对不同用煤设备对煤质的要求和煤质指标之间的关系,综合选取具体的煤质指标。

$$JJ_i = \frac{X_i^0 - X_i}{X_i^0} \times 100\%$$

式中,JJ$_i$ 为 i 项指标的煤质洁净化度 (%);X_i^0 为该指标的基准值 (%);X_i 为该指标的实际值 (%)。

JJ_i 越高，煤质越洁净；反之，煤质越差。当实际值接近基准值时，煤质洁净化度趋于 0，即煤质洁净化度最差状态；当实际值接近 0 时，煤质洁净化度趋于 100%，即煤质洁净化度的最优状态。

为了简化工作，暂以灰分、硫分、水分作为主要指标。若需要按不同利用方向进行较详细分析，还需要考虑不同行业、不同利用方向的特点，选取不同的指标及基准值。

（2）适配度（β）

适配度反映用煤质量满足用煤设备要求的程度，即煤质与设备的适配程度，包括灰分、硫分、水分、发热量、挥发分、粒度、煤种等指标与设备要求的匹配程度以及煤炭利用洁净化系数。

$$\beta = aD$$

式中，a 为煤炭利用洁净化系数；D 为煤质指标与设备的匹配度（%）。

（3）洁配度（JPD）

$$JPD = \beta \sum \omega_i JJ_i$$

式中，JPD 为洁配度（%）；β 为煤质与设备的适配度（%）；ω_i 为各指标洁净化度的权重（%）；JJ_i 为 i 项指标的煤质洁净化度（%）。

5.1.3.2　洁配度表征参数选取

（1）煤质洁净化度基准值

根据《煤炭质量分级 第 1 部分：灰分》（GB/T 15224.1—2010）中，煤炭资源评价灰分分级将灰分在 40.01%~50% 称为高灰煤。灰分基准值取 40%。

根据《煤炭质量分级 第 2 部分：硫分》（GB/T 15224.1—2010）中，煤炭资源评价硫分分级将硫分大于 3% 称为高硫煤。硫分基准值取 3%。

根据《煤的全水分分级》（MT/T850—2000），将全水分大于 40% 的煤定为特高全水分煤。水分基准值取 40%。

（2）单项指标权重选取

参考煤炭灰分、硫分、水分对煤炭洁净化利用的影响程度，以及热量关系、煤炭计价方法、煤炭提质加工指标对煤炭法净化利用的重要程度，通过专家研讨，本书暂定灰分、硫分、水分在洁净化度指标中的权重分别取 45%、25%、30%。化工原料用煤煤质洁净化度指标包括灰分、水分，权重分别取 65%、35%。

5.1.3.3　煤质与设备的匹配度

根据用煤设备类型的不同，以及专家意见和经验，结合对用煤企业的调研和分析，确定煤质与设备的匹配度。

原料用煤质量要求较为严格，通过对专家的咨询以及对化工、钢铁等企业的调研，我国原料用煤基本能够按设备用煤要求供应，匹配度取值为 95%。目前燃料用煤企业所购煤炭质量与设备要求差别较大，通过对燃料用煤企业的调研，燃料用煤总体匹配度为

48%；其中发电等大型企业与中小用户相比，用煤质量相对稳定，用煤与设备的匹配度为 50%，工业锅炉等中小用户用煤与设备的匹配度为 45%。

5.1.3.4　煤炭利用洁净化系数

根据中国工程院（2010）《煤炭中长期（2030、2050）发展战略》中有关煤炭利用洁净化度研究结果，我国电力、原料用煤等较大型用户煤炭利用洁净化系数目前为 0.8，2015 年为 0.85，2020 年为 0.9，2030 年为 0.95；燃煤工业锅炉、窑炉等中小用户煤炭利用洁净化系数目前为 0.5，2015 年为 0.55，2020 年为 0.6，2030 年为 0.7。

5.1.4　用煤洁配度的作用和意义

5.1.4.1　宏观层面

（1）促进煤炭消费结构优化

世界上 75% 以上的煤炭用于发电。煤炭用途较单一，用煤洁配度易于保障。我国约 1/3 煤炭用于工业锅炉、工业窑炉和民用等中小用户，中小用户煤炭消费比例大的消费结构是我国用煤总体洁配度偏低的主要原因之一，造成了煤炭洁净高效利用难度加大。

通过洁配度指标评价，煤炭尽可能优先用于能源利用效率较高、易于监控管理的较大型用户，提高较大型煤炭用户的煤炭消费比例，易于集中管理和控制用煤质量，减少污染物排放量，提高煤炭的总体利用效率；可以促进工业锅炉、工业窑炉、民用等中小用户优先应用天然气（煤制气）、电力等清洁能源，减少煤炭消费量；优化煤炭能源消费结构，实现煤炭资源的合理利用。引导煤炭选择更为清洁的途径，促进节能减排。

（2）评价中国用煤质量水平

煤炭清洁化利用是我国未来相当长时期内能源战略的重点，煤质洁净化和提高适配程度是煤炭清洁化利用的基础和前提。通过煤洁配度的表征，评价我国煤质量水平，有助于煤炭的分级利用；有利于制定鼓励高洁配度商品煤的使用，限制低洁配度商品煤的运输等政策，提高用煤用户使用高洁配度商品煤的积极性。

（3）推进低品质资源大规模开发

我国煤炭禀赋复杂，95% 以上为井工煤矿，地质条件差、构造变化大。造成原煤灰分、硫分普遍偏高，难选煤比例大。褐煤、高硫煤、高灰煤等低品质煤占煤炭资源总量的 40% 左右，洁配度水平提高难度大。根据洁配度指标估算，低品质煤的煤质洁净化度低，要提高煤炭利用的总体洁配度，必须推进低品质资源的开发力度。

5.1.4.2　微观层面

（1）有利于实现商品煤质量控制

将洁配度引入煤质量体系，分区域、分利用方向设置洁配度标准和等级，促进洁配度等级高的产品能获得更好的收益，实现"煤炭质量是煤炭企业的生命"，有利于实现商品煤质量控制，保证煤炭的清洁高效利用。

（2）推动煤炭产品整体提质，促进技术进步和产业升级

设置煤炭市场的洁配度准入标准，使煤炭生产企业在技术经济允许的范围内，通过提高煤质，达到最佳的洁配度，促进煤炭科技进步和产业升级，从规模依赖转向技术依赖，实现煤炭清洁、高效和规模利用。

5.2　美国用煤洁配度分析

5.2.1　煤炭生产、消费及煤质情况

5.2.1.1　煤炭生产

美国是世界上煤炭蕴藏量和生产量最大的国家之一。截止到 2010 年年底，煤炭可采储量 2383 亿 t，占世界总量 28.9%，居世界第一位。2010 年美国煤炭生产量 9.85 亿 t，占世界煤炭生产量的 14.8%，约占美国一次能源生产总量的 31.8%（图 5-1）。

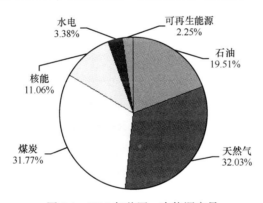

图 5-1　2010 年美国一次能源产量

5.2.1.2　煤炭消费

近几年，美国煤炭消费在一次能源消费中所占比例近 1/4（表 5-1）。2010 年美国煤炭消费量 5.25 亿 toe（1toe＝41.87GJ），占世界煤炭消费量的 14.8%，占美国一次能源消费量的 23%。

表 5-1　美国能源消费情况

项目	2006 年	2007 年	2008 年	2009 年	2010 年
一次能源消费总量/亿 toe	23.327	23.727	23.202	22.041	22.857
煤炭消费总量/亿 toe	5.657	5.733	5.641	4.962	5.246
煤炭消费所占比例/%	24.3	24.2	24.3	22.5	23.0

资料来源：BP 公司，2011

2010 年，美国煤炭消费 5.25 亿 toe，其中 2010 年，美国电力行业煤炭消费占全国煤炭消费量的 92.7%；炼焦煤炭消费占 2%，工业部门煤炭消费占 5%，商业和居民煤炭消费只占 0.3%。2010 年美国煤炭消费结构如图 5-2 所示。从图 5-2 可以看出，美国煤炭消费量 90% 以上用于发电，其次为工业、炼焦等。

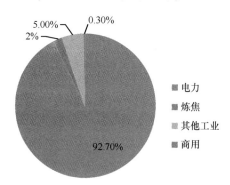

图 5-2　2010 年美国煤炭消费结构
资料来源：http：//www.eia.gov/coal/

5.2.1.3　用煤煤质

美国东部多优质炼焦煤和无烟煤，热值较高，灰分低，但含硫量高，美国东部和中部地区煤的硫分分别为 1.8%～3.8% 和 2.5%～5.0%，洗选后仍分别为 1.5%～2.5% 和 2.0%～3.5%；而西部多为次烟煤和褐煤，热值低，但含硫量也较低，为 0.3%～1.5%。

美国发电用煤平均灰分只有 8.8%，冶金工业用煤平均灰分小于 8.5%。美国燃煤工业锅炉大多为抛煤机炉，干基灰分小于 10%，水分小于 20%，干燥无灰基挥发分不小于 20%（煤炭工业洁净煤工程技术研究中心，2010）。

由于严格的设备用煤要求，美国商品煤质量相对较好，硫分约为 1.2%、灰分 8.5%、水分 12%。2010 年全年和 2011 年第一季度的商品煤煤质指标见表 5-2。

表 5-2　美国商品煤平均煤质

项目		2011 年（1～3 月）	2010 年
炼焦用煤	热值/Btu	11 086	11 550
	硫分/%	1.17	1.11
	灰分/%	9.02	7.88
动力用煤	热值/Btu	11 230	11 417
	硫分/%	1.16	1.17
	灰分/%	8.14	8.21

注：1Btu = 1.055 06×10³ J。

资料来源：U. S. Energy Information Administration，2011

5.2.2　用煤洁配度

5.2.2.1　煤质洁净化度

（1）硫分

$$JJ_s = \frac{3-1.2}{3} \times 100\% = 60\%$$

即美国煤质硫分洁净化度为 60%。

（2）灰分

$$JJ_a = \frac{40-8.5}{40} \times 100\% = 79\%$$

即美国煤质灰分洁净化度为 79%。

（3）水分

$$JJ_m = \frac{40-12}{40} \times 100\% = 70\%$$

即美国煤质水分的洁净化度为 70%。

5.2.2.2　匹配度

美国煤炭质量严格按设备用煤要求供应，匹配度取值为 100%。

5.2.2.3　煤炭利用洁净化系数

美国煤炭主要用于发电，发电用煤占全国煤炭消费量的 93.6%，煤炭利用洁净化程度较高，煤炭利用洁净化系数为 0.85。

5.2.2.4　洁配度

根据选取的权重，综合计算，美国用煤洁配度为 60%，见表 5-3。

表 5-3　美国用煤洁配度

项目		硫分	灰分	水分
煤质洁净化度	煤质/%	1.2	8.5	12
	煤质洁净化度/%	60	79	70
	权重/%	30	45	25
	煤质综合洁净化度/%	71		
适配度	匹配度/%	100		
	煤炭利用洁净化系数/%	0.85		
	适配度/%	85		
洁配度/%		60		

5.3 中国用煤洁配度现状分析

5.3.1 煤炭生产、消费及煤质情况

5.3.1.1 煤炭生产

2010年，我国煤炭产量32.4亿t，占一次能源生产总量的77.4%。过去十年煤炭产量逐年增长，2010年比2000年增长135%，年均增长8.9%。近10年我国煤炭产量如图5-3所示。

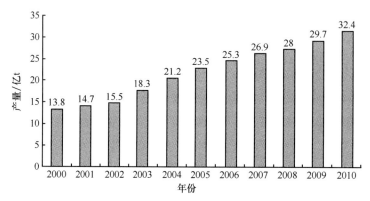

图5-3 2000~2010年我国煤炭产量

资料来源：中华人民共和国国家统计局，2011

5.3.1.2 煤炭消费

煤炭消费一直占我国一次能源消费的70%左右，虽然2007年以来略有下降（图5-4），但煤炭消费量逐年上升，到2010年全国煤炭消费33.45亿t，比2000年增长1.2倍。

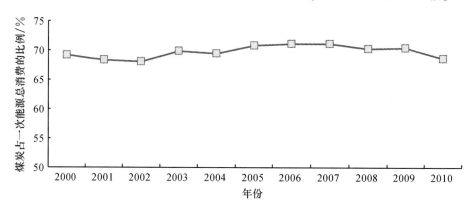

图5-4 煤炭消费占我国一次能源总消费的比例

资料来源：中华人民共和国国家统计局，2011

我国煤炭消费可分为原料用煤和燃料用煤。

（1）原料用煤

煤炭作为原料主要用于炼焦、高炉喷吹、化工等方向，约占我国煤炭消费总量的1/4。随着我国钢铁等行业不断发展，原料用煤逐年增多。根据有关资料，预计到2030年原料用煤将达10亿~11亿t。

（2）燃料用煤

煤炭作为燃料用煤主要用于发电用煤、工业锅炉和窑炉用煤、民用煤等，2010年我国燃料用煤超过25亿t，约占煤炭消费总量的3/4。

燃煤发电是我国煤炭的主要利用方向，发电用煤占煤炭消费总量的比例由2000年的42%上升到近年来的50%左右。随着我国国民经济的发展和人民生活水平的提高，电力需求在未来将会有较大的增长，我国发电用煤比例将逐渐提高。根据中国电力企业联合会（2010）《电力工业"十二五"规划研究报告》，预计到2015年煤电装机9.33亿kW，电煤用量将达到20亿t左右。

工业锅炉是重要的热能动力设备，主要用于工业生产和建筑物供暖。一方面，全国在用工业锅炉总台数56.88万台（郭奎建，2010），其中燃煤工业锅炉容量占总容量的85%左右，用煤量6亿~6.5亿t，占煤炭消费总量的20%左右，随着我国工业化发展和城镇化建设，工业锅炉总容量将有所上升。另一方面，随着热电联产和集中供热、燃气锅炉、生物质锅炉、电热锅炉等发展，燃煤工业锅炉总容量和工业锅炉煤炭消费量所占比例将有所降低，但煤炭消费绝对量将保持稳定，2015年燃煤工业锅炉容量将占工业锅炉总容量的80%左右，燃煤量在6.5亿t左右。

燃煤工业窑炉和民用等年耗煤量不足4亿t，耗煤量较小，且随着国家节能、产业优化调整等政策约束，工业窑炉用煤比例和绝对量都将逐渐减少；民用能源煤炭消费所占比例已大为下降，电、热、天然气、液化石油气等清洁能源的比例不断上升。随着人们生活水平的发展和清洁替代能源产业的发展，这一趋势还会持续下去。

5.3.1.3　中国用煤煤质

中国煤炭的整体煤质较差。原煤灰分普遍较高，一般为15%~25%。其中灰分小于5%的特低灰和灰分小于10%的低灰煤占尚未利用资源量的21.63%；灰分（A_d）在10%~20%的低中灰煤占尚未利用资源量的43.90%；灰分（A_d）在20%~30%中灰煤占尚未利用资源量的32.67%；灰分大于30%的高灰煤占尚未利用资源量的1.80%。

原煤硫分中等，但分布不均。硫分小于等于1.5%的煤炭资源约占71.2%，硫分在1.5%~3.0%的煤炭资源约占19.4%，硫分大于3.0%的煤炭资源约占9.4%，高硫煤和中高硫煤、中硫煤合计约占28.8%。我国煤中硫分分布不均匀，总的趋势是：南方地区煤中硫分高，北方地区煤含硫低。

（1）原料用煤

煤炭作为原料用于炼焦、高炉喷吹等钢铁炼焦用煤及化工原料用煤，利用设备对煤炭质量的要求较严格，产品质量按照国家有关标准执行，能够达到设备要求。

钢铁用原料煤一般硫分小于1%、灰分一般小于10%、全水分在11%左右。其中，炼焦用煤平均质量见表5-4。

表5-4 我国炼焦用煤分煤类洗精煤平均质量

煤类	全水分 M_t/%	灰分 A_d/%	挥发分 V_{daf}/%	全硫 $S_{t,d}$/%	发热量 $Q_{gr,ad}$/（MJ/kg）
气煤	9.9	8.78	38.98	0.58	30.53
气肥煤	11.1	9.05	41.36	2.09	31.04
1/3焦煤	11.1	10.63	33.87	0.64	30.75
肥煤	11.5	11.09	30.96	1.00	31.18
焦煤	11.4	11.01	22.73	0.83	31.69
瘦煤	10.4	12.13	19.35	0.51	30.92
贫瘦煤	8.2	10.24	15.64	0.34	32.34

（2）燃料用煤

我国燃料用煤平均硫分约为1.11%，灰分约为26%，水分为12%。电厂用煤的硫分约为1.15%，灰分在28%左右，水分为12%；工业锅炉用煤硫分在1%左右，灰分在22%左右，水分为12%。作为燃料用的商品煤平均灰分为23.85%（表5-5），平均硫分在1.11%左右，平均水分在12%左右（石达，2005）。

表5-5 我国各大区动力用商品煤灰分

大区名称	平均灰分 A_d/%	占本区动力煤产量/%					
		特低灰分	低灰分煤	低中灰煤	中灰分煤	高中灰煤	高灰分煤
华北区	20.85	0.14	4.40	49.54	33.73	11.19	0.99
东北区	27.15	0.00	2.25	29.72	27.78	29.31	10.94
华东区	26.64	0.00	0.39	18.93	53.09	23.48	4.11
中南区	26.15	0.05	0.04	21.75	60.39	6.76	11.02
西南区	27.56	0.00	0.34	10.88	56.58	30.26	1.94
西北区	16.84	5.74	9.03	62.17	17.59	5.47	0.00
全国	23.85	0.48	2.74	34.95	40.70	16.60	4.53

5.3.2 原料用煤洁配度

煤炭作为原料用煤主要包括两个方面：一是用于炼焦、高炉喷吹的钢铁用原料煤；二是化工用原料煤。

5.3.2.1 钢铁用原料煤

（1）煤质洁净化度

1）硫分：

$$JJ_s = \frac{3-1}{3} \times 100\% = 67\%$$

即我国钢铁用原料煤硫分洁净化度为 67%。

2）灰分：

$$JJ_a = \frac{40 - 10.5}{40} \times 100\% = 74\%$$

即我国钢铁用原料煤灰分洁净化度为 74%。

3）水分：

$$JJ_m = \frac{40 - 11}{40} \times 100\% = 73\%$$

即我国钢铁用原料煤水分洁净化度为 73%。

（2）匹配度

目前我国钢铁用原料煤质量基本能够按设备用煤要求供应，匹配度取值为 95%。

（3）煤炭利用洁净化系数

煤炭利用洁净化系数取 0.8。

（4）洁配度

根据选取的权重，综合计算，我国钢铁用原料煤洁配度为 54%，见表 5-6。我国原料用煤洁配度与美国目前用煤洁配度水平相当。

表 5-6　我国钢铁用原料煤洁配度

	项目	硫分	灰分	水分
煤质洁净化度	煤质/%	1	10.5	11
	煤质洁净化度/%	67	74	73
	权重/%	30	45	25
	煤质综合洁净化度/%	71		
适配度	匹配度/%	95		
	煤炭利用洁净化系数	0.8		
	适配度/%	76		
洁配度/%		54		

5.3.2.2　化工用原料煤

化工用煤中，煤中的硫参与化工转化，对硫分没有严格要求。例如，在煤炭液化中，硫可作为一种助催化剂有利于煤炭液化。煤气化后，煤中的硫可得到有效回收，提高经济效益，因此，本研究的化工用原料煤指标只包括灰分、水分。随着洁配度研究的深入，将增加影响化工反应的其他煤质指标。

（1）煤质洁净化度

1）灰分：

$$JJ_a = \frac{40 - 15}{40} \times 100\% = 63\%$$

即我国化工原料用煤灰分洁净化度为63%。

2) 水分：

$$JJ_m = \frac{40-12}{40} \times 100\% = 70\%$$

即我国化工原料用煤水分洁净化度为70%。

（2）匹配度

目前我国化工用原料煤质量基本能够按设备用煤要求供应，匹配度取值为95%。

（3）煤炭利用洁净化系数

煤炭利用洁净化系数取0.8。

（4）洁配度

根据选取的权重，综合计算，我国化工原料用煤洁配度为50%，见表5-7。

表5-7　我国化工原料用煤洁配度

项目		灰分	水分
煤质洁净化度	煤质/%	15	12
	煤质洁净化度/%	63	70
	权重/%	65	35
	煤质综合洁净化度/%	65	
适配度	匹配度/%	95	
	煤炭利用洁净化系数	0.8	
	适配度/%	76	
洁配度/%		50	

5.3.3　燃料用煤洁配度

5.3.3.1　总体燃料用煤洁配度

（1）煤质洁净化度

1) 硫分：

$$JJ_s = \frac{3-1.11}{3} \times 100\% = 63\%$$

即我国燃料用煤硫分洁净化度为63%。

2) 灰分：

$$JJ_a = \frac{40-26}{40} \times 100\% = 35\%$$

即我国燃料用煤灰分洁净化度为 35%。

3）水分：

$$JJ_m = \frac{40-12}{40} \times 100\% = 70\%$$

即我国燃料用煤水分洁净化度为 70%。

（2）匹配度

根据对主要燃料用煤煤质调查，匹配度取值为 48%。

（3）煤炭利用洁净化系数

煤炭利用洁净化系数取 0.7。

（4）洁配度

根据选取的权重进行综合计算，我国燃料用煤洁配度为 18%，见表 5-8。

表 5-8　我国燃料用煤洁配度

	项目	硫分	灰分	水分
煤质洁净化度	煤质/%	1.11	26	12
	煤质洁净化度/%	63	35	70
	权重/%	30	45	25
	煤质综合洁净化度/%	53		
适配度	匹配度/%	48		
	煤炭利用洁净化系数	0.7		
	适配度/%	34		
洁配度/%		18		

5.3.3.2　发电用煤洁配度

（1）煤质洁净化度

1）硫分：

$$JJ_s = \frac{3-1.15}{3} \times 100\% = 62\%$$

即发电用煤硫分洁净化度为 62%。

2）灰分：

$$JJ_a = \frac{40-28}{40} \times 100\% = 30\%$$

即发电用煤灰分的洁净化度为 30%。

3) 水分：

$$JJ_m = \frac{40-12}{40} \times 100\% = 70\%$$

即发电用煤水分的洁净化度为70%。

（2）匹配度

根据对电厂的现场调研，发电用煤煤质匹配度取值为50%。

（3）煤炭利用洁净化系数

煤炭利用洁净化系数取0.8。

（4）洁配度

根据选取的权重，综合计算，我国发电用煤洁配度为20%，见表5-9。

表5-9　发电用煤洁配度

	项目	硫分	灰分	水分
煤质洁净化度	煤质/%	1.15	28	12
	煤质洁净化度/%	62	30	70
	权重/%	30	45	25
	煤质综合洁净化度/%	50		
适配度	匹配度/%	50		
	煤炭利用洁净化系数	0.8		
	适配度/%	48		
洁配度/%		20		

5.3.3.3　工业锅炉用煤洁配度

（1）煤质洁净化度

1) 硫分：

$$JJ_s = \frac{3-1}{3} \times 100\% = 67\%$$

即工业锅炉用煤硫分的洁净化度为67%。

2) 灰分：

$$JJ_a = \frac{40-22}{40} \times 100\% = 45\%$$

即工业锅炉用煤灰分的洁净化度为45%。

3) 水分：

$$JJ_m = \frac{40-12}{40} \times 100\% = 70\%$$

即工业锅炉用煤水分的洁净化度为 70%。

（2）匹配度

根据对工业锅炉的现场调研，工业锅炉用煤煤质匹配度取值为 45%。

（3）煤炭利用洁净化系数

煤炭利用洁净化系数取 0.5。

（4）洁配度

根据选取的权重，综合计算，我国工业锅炉用煤洁配度为 13%，见表 5-10。

表 5-10　工业锅炉用煤洁配度

	项目	硫分	灰分	水分
煤质洁净化度	煤质/%	1	22	12
	煤质洁净化度/%	67	45	70
	权重/%	30	45	25
	煤质综合洁净化度/%	58		
适配度	匹配度/%	45		
	煤炭利用洁净化系数	0.5		
	适配度/%	23		
洁配度/%		13		

5.3.4　煤洁配度

根据原料用煤、燃料用煤煤质和权重，综合计算，目前，我国用煤洁配度为 25%，见表 5-11。

表 5-11　目前我国用煤洁配度

	项目	化工用原料煤		钢铁用原料煤			燃料用煤		
		灰分	水分	硫分	灰分	水分	硫分	灰分	水分
煤质洁净化度	煤质洁净化度/%	63	70	67	74	73	63	35	70
	权重/%	65	35	30	45	25	30	45	25
	煤质综合洁净化度/%	65		71			52		
适配度	匹配度/%	95		95			70		
	煤炭利用洁净化系数	0.80		0.80			0.48		
	适配度/%	76		76			34		
洁配度/%		50		54			18		
商品煤洁配度/%		25							

5.4 中国用煤洁配度的影响因素

5.4.1 煤质本身

随着煤炭产区由东向西转移，东部煤炭开采深度不断加大，原煤煤质总体逐渐变差。我国煤炭质量与美国等国家相比，灰分明显偏高，中高硫煤比例较大。煤质（包括灰分、硫分、水分等）的好坏直接影响着煤炭的燃烧效率及污染物排放量。煤质越好，煤炭热值越高，燃烧效率越高，污染物排放量越小，煤炭的煤质洁净化度就越高，洁配度也就越高。煤质本身对煤炭的洁配度有着重要影响。

5.4.2 技术装备水平

近年来煤炭加工技术有一定的发展，但原煤加工比例仍较低，动力煤入选率仅35%，远低于主要产煤国家70%以上的水平，难以满足用煤质量的要求。

促进以煤炭洗选为主的煤炭加工能力建设，建设大型现代化动力煤洗选加工配送中心和储配煤基地。根据用户对煤炭的发热量、灰分、水分、硫分等参数的要求，进行精细化加工和配煤管理，满足用户用煤质量要求，提高我国用煤洁配度。

5.4.3 设备匹配度

通过对美国及我国商品煤洁配度的计算，我国原料用煤与美国用煤的洁配度相当，而动力煤洁配度却远低于美国用煤洁配度。主要原因为我国动力煤质量与设备的匹配度较低。发电用煤主要以原煤和配煤为主，几乎不使用选后优质动力煤，用煤质量不断下降且不稳定，与电站锅炉设计指标偏差较大，发电效率下降，用煤煤质适配度为48%。工业锅炉煤炭供应来源不稳定，大多燃烧低质的高灰、高硫原煤，用煤煤质适配度为23%。我国动力煤与设备的总体匹配度仅为34%。

煤质与用煤设备的匹配度，影响着我国的用煤洁配度。因此，不同煤炭，用于不同用途，分质使用，对路消费，提高煤质的适配度，是提高用煤效率，减少污染物排放，提高我国用煤洁配度的重要途径。

5.5 提高用煤洁配度潜力分析

5.5.1 燃料用煤洁配度提高潜力

发电用煤和工业锅炉用煤是我国燃料用煤的主体，占我国燃料用煤的绝大部分，提高燃料用煤洁配度应主要从以下两方面入手。

5.5.1.1 电站燃用提质加工煤洁配度的提高潜力

2010 年我国发电用煤量为 16.97 亿 t，发电用煤的洁配度只有 20%。发电用煤洁配度较低主要有两个方面的原因：一是由于发电用煤以原煤和配煤为主，原煤煤质一般较差。二是我国电厂在实际运行过程中绝大多数燃用的煤质达不到设计煤质的要求，煤质波动大，与设备的适配度较低。电厂对煤质指标变化比较敏感，燃用符合或接近设计煤质指标的燃料，机组的安全经济性、燃烧效率和环保性能才最好。

根据实际可获得的煤质改造发电锅炉，改造周期长，若实际获得的煤的质量一直在波动，发电锅炉一直需要做相应改造，影响电厂的正常运行，且改造投资高。相比而言，提高发电用煤的质量操作性更强、效果更为明显，是更为可行的策略。主要途径是电厂燃用提质加工后优质动力煤，也就是在发电之前进行煤炭的提质加工。

现有选煤技术的成熟度较高，洗选脱硫率一般为 30%~40%，脱灰率一般为 50%~80%。每吨原煤电耗为 3~6kW·h/t，水耗为 0.1~0.3t/t，能量效率约 95%。动力煤选煤厂投资额为 20~40 元/t，原煤加工费为 7~11 元/t。按照我国目前的选煤厂运行实际效果，以灰分 28%、水分 12%、硫分 1.15% 的原煤入选可生产灰分 17%、水分 12%、硫分 1% 的选后优质动力煤。以选后优质动力煤发电，洁配度将大幅度提高。

(1) 洁净化度的提高潜力

1) 硫分：

$$JJ_s = \frac{3-1}{3} \times 100\% = 67\%$$

发电燃用提质加工煤硫分的洁净化度为 67%。

2) 灰分：

$$JJ_a = \frac{40-17}{40} \times 100\% = 58\%$$

发电燃用提质加工煤灰分的洁净化度为 58%。

3) 水分：

$$JJ_m = \frac{40-12}{40} \times 100\% = 70\%$$

发电燃用提质加工煤水分的洁净化度为 70%。

(2) 匹配度

发电燃用提质加工煤的匹配度达到 100%。

(3) 煤炭利用洁净化系数

煤炭利用洁净化系数为 1。

(4) 洁配度

洁配度提高到 64%，较我国目前发电用煤洁配度提高 44 个百分点（表 5-12）。

5.5.1.2　工业锅炉燃用提质加工煤的洁配度提高潜力

工业锅炉年耗煤量约 6 亿 t，工业锅炉用煤的洁配度只有 13%。与发电用煤相同，提高工业锅炉用煤洁配度最为可行的策略是提高工业锅炉用煤质量，主要途径是采用选后优质煤、配煤和固硫型煤，也就是在锅炉燃烧前进行洗选、配煤或型煤加工。洗选前面已经介绍，这里主要介绍动力配煤和型煤。

表 5-12　电站燃用提质加工煤洁配度提高潜力预测

项目		硫分	灰分	水分
煤质洁净化度	煤质/%	1	17	12
	煤质洁净化度/%	67	58	70
	权重/%	30	45	25
	煤质综合洁净化度/%	64		
适配度	匹配度/%	100		
	煤炭利用洁净化系数	1		
	适配度/%	100		
洁配度/%		64		

1）动力配煤。动力配煤适用于电厂用煤和工业锅炉用煤，是将不同类别、不同质量的单种煤通过筛选、破碎、按不同比例混合和配入添加剂等过程，改变单种动力用煤的化学组成、物理性质和燃烧特性，充分发挥单种煤的煤质优点，克服单种煤的煤质缺点，提供可满足不同燃煤设备要求的煤炭产品的一种技术工艺。动力配煤可以充分利用各种煤炭资源，结合动力煤用户对煤质要求确定动力煤煤质评价指标。动力配煤单位产品加工成本为 5~20 元/t，一般配煤工程产品的增值潜力为 10~30 元/t，主要污染物为防尘喷淋煤泥水、煤炭粉尘等。动力配煤可使锅炉效率提高，如果配入脱硫剂，还能起到固硫的效果。

2）型煤。型煤按照用途不同可分为民用型煤和工业型煤两大类。民用型煤主要是燃用蜂窝煤及易燃民用煤球、烧烤炭等。工业型煤主要包括工业燃料型煤、气化用型煤、工业型焦用型煤及炼焦配用型煤。型煤生产的投资和运行成本比较低，一般型煤售价比原煤高 50 元/t 左右。

按目前的技术水平，以灰分 22%、水分 12%、硫分 1% 的原煤进行加工，通过洗选+配煤后可生产灰分 15%、水分 11%、硫分 0.8% 的优质煤；若进行型煤加工，可生产灰分 27%、水分 10%、硫分 0.7% 的固硫型煤，见表 5-13。通过加工，提高煤质，洁配度将大幅度提高。

表 5-13　提质加工后的煤质　　　（单位:%）

指标	原煤	固硫型煤	洗选+配煤
硫分	1	0.7	0.8
灰分	22	27	15
水分	12	10	11

锅炉燃用洗选+配煤洁配度如下。

（1）洁净化度

1）硫分：

$$JJ_s = \frac{3-0.8}{3} \times 100\% = 73\%$$

工业锅炉燃用洗选+配煤硫分的洁净化度为 73%。

2）灰分：

$$JJ_a = \frac{40-15}{40} \times 100\% = 63\%$$

工业锅炉燃用洗选+配煤灰分的洁净化度为 63%。

3）水分：

$$JJ_m = \frac{40-11}{40} \times 100\% = 73\%$$

工业锅炉燃用洗选+配煤水分的洁净化度为 73%。

（2）匹配度

工业锅炉燃用洗选加工+配煤的匹配度达到 100%。

（3）煤炭利用洁净化系数

煤炭利用洁净化系数为 1。

（4）洁配度

洁配度可提高到 69%，较目前工业锅炉平均水平提高 56 个百分点（表 5-14）。

表 5-14　工业锅炉用洗选+配煤洁配度提高潜力预测

	项目	硫分	灰分	水分
煤质洁净化度	煤质/%	0.8	15	11
	煤质洁净化度/%	73	63	73
	权重/%	30	45	25
	煤质综合洁净化度/%	69		
适配度	匹配度/%	100		
	煤炭利用洁净化系数	1		
	适配度/%	100		
洁配度/%		69		

锅炉燃用固硫型煤洁配度如下。

（1）洁净化度

1）硫分：

$$JJ_s = \frac{3-0.7}{3} \times 100\% = 73\%$$

工业锅炉燃用固硫型煤硫分的洁净化度为 73%。

2）灰分：

$$JJ_a = \frac{40-27}{40} \times 100\% = 33\%$$

工业锅炉燃用固硫型煤灰分的洁净化度为 33%。

3）水分：

$$JJ_m = \frac{40-10}{40} \times 100\% = 75\%$$

工业锅炉燃用固硫型煤水分的洁净化度为75%。

（2）匹配度

工业锅炉燃用固硫型煤的匹配度达到100%。

（3）煤炭利用洁净化系数

煤炭利用洁净化系数为1。

（4）洁配度

洁配度可提高到56%，较目前工业锅炉平均水平提高43个百分点（表5-15）。

表5-15　工业锅炉用固硫型煤洁配度提高潜力预测

项目		硫分	灰分	水分
煤质洁净化度	煤质/%	0.7	27	10
	煤质洁净化度/%	73	33	75
	权重/%	30	45	25
	煤质综合洁净化度/%	56		
适配度	匹配度/%	100		
	煤炭利用洁净化系数	1		
	适配度/%	100		
洁配度/%		56		

5.5.2　原料用煤洁配度提高潜力分析

原料用煤煤质与设备匹配要求高，提高原料用煤洁配度的潜力主要是通过加大原煤洗选加工力度，提高精煤回收率，保证原料用煤的质量；提高煤炭洗选的技术和装备水平，提升洗精煤质量。通过提高洗选加工水平，钢铁用原料煤煤质可由硫分1%、灰分10.5%、全水分11%，提高到硫分0.85%，灰分9%，水分10%或者更优；化工用原料煤煤质可由灰分15%、全水分12%，提高到灰分12%，水分10%或者更优。

5.5.2.1　钢铁用原料煤质量提升后洁配度

（1）洁净化度

1）硫分：

$$JJ_s = \frac{3-0.85}{3} \times 100\% = 72\%$$

钢铁用原料煤质量提升后硫分的洁净化度为72%。

2）灰分：

$$JJ_a = \frac{40-9}{40} \times 100\% = 78\%$$

钢铁用原料煤质量提升后灰分的洁净化度为 78%。

3）水分：

$$JJ_m = \frac{40-10}{40} \times 100\% = 75\%$$

钢铁用原料煤质量提升后水分的洁净化度为 75%。

（2）匹配度

钢铁用原料煤的匹配度为 100%。

（3）煤炭利用洁净化系数

煤炭利用洁净化系数提高至 0.95。

（4）洁配度

洁配度提高到 71%，较当前水平提高 17 个百分点（表 5-16）。

表 5-16　钢铁用原料煤提质的洁配度提高潜力预测

	项目	硫分	灰分	水分
煤质洁净化度	煤质/%	0.85	9	10
	煤质洁净化度/%	72	78	75
	权重/%	30	45	25
	煤质综合洁净化度/%		75	
适配度	匹配度/%		100	
	煤炭利用洁净化系数		0.95	
	适配度/%		95	
洁配度/%			71	

5.5.2.2　化工用原料煤质量提升后洁配度

（1）洁净化度

1）灰分：

$$JJ_a = \frac{40-13.5}{40} \times 100\% = 66\%$$

化工用原料煤质量提升后灰分的洁净化度为 66%。

2）水分：

$$JJ_m = \frac{40-10}{40} \times 100\% = 75\%$$

化工用原料煤质量提升后水分的洁净化度为 75%。

（2）匹配度

化工用原料煤的匹配度为 100%。

（3）煤炭利用洁净化系数

煤炭利用洁净化系数提高至 0.95。

（4）洁配度

洁配度提高到 66%，较当前水平提高 16 个百分点（表 5-17）。

表 5-17　化工用原料煤提质洁配度潜力预测

项目		灰分	水分
煤质洁净化度	煤质/%	13.5	10
	煤质洁净化度/%	66	75
	权重/%	65	35
	煤质综合洁净化度/%	69	
适配度	匹配度/%	100	
	煤炭利用洁净化系数	0.95	
	适配度/%	95	
洁配度/%		66	

5.5.3　商品煤用煤洁配度提高潜力分析

目前我国商品煤相当一部分是未经加工的原煤，若将这部分原煤进行洗选、配煤、型煤等提质加工，以加工后优质煤为商品，可大幅度提高商品煤的用煤洁配度。按原料用煤和燃料用煤的洁配度提高的潜力和商品用煤所占的比例综合计算，商品煤用煤洁配度将提高到 65%，较当前水平提高 40 个百分点，见表 5-18。

表 5-18　我国商品煤提质加工综合洁配度提高潜力预测　　　（单位:%）

项目	钢铁用原料煤	化工用原料煤	燃料用煤
利用方向洁配度	71	66	64
权重	16	4	80
综合洁配度	65		

5.6　提高洁配度的技术路线图和情景分析

5.6.1　原料用煤洁配度预测

按照现有基础和相关要求，不需要采取特别策略，洁配度就将保持在较高水平，并有进一步改善的趋势。

随着煤炭提质加工技术的发展，我国原料用煤洁配度还有进一步提升的潜力。本节通过设定基准情景和目标情景，分析原料用煤洁配度的发展。

基准情景：维持现有发展水平，我国原料用煤洁配度的情况。

目标情景:加大煤炭提质加工力度,原料用煤洁配度进一步提高的潜力。

5.6.1.1　基准情景

我国原料煤洁配度保持现有发展水平,钢铁用原料煤保持硫分 1%、灰分 10.5%、水分 1%,化工用原料煤质量保持灰分 15%、水分 12%。

预计 2015 年钢铁用原料煤 6 亿 t,2020 年钢铁用原料煤 7 亿 t,2030 年钢铁用原料煤 6.5 亿 t。

预计 2015 年化工用原料煤 2 亿 t,2020 年化工用原料煤 2.5 亿 t,2030 年化工用原料煤 3 亿 t。

5.6.1.2　目标情景

(1) 钢铁用原料煤

1) 2015 年。加大煤炭提质加工力度,钢铁用原料煤质量提升至硫分 0.95%、灰分 10%、水分 10.5%、煤质匹配度达到 100%,煤炭利用洁净化系数为 0.85,洁配度提高 62%,预计钢铁用原料煤约 5.91 亿 t,见表 5-19。

表 5-19　2015 年钢铁用原料煤的洁配度(目标情景)

项目		硫分	灰分	水分
煤质洁净化度	煤质/%	0.95	10	10.5
	煤质洁净化度/%	68	75	74
	权重/%	30	45	25
	煤质综合洁净化度/%	73		
适配度	匹配度/%	100		
	煤炭利用洁净化系数	0.85		
	适配度/%	85		
洁配度/%		62		

2) 2020 年。加大煤炭提质加工力度,钢铁用原料煤质量提升至硫分 0.9%,灰分 9.5%,水分 10%,煤质匹配度达到 100%,煤炭利用洁净化系数为 0.9,洁配度提高到 67%,预计钢铁用原料煤约 6.9 亿 t,见表 5-20。

表 5-20　2020 年钢铁用原料煤的洁配度(目标情景)

项目		硫分	灰分	水分
煤质洁净化度	煤质/%	0.9	9.5	10
	煤质洁净化度/%	70	76	75
	权重/%	30	45	25
	洁净化度/%	74		
适配度	匹配度/%	100		
	煤炭利用洁净化系数	0.9		
	适配度/%	90		
洁配度/%		67		

3）2030 年。加大煤炭提质加工力度，钢铁用原料煤质量提升至硫分 0.85%，灰分 9%，水分 10%，煤质匹配度达到 100%，煤炭利用洁净化系数为 0.95，洁配度提高到 71%，预计钢铁用原料煤约 6.37 亿 t，见表 5-21。

表 5-21　2030 年钢铁用原料煤的洁配度（目标情景）

项目		硫分	灰分	水分
煤质洁净化度	煤质/%	0.85	9	10
	煤质洁净化度/%	72	78	75
	权重/%	30	45	25
	洁净化度/%	75		
适配度	匹配度/%	100		
	煤炭利用洁净化系数	0.95		
	适配度/%	95		
洁配度/%		71		

（2）化工用原料煤

1）2015 年。加大煤炭提质加工力度，化工用原料煤质量提升至灰分 14.5%，水分 11%，煤质匹配度达到 100%，煤炭利用洁净化系数为 0.85，洁配度提高到 57%，预计化工用原料煤约 1.98 亿 t，见表 5-22。

表 5-22　2015 年化工用原料煤的洁配度（目标情景）

项目		灰分	水分
煤质洁净化度	煤质/%	14.5	11
	煤质洁净化度/%	65	73
	权重/%	65	35
	煤质综合洁净化度/%	67	
适配度	匹配度/%	100	
	煤炭利用洁净化系数	0.85	
	适配度/%	85	
洁配度/%		57	

2）2020 年。加大煤炭提质加工力度，化工用原料煤质量提升至灰分 14%，水分 10.5%，煤质匹配度达到 100%，煤炭利用洁净化系数为 0.9，洁配度提高到 61%，预计化工用原料煤约 2.48 亿 t，见表 5-23。

表 5-23　2020 年化工用原料煤的洁配度（目标情景）

项目		灰分	水分
煤质洁净化度	煤质/%	14	10.5
	煤质洁净化度/%	68	74
	权重/%	65	35
	煤质综合洁净化度/%	68	

项目		灰分	水分
适配度	匹配度/%	100	
	煤炭利用洁净化系数	0.9	
	适配度/%	90	
洁配度/%		61	

3）2030 年。加大煤炭提质加工力度，化工用原料煤质量提升至灰分 13.5%，水分 10%，煤质匹配度达到 100%，煤炭利用洁净化系数为 0.95，洁配度提高到 66%，预计化工用原料煤约 2.98 亿 t，见表 5-24。

表 5-24　2030 年原料用煤的洁配度（目标情景）

项目		灰分	水分
煤质洁净化度	煤质/%	13.5	10
	煤质洁净化度/%	70	75
	权重/%	65	35
	煤质综合洁净化度/%	69	
适配度	匹配度/%	100	
	煤炭利用洁净化系数	0.95	
	适配度/%	95	
洁配度/%		66	

5.6.2　燃料用煤洁配度情景分析

燃料用煤洁配度的提升，主要依靠煤炭洗选加工技术的发展，提高洗选加工煤、动力配煤、固硫型煤的应用比例。通过对我国用煤洁配度的分析，发现我国燃料煤洁配度较低，洁配度提升潜力较大。发电用煤和工业锅炉用煤作为我国燃料用煤的主体，占我国燃料用煤的绝大部分，提高燃料用煤洁配度应主要从这两方面入手。下面通过基准情景和目标情景的设定，分析燃料用煤的洁配度。

基准情景：在我国现有的政策下，煤炭分选加工技术得到了一定的发展，用户燃用优质动力煤的比例有所提高。

目标情景：加大了煤炭洗选加工等政策实施力度，促进以煤炭洗选为主的煤炭加工能力建设，洗选加工煤在用煤用户中得到了广泛的应用。

5.6.2.1　基准情景

（1）发电用煤

2010 年我国发电用煤 12.12 亿 tce，根据对发电企业的调研，适配度在 50%。2015 年，发电装机容量的加大，预计发电用煤量达 14.30 亿 tce，其中，适配度达到 85% 的优质动力煤 1.39 亿 tce，煤炭利用洁净化系数为 0.85，综合洁配度达到 25%，见表 5-25。

表 5-25 2015 年发电用煤的综合洁配度预测（基准情景）

指标		原煤			优质动力煤		
		硫分	灰分	水分	硫分	灰分	水分
煤质洁净化度	能耗/亿 tce	12.91			1.39		
	煤质/%	1.15	28	12	1	17	12
	煤质指标洁净化度/%	62	30	70	67	58	70
	权重/%	30	45	25	30	45	25
	煤质综合洁净化度/%	50			67		
适配度	匹配度/%	50			100		
	煤炭利用洁净化系数	0.85					
	适配度/%	43			85		
洁配度/%		22			57		
综合洁配度/%		25					

预计到 2020 年，随着发电装机容量的加大，电煤用量预计达 16.85 亿 tce，其中优质动力煤用量达到 2.46 亿 tce，煤炭利用洁净化系数为 0.9，发电燃用优质动力煤的比例提升后的综合洁配度达到 28%，见表 5-26。

表 5-26 2020 年发电用煤的综合洁配度（基准情景）

指标		原煤			优质动力煤		
		硫分	灰分	水分	硫分	灰分	水分
煤质洁净化度	能耗/亿 tce	14.39			2.46		
	煤质/%	1.15	28	12	1	17	12
	各煤质指标洁净化度/%	62	30	70	67	58	70
	权重/%	30	45	25	30	45	25
	煤质综合洁净化度/%	50			67		
适配度	匹配度/%	50			100		
	煤炭利用洁净化系数	0.9					
	适配度/%	45			90		
洁配度/%		23			61		
综合洁配度/%		28					

预计到 2030 年，电煤用量预计达 20.66 亿 tce，其中优质动力煤用量达到 4.03 亿 tce，煤炭利用洁净化系数为 0.95。则发电燃用优质动力煤的比例提升后的综合洁配度达到 32%，见表 5-27。

（2）工业锅炉用煤

2010 年，我国工业锅炉耗煤量为 6.45 亿 t。预计到 2015 年。工业锅炉用煤量约为 4.35 亿 tce，其中洗选+配煤用量达到 0.78 亿 tce，固硫型煤约为 0.11 亿 tce。工业锅炉燃用提质加工煤的比例提升后的综合洁配度达 19%，见表 5-28。

表 5-27　2030 年发电用煤的综合洁配度（基准情景）

指标		原煤			优质动力煤		
		硫分	灰分	水分	硫分	灰分	水分
煤质洁净化度	能耗/亿 tce	16.63			4.03		
	煤质/%	1.15	28	12	1	17	12
	各煤质指标洁净化度/%	62	30	70	67	58	70
	权重/%	30	45	25	30	45	25
	煤质综合洁净化度/%	50			67		
适配度	匹配度/%	50			100		
	煤炭利用洁净化系数	0.95					
	适配度/%	48			90		
洁配度/%		24			64		
综合洁配度/%		32					

表 5-28　2015 年工业锅炉用煤的综合洁配度（基准情景）

指标		原煤			洗选+配煤			固硫型煤		
		硫分	灰分	水分	硫分	灰分	水分	硫分	灰分	水分
煤质洁净化度	能耗/亿 tce	3.46			0.78			0.11		
	煤质/%	1	22	12	0.8	15	11	0.8	27	10
	各煤质指标洁净化度/%	45	70	67	73	63	73	73	33	75
	权重/%	30	45	25	30	45	25	30	45	25
	煤质综合洁净化度/%	58			69			56		
适配度	匹配度/%	45			100			100		
	煤炭利用洁净化系数	0.55								
	适配度/%	25			55			55		
洁配度/%		14			38			31		
综合洁配度/%		19								

预计到 2020 年，工业锅炉耗煤量比 2015 年略有增加，工业锅炉用煤量约为 4.72 亿 tce，其中洗选+配煤用量达到 1.29 亿 tce，固硫型煤约为 0.21 亿 tce。工业锅炉燃用提质加工煤的比例提升后的综合洁配度达到 24%，见表 5-29。

表 5-29　2020 年工业锅炉用煤的综合洁配度（基准情景）

指标		原煤			洗选+配煤			固硫型煤		
		硫分	灰分	水分	硫分	灰分	水分	硫分	灰分	水分
煤质洁净化度	能耗/亿 tce	3.22			1.29			0.21		
	煤质/%	1	22	12	0.8	15	11	0.8	27	10
	各煤质指标洁净化度/%	45	70	67	73	63	73	73	33	75
	权重/%	30	45	25	30	45	25	30	45	25
	煤质综合洁净化度/%	58			69			56		

续表

指标		原煤			洗选+配煤			固硫型煤		
		硫分	灰分	水分	硫分	灰分	水分	硫分	灰分	水分
适配度	匹配度/%	45			100			100		
	煤炭利用洁净化系数	0.6								
	适配度/%	27			60			60		
洁配度/%		16			41			34		
综合洁配度/%		24								

预计到 2030 年，工业锅炉用煤量约为 5.15 亿 tce，其中洗选+配煤用量约为 1.91 亿 tce，固硫型煤约为 0.23 亿 tce。工业锅炉燃用提质加工煤的比例提升后的洁配度达到 30%，见表 5-30。

表 5-30　2030 年工业锅炉用煤的综合洁配度（基准情景）

指标		原煤			洗选+配煤			固硫型煤		
		硫分	灰分	水分	硫分	灰分	水分	硫分	灰分	水分
煤质洁净化度	能耗/亿 tce	3.01			1.91			0.23		
	煤质/%	1	22	12	0.8	15	11	0.8	27	10
	各煤质指标洁净化度/%	45	70	67	73	63	73	73	33	75
	权重/%	30	45	25	30	45	25	30	45	25
	煤质综合洁净化度/%	58			69			56		
适配度	匹配度/%	45			100			100		
	煤炭利用洁净化系数	0.7								
	适配度/%	27			70			70		
洁配度/%		18			48			39		
综合洁配度/%		30								

5.6.2.2　目标情景

通过政策的推进，洗选加工力度加大，洗选加工煤在用煤用户中的应用比例得到一定的提高。

(1) 发电用煤

到 2015 年，匹配度可达 100% 的优质动力煤达 4.29 亿 tce，则发电用煤量为 14.22 亿 tce，综合洁配度见表 5-31。

2020 年，随着洗选加工煤应用比例的提高，预计优质动力煤用量达 8.57 亿 tce，则发电用煤量为 16.66 亿 tce，综合洁配度见表 5-32。

2030 年，优质动力煤用量达 15.00 亿 tce，发电用煤量为 20.32 亿 tce。发电燃用优质动力煤的比例提升后的综合洁配度见表 5-33。

表 5-31　2015 年发电用煤的综合洁配度（目标情景）

指标			原煤			优质动力煤		
			硫分	灰分	水分	硫分	灰分	水分
煤质洁净化度	能耗/亿 tce		9.93			4.29		
	煤质/%		1.15	28	12	1	17	12
	各煤质指标洁净化度/%		62	30	70	67	58	70
	权重/%		30	45	25	30	45	25
	煤质综合洁净化度/%		50			67		
适配度	匹配度/%		50			100		
	煤炭利用洁净化系数		0.85					
	适配度/%		43			85		
洁配度/%			22			57		
综合洁配度/%			33					

表 5-32　2020 年发电用煤的综合洁配度（目标情景）

指标			原煤			优质动力煤		
			硫分	灰分	水分	硫分	灰分	水分
煤质洁净化度	能耗/亿 tce		8.09			8.57		
	煤质/%		1.15	28	12	1	17	12
	各煤质指标洁净化度/%		62	30	70	67	58	70
	权重/%		30	45	25	30	45	25
	煤质综合洁净化度/%		50			67		
适配度	匹配度/%		50			100		
	煤炭利用洁净化系数		0.9					
	适配度/%		45			90		
洁配度/%			23			61		
综合洁配度/%			42					

表 5-33　2030 年发电用煤的综合洁配度（目标情景）

指标			原煤			优质动力煤		
			硫分	灰分	水分	硫分	灰分	水分
煤质洁净化度	能耗/亿 tce		5.32			15.00		
	煤质/%		1.15	28	12	1	17	12
	各煤质指标洁净化度/%		62	30	70	67	58	70
	权重/%		30	45	25	30	45	25
	煤质综合洁净化度/%		50			67		
适配度	匹配度/%		50			100		
	煤炭利用洁净化系数		0.95					
	适配度/%		48			90		
洁配度/%			24			64		
综合洁配度/%			54					

（2）工业锅炉用煤

2015 年，洗选+配煤用量达到 1.95 亿 tce，固硫型煤约为 0.3 亿 tce，工业锅炉耗煤量为 4.13 亿 tce。工业锅炉燃用提质加工煤的比例提升后的综合洁配度见表5-34。

表 5-34　2015 年工业锅炉用煤的综合洁配度（目标情景）

指标		原煤			洗选+配煤			固硫型煤		
		硫分	灰分	水分	硫分	灰分	水分	硫分	灰分	水分
煤质洁净化度	能耗/亿 tce	1.88			1.95			0.3		
	煤质/%	1	22	12	0.8	15	11	0.8	27	10
	各煤质指标洁净化度/%	45	70	67	73	63	73	73	33	75
	权重/%	30	45	25	30	45	25	30	45	25
	煤质综合洁净化度/%	58			69			56		
适配度	匹配度/%	45			100			100		
	煤炭利用洁净化系数	0.55								
	适配度/%	25			55			55		
洁配度/%		14			38			31		
综合洁配度/%		27								

2020 年，随着洗选加工煤在工业锅炉应用比例的提高，洗选+配煤用量达到 3.24 亿 tce，固硫型煤约为 0.33 亿 tce，工业锅炉耗煤量为 4.41 亿 tce。工业锅炉燃用提质加工煤的比例提升后的综合洁配度见表5-35。

表 5-35　2020 年工业锅炉用煤的综合洁配度（目标情景）

指标		原煤			洗选+配煤			固硫型煤		
		硫分	灰分	水分	硫分	灰分	水分	硫分	灰分	水分
煤质洁净化度	能耗/亿 tce	0.84			3.24			0.33		
	煤质/%	1	22	12	0.8	15	11	0.8	27	10
	各煤质指标洁净化度/%	45	70	67	73	63	73	73	33	75
	权重/%	30	45	25	30	45	25	30	45	25
	煤质综合洁净化度/%	58			69			56		
适配度	匹配度/%	45			100			100		
	煤炭利用洁净化系数	0.6								
	适配度/%	27			60			60		
洁配度/%		16			41			34		
综合洁配度/%		36								

2030 年，工业锅炉基本上全部燃用洗选加工煤，洗选+配煤用量约为 4.29 亿 tce，固硫型煤约为 0.41 亿 tce，工业锅炉耗煤量为 4.75 亿 tce。工业锅炉燃用提质加工煤的比例提升后的综合洁配度见表5-36。

表 5-36 2030 年工业锅炉用煤的综合洁配度（目标情景）

指标		原煤			洗选+配煤			固硫型煤		
		硫分	灰分	水分	硫分	灰分	水分	硫分	灰分	水分
煤质洁净化度	能耗/亿 tce	0.05			4.29			0.41		
	煤质/%	1	22	12	0.8	15	11	0.8	27	10
	各煤质指标洁净化度/%	45	70	67	73	63	73	73	33	75
	权重/%	30	45	25	30	45	25	30	45	25
	煤质综合洁净化度/%	58			69			56		
适配度	匹配度/%	45			100			100		
	煤炭利用洁净化系数	0.7								
	适配度/%	32			70			70		
洁配度/%		18			48			39		
综合洁配度/%		47								

基准情景和目标情景燃料用煤综合洁配度预测见表 5-37。

表 5-37 燃料用煤洁配度 （单位:%）

洁配度		2015 年	2020 年	2030 年
发电	基准情景	25	28	32
	目标情景	33	42	54
工业锅炉	基准情景	19	24	30
	目标情景	27	36	47
综合洁配度	基准情景	24	28	32
	目标情景	32	41	53

5.6.3 中国总体用煤洁配度预测

我国总体用煤由原料用煤和燃料用煤组成。根据 5.6.1 节和 5.6.2 节对原料用煤和燃料用煤洁配度的分析和预测结果，得出对我国总体用煤洁配度在基准情景和目标情景下的预测结果。

5.6.3.1 基准情景

1) 2015 年我国用煤综合洁配度 30%，见表 5-38。

表 5-38 2015 年我国用煤洁配度 （基准情景） （单位:%）

指标	钢铁用原料煤	化工用原料煤	燃料用煤
洁配度	54	50	24
权重	16	4	80
综合洁配度	30		

2) 2020 年我国用煤综合洁配度 33%，见表 5-39。

表 5-39　2020 年我国用煤洁配度（基准情景）　　（单位:%）

指标	钢铁用原料煤	化工用原料煤	燃料用煤
洁配度	54	50	28
权重	16	5	78
综合洁配度	33		

3）2030 年我国用煤综合洁配度 37%，见表 5-40。

表 5-40　2020 年我国用煤洁配度（基准情景）　　（单位:%）

指标	钢铁用原料煤	化工用原料煤	燃料用煤
洁配度	54	50	32
权重	19	5	76
综合洁配度	37		

5.6.3.2　目标情景

1）2015 年我国用煤综合洁配度 37%，见表 5-41。

表 5-41　2015 年我国总体用煤洁配度（目标情景）　　（单位:%）

指标	钢铁用原料煤	化工用原料煤	燃料用煤
洁配度	62	57	32
权重	16	4	80
综合洁配度	37		

2）2020 年我国用煤综合洁配度 46%，见表 5-42。

表 5-42　2020 年我国总体用煤洁配度（目标情景）　　（单位:%）

指标	钢铁用原料煤	化工用原料煤	燃料用煤
洁配度	67	61	41
权重	17	5	78
综合洁配度	46		

3）2030 年我国用煤综合洁配度 57%，见表 5-43。

表 5-43　2030 年我国总体用煤洁配度（目标情景）　　（单位:%）

指标	钢铁用原料煤	化工用原料煤	燃料用煤
洁配度	71	66	53
权重	19	5	76
综合洁配度	57		

5.6.4　提高洁配度的路线图

提高洁配度的技术路线图，如图 5-5 所示。

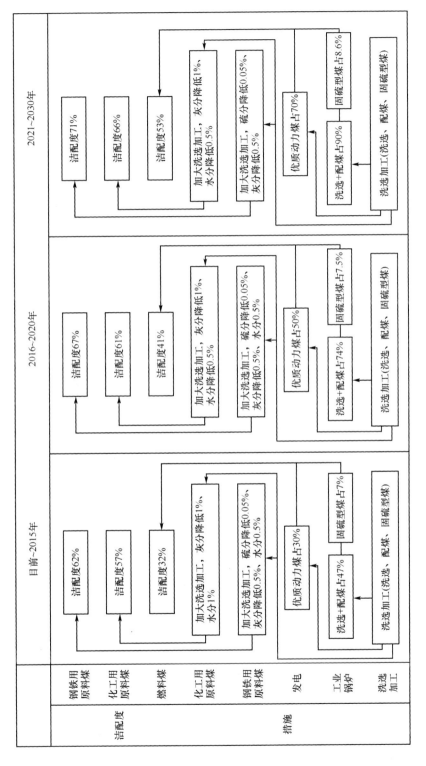

图 5-5　提高洁配度的技术路线图

5.7 用煤洁配度提高的节能减排效果

5.7.1 重点煤炭利用方向提高洁配度的效果

5.7.1.1 发电燃用提质加工煤节能减排效果

采用选后优质动力煤发电提高发电用煤洁配度，原煤消耗量减少 10g/(kW·h)，全过程能耗下降 10.13gce/(kW·h)，SO_2 排放减少 0.96g/(kW·h)，CO_2 排放减少 24.31g/(kW·h)。以选后优质动力煤成本价计算，燃料成本下降 0.015 元/(kW·h)，主要是运输费用的减少，见表 5-44。

表 5-44 电厂燃用选后优质动力煤全过程综合评价指标

指标	原煤→运输→发电				原煤→洗选→运输→发电			
	原煤	运输	发电	合计	洗选	运输	发电	合计
用煤量/[g/(kW·h)]	—	538.00	530.00		528.00	423.00	417.00	
能耗/[gce/(kW·h)]	—	6.77	335.00	341.77	0.62	6.02	325.00	331.64
SO_2 排放/[g/(kW·h)]		0.02	3.21	3.23	0.01	0.01	2.25	2.27
CO_2 排放/[g/(kW·h)]	—	16.25	804.00	820.25	1.49	14.45	780.00	795.94
成本增加/[元/(kW·h)]	0.206	0.059		0.265	0.003	0.046		0.250

参考《电力工业"十二五"规划研究报告》（中国电力企业联合会，2010），到 2015 年，火电装机容量达 9.33 亿 kW，电煤用量约达 14.31 亿 tce，其中优质动力煤 1.39 亿 tce，洁配度为 25%。2020 年，火电装机容量达 12.7 亿 kW，电煤用量达 16.85 亿 tce，其中优质动力煤 2.46 亿 tce，洁配度为 28%。到 2030 年，火电装机容量达 16 亿 kW，电煤用量达 20.66 亿 tce，其中优质动力煤 4.03 亿 tce，洁配度为 32%。

若加大政策实施力度，提高优质动力煤在用户中的应用比例，到 2015 年，发电优质动力煤达 4.29 亿 tce，则洁配度达 33%，提升了 8 个百分点，节约能耗约 884 万 tce，减少 SO_2 排放 83.75 万 t，减少 CO_2 排放 2121 万 t。2020 年，发电优质动力煤达 8.57 亿 tce，则洁配度达 42%，提升了 14%，节约能耗约 1866 万 tce，减少 SO_2 排放 176.79 万 t，减少 CO_2 排放 4477 万 t。2030 年发电优质动力煤达 15 亿 tce，则洁配度达 54%，提升了 22%，节约能耗约 3350 万 tce，减少 SO_2 排放 307.74 万 t，减少 CO_2 排放 8040 万 t。发电燃用优质动力煤节能减排量，见表 5-45。

表 5-45 发电燃用优质动力煤的节能减排量

指标		2010 年	2015 年	2020 年	2030 年
综合洁配度/%	基准情景	20	25	28	32
	目标情景		33	42	54
能耗/(亿 tce/a)	基准情景	—	14.31	16.85	20.66
	目标情景		14.22	16.67	20.32

续表

指标		2010 年	2015 年	2020 年	2030 年
节能量/(万 tce/a)	目标情景	—	884	1866	3350
SO_2 减排量/(万 t/a)	目标情景	—	83.75	176.79	307.74
CO_2 减排量/(万 t/a)	目标情景		2121	4477	8040
节约成本/(亿元/a)	目标情景	—	131	276	496

5.7.1.2　工业锅炉燃用提质加工煤节能减排效果

以 10 t/h 的锅炉为例，通过燃用优质动力煤、配煤、固硫型煤等措施提高锅炉用煤洁配度，节煤量分别为 624 tce/a、412 tce/a、496 tce/a；SO_2 排放量分别减少 51.40 t/a、64.03 t/a、78.80 t/a；CO_2 排放分别减少 2039t/a、975t/a、1448t/a。见表 5-46。

表 5-46　各锅炉路线主要指标

指标	原煤+链条炉	配煤+链条炉	固硫型煤+链条炉	选后优质动力煤+链条炉
能源消耗/(kgce/GJ)	53.29	47.45	46.42	44.86
节能率/%	—	10.96	12.88	15.83
节能量/(tce/a)	—	412	496	624
SO_2 减排量/(t/a)	—	64.03	78.80	51.40
CO_2 减排/(t/a)	—	975	1448	2039
成本增加/(万元/a)	—	−31.21	−45.14	−62.55

在我国现有政策下，工业锅炉用煤中，煤炭分选加工煤的应用比例有所提高。到 2015 年，我国工业锅炉用煤约达 4.35 亿 tce，其中洗选+配煤 0.78 亿 tce，固硫型煤 0.11 亿 tce，洁配度为 19%。2020 年，工业锅炉用煤约达 4.72 亿 tce，其中洗选+配煤 1.29 亿 tce，固硫型煤 0.21 亿 tce，洁配度为 24%。到 2030 年，工业锅炉用煤约达 5.15 亿 tce，其中洗选+配煤 1.91 亿 tce，固硫型煤 0.23 亿 tce，洁配度为 30%。

若加大政策实施力度，提高优质动力煤在用户中的应用比例，到 2015 年，工业锅炉燃用洗选+配煤 1.95 亿 tce，固硫型煤 0.30 亿 tce，洁配度为 27%，提升 8%。2020 年，工业锅炉燃用洗选+配煤 3.24 亿 tce，固硫型煤 0.33 亿 tce，洁配度为 36%，提升 12%。2030 年，工业锅炉燃用洗选+配煤 4.29 亿 tce，固硫型煤 0.4 亿 tce，洁配度为 47%，提升 17%。工业锅炉燃用优质动力煤节能减排效果见表 5-47。

表 5-47　提高工业锅炉燃煤洁配度的节能减排量

指标		2010 年	2015 年	2020 年	2030 年
综合洁配度/%	基准情景	13	19	24	30
	目标情景		27	36	47

指标		2010 年	2015 年	2020 年	2030 年
节能量/(万 tce/a)	目标情景	—	2091	3109	3874
SO_2 减排量/(万 t/a)	目标情景	—	108.11	168.82	208.88
CO_2 减排量/(万 t/a)	目标情景	—	4516	6716	8368
节约成本/(亿元/a)	目标情景	—	74	111	130

5.7.2 提高用煤洁配度的总体效果

目前，我国用煤综合洁配度在 25%，随着提质加工技术的发展，政策的良好实施，目标情景中，2015 年我国用煤综合洁配度提升至 37%，2020 年提升至 46%，2030 年提升至 57%。我国燃用提质加工煤的节能减排效果见表 5-48。

表 5-48　提高用煤洁配度的节能减排效果

		2010 年	2015 年	2020 年	2030 年
综合洁配度/%	基准情景	25	30	33	37
	目标情景		37	46	57
煤炭消费量/(亿 tce/a)	基准情景	23.89	27.01	30.94	34.73
	目标情景		26.65	30.31	33.85
节煤量/(万 tce/a)	目标情景	—	3 805	6 272	8 735
SO_2 减排量/(万 t/a)	目标情景		228	411	595
CO_2 减排量/(万 t/a)	目标情景	—	8 330	13 839	19 490

通过表 5-48 分析可知，用煤洁配度每提高 1%，每消费 1 亿 tce 的煤炭，节能 13 万 tce 以上，减少 SO_2 排放量 1 万 t 以上，减少 CO_2 排放量 30 万 t 以上。

目标情景与基准情景相比，到 2015 年，我国用煤洁配度提高 7 个百分点，年节煤 3805tce，SO_2 减排 228 万 t/a，CO_2 减排 8330 万 t；到 2020 年，我国用煤洁配度提高 13 个百分点，年节煤 6272 万 tce，SO_2 减排 411 万 t/a，CO_2 减排 13 839 万 t；到 2030 年，我国用煤洁配度提高 20%，年节煤 8735 万 tce，SO_2 减排 595 万 t/a，CO_2 减排 19 490 万 t。

5.8　本章小结

我国目前商品煤洁配度为 25%，其中作为钢铁原料用煤、化工原料用煤的洁配度分别达到 54%、50%，作为燃料用煤的洁配煤达到 18%；而美国洁配度达到 60%。分析我国煤炭洁配度低于美国，除煤炭资源的原因外，还有煤炭消费结构和煤炭市场不健全等因素。通过改善煤炭消费结构，减少工业锅炉、窑炉、民用等用煤量，通过提质加工提高煤炭质量，限制低洁配度煤炭进入流通领域，可以逐步提高我国用煤质量，提升商品煤的洁配度。

通过燃用提质加工煤，到 2015 年、2020 年、2030 年，我国商品煤洁配度分别提升为 37%、46%、57%；年节煤量分别为 3805 万 tce、6272 万 tce、8735 万 tce。

第6章 | 煤炭全面提质技术与产业发展战略

本章围绕如何不断提升中国用煤洁配度,提出煤炭提质加工产业、技术发展战略——全面提质战略,分析煤炭提质技术发展的市场机制,提出煤炭整体提质的措施和政策支持建议。

6.1 战略依据

6.1.1 中国煤炭禀赋复杂、煤质条件差

中国煤炭禀赋复杂,成煤环境多种多样,成煤期地质背景复杂,煤炭加工技术难度大。中国煤炭产品质量较低。例如,中国电煤平均灰分28%左右;美国则约9%。煤炭利用节能减排压力巨大。

6.1.2 占煤炭40%的低品质煤资源有待提质开发

褐煤、高硫煤、高灰煤等低品质煤占煤炭资源总量的40%左右。大量低品质煤的存在为煤炭资源的清洁高效利用带来了严峻的挑战。

褐煤是重要的煤炭资源,由于其全水和内水含量高、氢氧含量高、易自燃、发热量低等特点,难以直接利用。目前褐煤脱水提质存在脱水难、脱水后易氧化、无法保存等问题。

中国高硫煤品种齐全,分布广,贵州、四川、陕西、山东、山西等省高硫煤资源较多;随着煤炭采深的逐步加大,高硫煤资源是未来必须面对的资源。

主焦煤和肥煤等优质稀缺煤对外依赖性不断增强,二次资源提质开发是缓解优质稀缺煤资源短缺的重要方面。

6.1.3 煤炭直接燃烧比例大,提质加工比例低

中国煤炭加工技术取得了一定的进展,但煤炭提质加工比例较低,世界主要煤炭生产国的原煤入选比率均为70%~80%,中国入选比率50%左右。造成煤炭低效、高污染利用,因此急需改变大量原煤未经过提质加工直接燃烧的煤炭消费现状。

6.1.4 缺乏煤炭产品质量的市场准入与保障机制

煤炭产品质量没有市场准入门槛,大量低质原煤流入市场,导致整体煤炭质量降低;在供不应求的市场条件下,价格因素导致大量企业利用原煤或低品质煤;使煤炭质量难以符合用煤设备要求,是造成中国煤炭消费方式粗放、能效低、污染排放大的主要因素之一。

6.1.5 煤炭能源消费结构有待优化

我国约 1/3 煤炭用于工业锅炉、工业窑炉和民用等中小用户，发电用煤仅占煤炭消费总量的 50% 左右。发达国家已 80% 以上煤炭用于发电，美国用于发电的煤炭占 90% 以上。我国中小煤炭用户数量多、分布广、耗煤量大、污染严重、技术落后、环境管理困难，节能减排空间大。

通过先进适用的技术手段和方法，对煤炭进行提质加工，扩大煤炭的利用途径，改善和稳定煤炭产品性能指标，优化产品结构、适应用户对煤质的要求；制定严格的质量准入标准，规范和提高用煤设备和煤质匹配程度；同时优化煤炭消费结构，是实现节能减排、提高煤炭资源利用效率的有效方法。

6.2　战略内涵

煤炭全面提质的战略内涵是指采用物理、化学等手段脱除煤的杂质，提升和稳定煤炭质量，达到用煤质量标准和用户要求的过程和方法。煤炭全面提质的目的是规范从生产到使用的整个过程中的用煤质量，满足不同用户对煤质的要求，提高用煤洁配度水平，实现煤炭的清洁高效利用。煤炭全面提质包括以选煤为主的煤炭加工与低品质煤资源提质两个方面，分为以下三个层次。

1）优化煤炭能源消费结构。主要是指通过提高煤炭的洁度水平，引导煤炭利用。降低工业锅炉、工业窑炉、民用等中小用户的煤炭消费量，提高较大型煤炭用户的煤炭消费比例，易于集中管理和控制用煤质量，提高煤炭利用效率，减少污染排放量。实现煤炭资源的合理利用，使煤炭尽可能优先用于能源利用效率较高、易于监控管理的较大型用户，提高煤的总体利用效率；中小煤炭用户优先应用天然气（煤制气）、电力等清洁能源。

2）提高煤质，在煤炭利用源头实现清洁化。通过设置进入流通领域的煤炭洁配度准入标准，鼓励发展先进适用的煤炭提质加工技术，改变我国煤炭用户使用原散煤的现况，提高和稳定煤炭产品质量，满足用煤设备对煤炭的质量要求，最大限度提高煤炭的利用效率和减少污染，促进煤炭清洁、高效、分质分级利用。

3）通过提质加工技术，扩大优质煤炭资源量。促进以煤炭分选为主的煤炭加工能力建设，扩大包括低品质煤在内的煤炭利用途径，增加优质煤炭资源的供应量；促进煤炭洗选副产品低热值煤和煤中矿物资源的综合利用。

6.3　战略目标

通过煤炭全面提质战略，优化煤炭能源的消费结构，提高煤炭质量，满足不同用户对煤质的要求，逐步提高用煤洁配度水平。

6.3.1　2020 年战略目标

煤炭用于工业锅炉、窑炉、民用等中小用户的比例由 2010 年的 29.05% 降低到

22.91%（表 6-1）。

表 6-1　煤炭消费结构优化

名称	2010 年		2015 年		2020 年		2030 年	
	消费量/亿 t	消费结构/%	消费量/亿 t	消费结构/%	消费量/亿 t	消费结构/%	消费量/亿 t	消费结构/%
国内煤炭需求	33.36	100.00	37.32	100.00	42.43	100.00	47.39	100.00
电力	16.97	50.87	19.91	53.34	23.33	54.99	28.45	60.04
钢铁	5.30	15.89	5.95	15.96	6.90	16.26	6.37	13.44
化工	1.40	4.20	1.98	5.31	2.48	5.84	2.98	6.29
工业锅炉	6.00	17.99	5.80	15.54	6.18	14.56	6.66	14.06
窑炉、民用等	3.69	11.06	3.68	9.86	3.54	8.35	2.92	6.17

　　煤炭提质加工比例达到 70%；其中，动力煤入选率达到 70%，动力配煤基本实现精细化配煤，生产符合设备要求的燃料型煤消费量达到 6000 万 t；水煤浆用量超过 1.5 亿 t；通过低品质煤提质加工技术，增加约 1.5 亿 t 优质煤炭资源的供应量。

　　我国用煤洁配度由 2010 年的 25% 提升到 46%（表 6-2）。

表 6-2　我国煤炭全面提质战略目标

项目	2020 年	2030 年
用煤洁配度/%	46	57
煤炭提质加工比例/%	70	80
中小用户用煤比例/%	22.91	20.23
扩大优质煤炭资源量/亿 t	1.5	3
节煤量/（万 tce/a）	6272	8735
SO_2 减排量/（万 t/a）	411	595
CO_2 减排量/（万 t/a）	13 839	19 490

6.3.2　2030 年战略目标

　　煤炭用于工业锅炉、窑炉、民用等中小用户的比例降低到 20.23%（表 6-1）。

　　煤炭提质加工比例达到 80%；其中，动力煤入选率达到 90%，动力配煤实现精细化配煤，型煤消费量达到 6000 万～8000 万 t；水煤浆用量超过 2 亿 t；通过低品质煤提质加工技术，增加约 3 亿 t 优质煤炭资源的供应量。

　　我国用煤洁配度进一步提升到 57%（表 6-2）。

6.4　实施途径与重点战略方向

6.4.1　实施途径

　　以科学发展观为指导，依靠科技进步发展煤炭提质加工，以提高洁配度为目标，改变我国煤炭用户使用原散煤状况，促进煤炭清洁、高效利用，促进煤炭工业产业结构和产品结构的转变。

1）扩大煤炭提质加工总量，改进产品质量，增加产品品种。通过改善布局、扩大总量、改进质量、增加品种和提高效益，提高行业整体水平。依靠科技进步，建设不同层次、不同类型的优质高效选煤厂，变提质加工大国为提质加工强国。

选煤、配煤、低品质煤开发是提高用煤洁配度的重点，型煤、水煤浆等煤炭提质技术可以在一定程度上、一定区域内发展。

2）提高研发能力，促进装备升级。依靠自主创新促进发展。振动筛、破碎机、离心机等国外技术占优势的设备研发制造，通过技术攻关，掌握关键及核心部件制造的相关技术，拥有自主知识产权。

3）鼓励技术创新，不断提高煤炭提质加工的水平。通过改革设计施工方式，改进工艺流程，降低能源和材料消耗和运行成本，如研发煤矿井下选矸工艺和设备，实现节能减排。

4）推进先进适用技术推广应用。加快技术、装备、管理达到世界一流水平的先进高效煤炭提质加工厂的建设；淘汰工艺落后的中小型厂；实现规模化、高效化、自动化发展。

5）实现资源综合利用，促进循环经济发展。重视低热值煤利用和矿物资源综合利用。利用洗矸和煤泥中的热值，采用锅炉燃烧发电充分利用其中的热能，热值利用后的矸石得到脱碳、活化，产生的灰渣具有较好的活性，是很好的水泥掺混材料；或用于制砖，实现制砖不用土、烧砖不用煤。

6.4.2 煤炭提质技术发展战略

6.4.2.1 煤炭大规模分选技术战略

1）大型排矸技术。随着我国煤矿采掘机械化程度高，煤炭产量大幅增加，但也带来煤炭产量中矸石量增加，原煤灰分甚至达到 60% 以上，许多选煤厂的排矸系统的工艺和装备已不能满足生产要求。

技术重点：进行大型重介浅槽分选机分选机理、运行参数、设备大型化等研究，提高设备制造水平和可靠性，以及耐磨、耐腐蚀性，形成完整的系列化产品。开发面积更大、处理能力更大的动筛跳汰机，研制适用于处理不同粒级范围的机型，进一步完善床层检测装置的准确性和可靠性。

2）井下排矸技术。煤炭开采过程中，煤层顶、底板岩石和工作面断层以及夹矸会大量混入煤中，这些矸石与煤一起提升至地面后，经分离得到煤炭产品，耗费大量动力；矸石弃置矸石山堆积，带来严重的环境、经济和社会问题；研究井下煤、矸分离技术和工艺，将矸石回填采区，既减轻了矿井提升负荷节省能源，又减少了地面排矸造成的环境污染，对于煤矿的节能减排、减少环境污染，有效治理由于煤炭开采产生的地表塌陷，具有重要的意义，为实现绿色开采创造条件。

针对井下选煤厂的特定环境和技术要求，深入研究开采、运输工艺与选煤工艺的结合技术，实现采选一体化。针对井下特殊环境和空间研发适用于井下矸石分选的高效装备。

3）干法选煤技术。随着我国动力煤入选比例不断增大，节能减排要求提高，大型风力分选设备的市场前景看好。

干法选煤设备应研制组合式大型干选设备系列，提高单机处理量，以适应特大型现代化矿井的需要。进一步提高大型干选设备的自动化程度，实现产品质量的自动控制。提高干法选煤设备的分选精度，改善干选机分选效果，扩大干法选煤的应用范围。

研究和攻关方向主要包括空气重介流化床干法选煤技术设备系列大型化以及大型风力分选设备的研制两方面。

4）大规模高效分选技术。随着煤矿大型化，选煤厂的规模越来越大。对大型及特大型设备需求及可靠性的要求越来越多。国产大型设备不仅处理能力小，而且规格少、可靠性差、使用寿命短，研究大型选煤厂高效分选、提质设备及可靠性，实现大型选煤设备国产化取代进口，具有重要现实意义。

研究和攻关方向包括特大型重介分选技术成套设备研制等大型选煤厂成套技术与关键装备，用于褐煤、浮选精煤等大型煤炭干燥设备研制，粗煤泥高效分选技术与装备，大型破碎机、大型筛分机、大型卧式振动离心脱水机、大型加压过滤机研制、大型全自动快开隔膜压滤机等配套设备国产化、可靠性的研究，细粒煤高效分选技术和大型浮选设备的研发。

5）稀缺高灰难选煤分选关键技术研发。我国优质焦煤和肥煤资源短缺已成为部分企业保障焦炭质量的障碍，而焦煤、肥煤可选性普遍较差，精煤回收率较低，开发针对难选焦煤和肥煤的高效分选与净化技术，提高稀缺主焦煤和肥煤的分选效果和精煤产率，对于充分发挥焦肥煤资源优势，增加其有效供给量，具有十分重要的意义。

高灰难选煤的分选问题始终是国内外选煤专家研究的重点，而微细粒稀缺高灰难选煤泥分选问题则更是研究的热点和难点。应主要解决高灰难选细粒粉煤分选效率低、精煤灰分高及重选背灰等突出问题。

6.4.2.2　煤炭高效加工技术发展战略

煤炭的高效加工主要包括动力配煤、型煤、水煤浆等，主要是提高洁配度指标中的适配度。

1）动力配煤技术发展战略。动力配煤规模较大，但因目前煤炭物流系统不完善，大多达不到精细化配煤。总体上技术水平较低、产品稳定性差、产品品种单一。

技术发展方向包括原料煤性能研究及评价。对配煤煤源的基本性质进行评价，对原料煤的挥发分析出规律和对着火特性进行研究，并对煤的着火过程和燃烧过程、污染物析出特性进行研究。

多元优化配煤技术研究。用神经网络和非线性优化理论，对配煤的优化配置的影响因素进行分析，研制出配煤的优化配置评价方法和最终配方的确定。

控制系统和管理系统的开发。多元优化配煤专家系统研究，形成集市场信息、产品质量控制、用户配送为一体的优化管理和控制系统，形成适应不同产品结构与负荷的技术组合及控制技术。

2）型煤技术发展战略。型煤技术工艺较简单，目前生产技术水平总体落后，不能满足规模化生产和用户使用的要求。

技术发展方向包括：低变质煤成型及黏结剂研究；加压固定床气化型煤成型技术；褐煤干燥成型技术研究；从型煤固硫机理、型煤固硫影响因素、型煤黏结剂和固硫剂的复合作用、固硫型煤的燃烧特性等几方面着手进行型煤燃烧脱硫净化一体化研究，开发和推广环保型煤。

3）水煤浆技术发展战略。水煤浆是 20 世纪 70 年代兴起的煤基液态燃料，由 65% 左右的煤，34% 的水及少量化学添加剂制成。作为炉窑燃料，具有较好的流动性和稳定性，易于储存，可雾化燃烧，是一种燃烧效率较高且低污染的洁净燃料，可代替重油及天然气，有效缓解油气短缺带来的能源安全问题。随着近几年国际油价的持续上涨以及国内环保意识的逐步加强，节能、环保的水煤浆在我国得到迅速推广应用。

水煤浆早期采用的制浆煤种——中等变质程度煤种（如炼焦煤），无论是资源量还是价格均无法满足水煤浆产业规模的快速增长。因此，拓宽水煤浆制浆煤原料的范围，提高水煤浆的浓度是水煤浆技术的发展方向。

研究和攻关方向主要内容包括：开发低挥发分煤制水煤浆及高效清洁利用技术；针对褐煤水分高、含氧量低、成浆浓度低（老年褐煤成浆浓度 50% 左右，年轻褐煤成浆浓度 45% 左右）的问题，开发褐煤改性制水煤浆工艺及关键设备，将褐煤的成浆浓度提高至 60% 以上，满足现有水煤浆燃烧与气化工艺的要求；开发污泥煤浆制备工艺及专用添加剂以及适用于污泥水煤浆燃烧的设备，达到废物的资源化利用和环境保护。

6.4.2.3　低品质煤资源开发战略

1）褐煤：攻克有关褐煤水分赋存和脱水提质的基础科学问题；开发褐煤成型技术和褐煤低温热解技术，为提质褐煤的远距离运输提供技术支撑，将化工与建材、材料、发电、废热利用等不同产业的工艺技术集成联产，形成资源和能源的循环利用系统。提质后的褐煤直接用于坑口发电，同时利用坑口发电过程中产生的废烟气、乏汽和凉水塔中的废热量，为褐煤提质利用技术提供干燥能量。

开展褐煤提质工业放大试验研究和工程示范，形成褐煤热解、半焦利用、煤焦油深度加工、煤气利用的一体化工程技术。研究褐煤提质后的废水处理和利用技术。

2）高硫煤：发展常规物理洗煤技术，特别是组合式洗选技术如微细介质重介旋流器组-浮选联合流程的开发；洗矸选硫，实现矸石中硫资源的回收。洗矸硫精砂，作为制造硫酸原料，达到资源综合利用、节约资源、节能减排目标，实现矸石"零排放"；开展煤炭微波脱硫和生物脱硫技术的基础研究，重点突破煤炭微波脱硫关键技术，为规模化应用提供条件；建设以物理-微波脱硫联合脱硫的脱硫示范项目，形成能适应各种高硫煤资源的大规模开发。

3）稀缺煤二次资源提质加工：中煤嵌布特征与解离规律的研究；精细化碎磨分选；中细碎产物重选效果研究主要包括末煤重介旋流器精细分选技术、粗煤泥分选工艺与技术开发、细粒和超细物料精细浮选技术、中煤深度分选关键装备研究等。

6.4.2.4　煤炭资源综合利用发展战略

煤是最大宗的能源矿产，同时也是最大宗的固废来源。煤炭资源综合利用包含两层含义：一是煤炭的能源化利用与资源化利用相结合；二是终端利用与矿区利用相结合，包括低热值煤利用、煤中矿物资源利用两方面。

以煤矸石、煤泥为主要燃料的，优先选用国产大型循环流化床锅炉；以洗中煤、煤泥为主要燃料的，可考虑采用国产超临界及以上参数的煤粉炉。发展煤矸石、粉煤灰制新型建筑材料，煤矸石土地复垦和生态恢复技术，以及煤矸石井下充填和以矸换煤技术。

6.4.3　煤炭提质产业发展战略

煤炭提质加工产业发展战略包含有机质与矿物质分离、低热值煤热值利用和矿物资源综合利用三个方面。

6.4.3.1　煤炭大规模分选产业发展

提高对引进外国先进技术的消化吸收能力，通过 3~5 年的努力，主要选煤技术装备达到 21 世纪初国外先进水平。至 2020 年，我国大型选煤技术装备达到技术研发能力雄厚、自主创新能力突出、设备制造精良、完全拥有自主知识产权的目标，主要分选设备国产化，从当前的选煤厂大国走向选煤强国。

推进我国煤炭洗选能力建设，通过科技研发促进选煤生产的发展，到 2020 年我国煤炭入选率达到 70%。

炼焦煤选煤工艺应不断提高洗精煤质量和回收率。炼焦煤储量较少，尤其是优质的肥煤、焦煤资源更少。过去开发强度较大，资源已经越来越少，属于稀缺煤种。我国炼铁高炉向大型化发展，对优质焦炭的需求逐步增大，对低灰、低硫、强黏结性的炼焦煤需求量增大。炼焦用煤选煤工艺发展应强调精煤质量和精煤产率，采用效率高、技术先进的工艺，实现全粒级分选，尽可能回收更多的精煤资源。

采用高效的全重介质选煤方法，以提高选煤效率、降低精煤灰分、提高精煤产率、提高企业经济效益。开发针对稀缺中煤特点的二次分选与净化技术，提高稀缺煤的总回收率，增加其有效供给量，采用重介质、浮选、粗煤泥分选等各种工艺研究各粒级物料的分选、脱水过程，进一步提高分选精度。

加大动力煤提质加工比例，推广流程简单灵活、设备处理能力大、高效可靠的洗选工艺。目前我国动力煤产品结构单一，价格不合理，企业利润空间低，造成我国动力煤入选量低。随着国家节能减排的深入、环境生态保护水平不断提高以及用户对煤质要求的提高，对动力煤分选提出了新的要求。

动力煤分选的目的主要是降低产品灰分，稳定产品质量，同时降低部分硫分；改善产品结构，增加经济效益。因此，动力煤分选应推广工艺流程简单灵活、单台设备处理能力大、高效可靠的洗选工艺。有条件的动力煤选煤厂实现全粒级入洗。

到 2015 年动力煤入选率达到 50%，2020 年动力煤入选率达到 70%。

提高大型选煤设备可靠性和自主开发水平。选煤厂总能力大增，建设规模大幅增加。我国当前只能解决年设计能力 400 万 t 及以下的主要选煤设备。400 万 t 以上选煤厂的主要选煤大型设备，特别是振动设备大都依靠进口。

针对生产实际，对于振动筛、破碎机、离心机等国外技术占优势的设备进行研发制造，通过技术攻关，掌握关键及核心部件制造的相关技术，拥有自主知识产权。满足选煤生产的需要，进一步降低选煤成本，提高选煤效率。

以建设年设计能力 600 万 t 的炼焦煤和 1000 万 t 的动力煤选煤厂为重点，研发主要选煤工艺和装备，着力解决当前大型选煤装备主要问题。

选煤厂建设向模块化发展。通过推广选煤厂模块化设计和建设，实现某一功能的设备群有机地结合起来；克服选煤厂改造难的弱点，能够为选煤厂的改造或扩大生产规模提供便利条件。实现厂房与设备模块分离；标准设备、非标准设备与结构模块有机结合；特定设备与设备之间、设备与结构之间等采用标准的模块化或模块扩展化设计；优化设计管理程序，合理分工，实现各专业设计的高效配合，各专业无缝连接、统筹设计。

6.4.3.2 加强煤炭资源综合利用

加强低品质煤开发利用，有效释放煤炭资源量。按照《〈煤、泥炭地质勘查规范〉实施指导意见》（国土资发［2007］40 号），硫分大于 3% 的高硫煤、灰分大于 40% 的煤炭资源不计算储量。在选煤过程中，会产出相当一部分煤泥产品和灰分大于 40% 的中煤产品，约有 1.2 亿 t，许多为稀缺炼焦煤资源。

如果能够在满足环保要求的条件下，经济、合理地对这些低品质煤进行提质加工和利用，可以释放出 10% 以上的优质煤炭资源量，增加优质煤炭资源的有效供给量。

低热值煤炭热值利用。低热值煤资源是指煤泥、洗中煤和收到基热值不低于 1200cal/kg 的煤矸石。包括热值较低的原煤、煤矸石、煤泥、中煤。

可以利用煤矸石、煤泥中热量进行燃烧和发电、生产建筑材料。截至 2009 年年底，全国矿区煤矸石、煤泥综合发电装机已达 2500 万 kW（郭力方，2010）。到 2015 年，煤矸石、煤泥综合电厂新增装机 5000 万 kW。

矿物资源综合利用。利用煤矸石、粉煤灰中含有的矿物资源，提取有用矿物如氧化铝、硅系精细化工产品；提取硫铁矿和制备硫酸铝晶体；煤矸石井下充填以矸换煤。煤泥还可通过进一步分选、干燥等方式回掺煤炭产品。加强煤系高岭土深加工产业发展。

发展煤矸石、粉煤灰制新型建筑材料，煤矸石土地复垦和生态恢复技术，煤矸石井下充填和以矸换煤技术。通过实现煤炭的资源化利用，延伸煤炭产业链，实现煤炭行业循环经济发展。

6.4.3.3 动力配煤向精细化配煤和现代化配送体系发展

促进动力配煤向科学化、精细化、大型化、功能多样化、规范化发展。我国动力配煤总体技术水平较低，很多配煤场尚处于经验配煤阶段，缺乏科学技术指导下的配煤项目建设依然存在。配煤工艺及混配设备落后、技术含量很低的配煤场仍在大量运行，产品稳定性差，资源浪费现象存在，生产规模小，产品品种单一，难以取得规模效益。片面追求经济效益掺杂使假现象时有发生，供需矛盾经常出现。

根据用户对煤炭的发热量、灰分、水分、硫分、挥发分、灰熔点等参数的要求，进行科学的配煤规划、定位和设计，应用多元优化配煤方案、专家优化系统，以及科学的配煤方案和先进的配煤技术与设备，实现科学配煤，提高产品均质化程度。研究制定相关国家标准和规范，实现动力配煤的科学管理和规范运行，实现精细化加工和配煤管理，满足用户用煤质量要求。

建立产、洗、配、销、送及售后服务的现代配送物流体系是实现动力配煤功能多样化发展的重要模式。

努力提高我国动力配煤产业的技术及管理水平，使其在国际上处于领先地位。到2015 年，50% 配煤能力达到精细化配煤，到 2020 年基本实现精细化配煤，生产符合设备要求的燃料。

6.4.3.4　型煤向气化原料型煤、锅炉型煤、褐煤型煤等方向发展

煤炭燃烧是烟尘、废气的主要污染源，工业锅炉是重要的排放源。环保锅炉型煤是型煤发展的重要方向，应在开发粉煤成型工艺的基础上，从型煤固硫机理、型煤固硫影响因素、型煤黏结剂和固硫剂的复合作用、固硫型煤的燃烧特性等几方面着手进行型煤燃烧脱硫净化一体化研究，大力开发和推广环保锅炉型煤，促进地区的节能减排。

低变质程度烟煤在我国煤炭储量中所占比例较大，煤质较好，且分布较广，低变质烟煤制取气化型煤的技术还处于起步阶段。开展以低变质程度烟煤制取工业型煤的技术研究具有重要意义；发展加压固定床气化型煤，适应新型煤化工发展的需要；发展褐煤干燥成型技术，实现褐煤的长距离运输和提高褐煤的利用效率。

在一定程度、一定区域发展型煤。2015 年型煤消费量达到 5000 万 t，2020 年达到6000 万 t。

6.4.3.5　拓宽水煤浆制浆原料范围、提高水煤浆浓度

由于国家政策、锅炉效率等方面的原因，水煤浆作为燃料的发展应用应集中在中小型工业锅炉及窑炉上。作为气化原料，既可用于生产化工产品，如合成氨、甲醇、二甲醚等，又可用于煤的直接与间接液化、联合循环发电（IGCC）和以煤气化为基础的多联产等领域。

水煤浆早期采用的制浆煤种——中等变质程度煤种（如炼焦煤），无论是资源量还是价格均无法满足水煤浆产业规模的快速增长。因此，拓宽水煤浆制浆煤原料的范围，提高水煤浆的浓度是水煤浆技术的发展方向。

在一定程度、一定区域发展水煤浆。2015 年水煤浆用量超过 1.5 亿 t；2020 年水煤浆用量超过 2 亿 t。

6.5　政策建议

6.5.1　煤炭提质的市场机制研究

6.5.1.1　国内外煤炭提质市场机制

国外产煤和用煤大国的煤炭大部分经过提质加工，用煤质量稳定。各煤炭公司通常是与用户直接签订供货合同，中间经销商很少，根据不同用户的具体要求来供应不同煤质的煤炭。政府一般只要求用户达到环境排放标准，而对所用煤质不做要求。

不同用户根据不同的环境要求和技术经济需求，对煤炭质量的要求不同。美国发电

用煤平均硫分和灰分分别为 1.08% 和 9.23%，平均热值为 23.8MJ/kg；炼焦厂和制造业用煤的平均硫分和灰分分别为 1.15% 和 7.61%，平均热值为 26.4MJ/kg。工业锅炉用煤国外一般规定灰分小于 15%~20%；小于 3mm 的粉煤末要求小于 30%。有的锅炉厂要求煤的灰分小于 6%~9%，硫分小于 0.7%（煤炭工业洁净煤工程技术研究中心，2010）。

美国各煤炭公司生产的煤炭，绝大部分是通过与用户签订长期合同销售的，只有少部分由煤炭代理商销售。长期合同直销的煤炭目前已占到总销量的 80% 以上，公司的生产计划完全依据订货合同规定的数量、品种和质量来制订。

煤炭供应商要有经营许可证，由政府部门颁发。经营许可证通过税收记录检查、安全检查、许可营业范围检查等来监督。

美国对不同抛煤机炉、上饲式锅炉、下饲式锅炉等的煤质要求都有不同的规定。供应的煤炭必须满足这些要求。

我国煤炭生产总量大幅提高，洗选加工水平有了很大进步，但洗选加工发展速度赶不上原煤增加速度，商品煤大多作为散煤（0~50mm）销售，不能针对不同用户提供不同规格和等级（发热量、挥发分、粒度、灰分、硫分等）的煤炭产品。商品煤灰分从 2000 年的 20.50% 上升到目前的 22% 左右，平均硫分 1% 左右。

大型用煤企业自给率逐步提高。同时与大型煤炭企业签订煤炭供销协议，用煤质量、数量能够得到保证。但近年来由煤炭供应紧张，有些地区合同签订时间较短，兑现率较差。

我国主要的煤炭经销商有 8 万多个，大多数煤炭经销商手中的煤炭产品单一，用户只能是买到什么煤用什么煤，很难做到品种和质量均符合设备需要。

在有关地方政府的领导下，在煤炭行业协会的支持下，近几年在我国煤炭主产区、主消费区和主集散区一批各具特色的区域性煤炭交易中心相继挂牌成立，为建立国内市场化、多层次的煤炭市场体系奠定了基础。煤炭交易市场根据不同的用户需求、不同煤炭产品的规格，让用户自主选择煤炭产品。

近年来出现的煤炭储备基地建设将为增强煤炭应急保障能力、缓解供需矛盾起到积极作用。建设大型煤炭物流园区是今后煤炭供应配送的发展方向，并积极探索"煤炭超市"的供应和经营方式。

6.5.1.2　中国相关煤炭质量标准

从 20 世纪 50 年代即已开始，迄今为止起草、制定了 200 余项国家标准、1000 余项煤炭行业标准，这对于促进煤炭产品质量的提高，加强煤炭提质加工技术发展，促进煤炭工业的科技进步发挥了重要作用。

但这些标准中，有些标准中对煤炭各项指标的规定范围较宽，许多标准为非强制性标准，使得目前市场上煤炭产品质量不稳定，不利于煤炭提质加工产品的推广。随着设备用煤要求和工艺技术的变化，一些标准中的某些数值已不能满足实际生产的需要。

6.5.1.3　相关产业政策

国家环境政策、标准以及地方鼓励发展应用洗选煤、固硫型煤等经济优惠政策不同程度地推动了煤炭提质加工技术的发展和应用，如《中华人民共和国煤炭法》、《中华人民共和国大气污染防治法》、《国家产业技术政策》、《当前国家鼓励发展的环保产业设备（产品）目录》、《当前国家重点鼓励发展的产业、产品和技术目录》等，均有国家推行煤炭洗选加工的规定。除国家产业政策和相关标准外，一些地方政府相继颁布法令、法规，鼓励使用低硫煤和洗选煤。一些大中城市和用煤行业相继出台或制定了新的用煤标准。

6.5.1.4　存在问题

煤炭用户用煤质量与用煤设备不匹配。近些年煤炭加工有一定的发展，但原煤加工比例仍较低，煤炭产品结构单一、品种少，不能适应用户的多元化要求，用煤洁配度低，难以满足用煤质量的要求。

煤炭经销企业管理不够规范，煤炭供应中间环节多，煤炭产品用煤标准在执行上存在一定的问题，掺杂施假、以次充好行为时有发生，终端用煤质量难以保证。

缺乏产品质量监督机制。造成市场上煤炭产品质量良莠不齐，难以达到清洁利用的目的。

加强对用煤质量的管理，从源头上提高煤炭利用和减少污染物排放，是节能减排的重要措施。

6.5.2　煤炭整体提质的措施及政策建议

6.5.2.1　加大科技和装备研发和技术推广力度，全面提高提质加工水平

国家应加大资金投入，建立煤炭重大科技专项，对行业应用基础研究、高技术研究、公益性研究、关键技术攻关、重点推广项目，予以扶持。建立以企业为主体的多层次技术科技创新体制和以科研开发、技术服务、成果推广为主要内容的技术创新体系。充分调动发挥煤炭大型企业、煤炭科技企业和高校的积极性，形成不同技术特色的煤炭科技自主创新能力。

鼓励发展以煤炭洗选为主的煤炭提质加工能力建设，稳定和提高煤炭质量。大力发展煤炭洗选加工等提质技术，提高动力煤入选率；示范和推广先进的型煤和水煤浆生产技术，加大褐煤提质技术的开发和示范。

促进以煤炭洗选为主的煤炭加工能力建设，优先在港口、煤炭集散中心、产煤区、煤炭用户集中区等地，建设大型现代化动力煤洗选加工配送中心和储配煤基地。根据用户对煤炭的发热量、灰分、水分、硫分、挥发分、灰熔点等参数的要求，进行精细化加工和配煤管理，满足用户用煤质量要求；制定煤炭生产、加工、配送相关标准，建立产、洗、配、销、送及售后服务的煤炭配送体系，提高煤炭配送比例。加快集成煤炭运输、仓储、交易、加工、配送等功能的煤炭物流园区建设，形成煤炭洗选加工配送体系和煤炭物流通道，减少中间环节推进煤炭现货交易中心的发展，提高煤炭资源配置效率，减少烦琐的流通环节，减少用煤企业负担。

6.5.2.2　逐步完善洁配度指标体系，鼓励煤炭的分级分质利用

通过洁配度的引入，将煤炭分为不同的洁配度等级，通过煤炭提质加工，为不同煤

炭用户提供不同洁配度等级的煤炭产品。

设置进入流通领域的煤炭洁配度准入标准，规定洁配度低于市场准入标准的煤炭，实现就地消化利用，禁止长途运输以及在市场上流通，实现煤炭的分质、分级利用。同时制定合理的商品煤优质优价政策。随着技术发展和环保要求的严格，逐步提高煤炭用户用煤设计规范，逐步提高煤炭利用的洁配度标准。

鼓励企业和地方制定相应标准。鼓励有条件的主要产煤地区和用煤地区、煤炭企业，根据有关国家标准、地方需要、企业实际，制定相应的煤炭产品质量地方标准和企业标准。

鼓励对洗选加工副产品的综合开发利用。

在资金投入、排污费减免等方面给予扶持。洗矸、煤泥等低质煤炭，可采用循环流化床、作为制砖和水泥掺混材进行利用，也可直接就近充填井下煤柱和边角残煤，加大煤炭资源的回收。

6.5.2.3　强化煤炭产品质量监管体系的建立

强化煤炭质量监管，坚决打击掺杂使假行为。严格煤炭经营许可证管理制度，提高准入门槛，减少煤炭中间环节产生的问题。各地对煤炭经营单位建立市场准入条件；国家或地方的质量监督部门对煤炭经营企业出售的煤炭产品进行定期检查和不定期的抽查。建设具有良好市场竞争和可持续发展的市场。

进一步加强和规范煤炭产品管理与质量监管体系，建立和完善煤炭质量第三方监督检验和认证体系。加强行业监管部门对煤炭产品质量的监督，对于煤炭生产和供应商的商品煤质量、煤炭用户的煤炭质量进行监管和检验，对达不到标准的煤炭不允许销售和使用。促使煤炭生产和加工企业必须生产和出售符合标准的煤炭产品，煤炭用户必须使用符合标准要求的煤炭产品。

提高第三方检验机构的门槛，以保证检验质量。对第三方检验机构应有严格的考核标准并进行严格考核，使煤炭标准化工作能够长期、稳定、持续地开展下去。

6.5.2.4　加大环境执法，调动用户采用提质加工煤炭的积极性

加大燃煤用户污染物排放监控和排污收费，把燃煤环境成本计入用户能源消费成本，调动用户采用提质加工煤炭的积极性。按照最佳煤炭利用效率作为煤炭成本测算基准，促进煤炭用户采用优质的提质加工煤炭、提高燃烧效率、降低设备磨损、厂用电率和污染物排放费用。

对采用提质加工煤所获得的节能效益给予认定，享受节能专项补贴和优惠贷款支持。激发煤炭用户采用提质加工煤的积极性。

6.6　本章小结

本章从我国煤炭资源质量差、低品质煤比例大、煤炭直接燃烧比例大，提质加工比例低、煤炭能源消费结构有待优化等方面提出了煤炭全面提质战略的依据；提出通过先进适用的技术手段和方法，对煤炭进行提质加工，扩大煤炭的利用途径，改善和稳定煤

炭产品性能指标，优化产品结构、适应用户对煤质的要求；制定严格的质量准入标准，规范和提高用煤设备和煤质匹配程度；同时优化煤炭消费结构，是实现节能减排、提高煤炭资源利用效率的有效方法。

提出煤炭提质战略主要包括：研制大型选煤设备，提高煤炭入选率和分选效率；逐渐实现精细化动力配煤和现代化配送体系；一定程度和一定范围内发展气化型煤、锅炉型煤、褐煤型煤以及水煤浆用于气化和工业锅炉，拓宽水煤浆制浆原料范围，提高水煤浆浓度。

提出了煤炭整体提质的措施及政策建议：加大科技和装备研发和技术推广力度，全面提高提质加工水平；鼓励发展以煤炭洗选为主的煤炭提质加工能力建设，稳定和提高煤炭质量；逐步完善洁配度指标体系，鼓励煤炭的分级分质利用；鼓励对洗选加工副产品的综合开发利用；强化煤炭产品质量监管体系的建立；加大环境执法，调动用户采用提质加工煤炭的积极性。

第7章 褐煤提质技术发展战略研究

中国拥有储量丰富的褐煤资源，褐煤含水量高、发热量低、机械强度较低、易风氧化，作为低级燃料在产地附近燃烧发电使用时热利用率较低，温室气体排放量大，排出粉尘量大，环境污染严重。国际能源形势的日益严峻也使得如何高效利用褐煤等低阶煤资源成为我国亟须重视的问题。因此如何有效降低水分，改善褐煤的性质从而提高褐煤的利用效率，便成为褐煤加工利用中最核心的研究内容。

本章简述了国内外褐煤资源的储量和分布，以及中国褐煤的特点——高水分、低热值；介绍了褐煤加工利用现状，以及在此过程中出现的问题，给出了褐煤利用建议，阐述了褐煤提质的重要意义；对褐煤提质提出了近、中、远期的发展目标，在2030年前，建立成熟的褐煤提质生产线，实现褐煤大规模开发，提高褐煤的利用效率，缓解我国能源面临的严峻形势。

7.1 褐煤资源的分布

褐煤是世界上重要化石能源之一，可替代石油、天然气，用作能源和化工的原料。在中国"缺油、少气、富煤"的情况下，褐煤的经济价值、综合利用及发展成为中国和世界能源专家高度重视的研究方向。

7.1.1 世界褐煤资源的分布

作为一种低阶煤，褐煤的煤化程度仅比泥炭高，全世界褐煤的地质储量不到全球煤炭总储量的40%，大概有4万亿t，主要分布在欧洲、亚洲和北美洲（戴和武和詹隆，1986；戴和武和谢可玉，1999）。褐煤按照煤化程度划分，可分成年老褐煤和年轻褐煤两大类，也称硬褐煤和软褐煤（陈鹏，2004）。硬褐煤资源主要分布在欧洲，其次为亚洲和北美洲，硬褐煤储量最多的国家依次是美国、俄罗斯和中国。俄罗斯的软褐煤储量为世界最多，约占世界软褐煤总储量的30%，德国的软褐煤储量排世界第二位，占全球储量的20%以上；澳大利亚和美国的软褐煤储量也比较丰富，各占世界的10%左右（布罗克威和李孝尚，2000）。

7.1.2 国内褐煤资源的分布

中国已探明的褐煤保有量达1303亿t，约占全国煤炭储量的13%。中国褐煤资源主要分布在内蒙古东部和云南西南部境内（戴和武等，1999）。

从形成时代来看，形成于中生代侏罗纪的褐煤在我国的褐煤中比例最多，约占全国褐煤总储量的80%，主要分布地区是内蒙古东部和东北三省接壤的地区。全国褐煤储量约 20% 是形成于新生代古近纪和新近纪的褐煤，主要分布的地区是云南，此外，在四川、东北三省、广东、山东、广西、海南等省份也有少量古近纪和新近纪褐煤。

中国的褐煤资源分布情况见表 7-1，从表中可以看出，我国的褐煤资源主要分布在华北地区，该区储量占全国褐煤地质储量的 77.8%，褐煤绝大多数为侏罗纪的年老褐煤，内蒙古东部是褐煤资源赋存最集中最多的地区。褐煤储量仅次于华北地区的西南地区，是我国的第二大褐煤基地，约占全国褐煤储量的 12.5%，云南是西南地区大部分褐煤的分布地，西南地区的褐煤绝大多数是形成于古近纪和新近纪的年轻褐煤，这点与华北地区的情况不同。东北、中南、华东和西北地区的褐煤资源的数量与前两区相比均较少（陈鹏，2004）。

表 7-1　中国分区域褐煤储量分布　　　　　（单位:%）

区域	华北	西南	东北	中南	华东	西北
占全国褐煤储量	77.8	12.5	4.7	2.0	1.3	1.7
占本区煤炭总储量	16.2	15.8	19.5	7.6	2.6	2.9

7.2　中国褐煤的特点

在中国，褐煤是指挥发分在 37.0% 以上，透光率在 50% 以下，且恒湿无灰基高位发热量小于等于 24MJ/kg 的煤（戴和武和谢可玉，1999）。其中，透光率为 30% 以下的称为年轻褐煤，其全水分往往在 50% 以上，主要分布于云南等地。透光率为 30%~50%，高位发热量小于等于 24MJ/kg 的称为年老褐煤，是目前利用最广泛的褐煤（尹立群，2004）。

从我国褐煤的煤质特征来看，除了云南昭通及云南南部有极少量的含水量高于 50% 以上的低变质软褐煤外，大部分的褐煤都是含水量在 30% 左右的硬褐煤（张殿奎，2010）。我国褐煤的灰分含量，除了云南先锋矿和扎赉诺尔附近有部分低灰的褐煤外，余下的都是中低灰分含量的褐煤。

评价煤质的指标主要有灰分、硫分、水分、发热量、挥发分等。褐煤总体煤质特征为（白向飞，2010）：

1）水分高：绝大多数年老褐煤的全水分在 30% 左右。

2）灰分高：中国大多数褐煤的干基灰分为 15%~30%。从总体上来说，其中第二纪褐煤的平均灰分为 25.18%，属于中灰煤；侏罗纪褐煤的灰分平均为 11.30%，云南的小龙潭和先锋、内蒙古的扎赉诺尔等矿区所产的低灰褐煤，灰分均在 10% 以下，但是资源储量很有限。而澳大利亚、印度尼西亚等国褐煤干基灰分常常在 5% 以下，这是中国褐煤与国外褐煤最显著的煤质差异，目前我国还尚未发现如印度尼西亚等国家所产灰分低于 5% 的特低灰褐煤。

3）挥发分：不同时代的褐煤挥发分相差甚大，如全国褐煤的平均挥发分为 45.21%，其中以成煤时代越迟的新近纪褐煤的挥发分最高，平均为 55.92%，成煤时代越早的早、中侏罗世褐煤的挥发分最低，平均为 38.60%。

4）硫分：统计结果表明，我国煤炭的硫分平均值为1.32%，以低硫煤为主。其中，内蒙古地区所产褐煤硫分较低，除胜利矿区的硫分在1.02%外，其余矿区褐煤硫分均小于0.5%，云南地区的褐煤硫分相对较高（多为0.55%~0.99%）。

5）发热量较低：评价动力煤质量的重要指标是煤炭的发热量，煤炭作为动力燃料的使用价值要通过煤的发热量高低才能准确体现。根据统计结果，我国的低热值褐煤很少，东北地区的褐煤低位发热量平均值最低为22.85MJ/kg，分布在内蒙古东部和云南地区的褐煤发热量平均值为28.71MJ/kg。

6）煤灰熔融性温度较低：大多为较低软化温度煤灰（ST在1250℃左右）。

7）我国褐煤腐殖酸以新近纪的最高，平均38.67%，早、中侏罗世的最低，平均5.29%。

8）我国褐煤的苯萃取物（俗称褐煤蜡）则在不同时代之间的差异更大，如侏罗纪褐煤的蜡含量一般为0.2%~1.0%，而在云南某些新近纪褐煤的蜡含量平均可达5%以上，其中潦浒和寻甸的蜡含量更高，为8%~9%。古近纪褐煤的蜡含量介于上述两者之间，如舒兰矿区的蜡含量为2.5%~5.5%。

7.3 褐煤利用现状及存在的问题

7.3.1 褐煤利用现状

7.3.1.1 直接燃烧

直接燃烧是褐煤最常见的利用方法。由于褐煤通常水分含量高，难以远距离运输，因此褐煤主要用于坑口电站燃烧发电，只有少量被干燥或制成型煤后运往别处做工业锅炉燃料或民用。例如，世界上主要褐煤生产国之一的德国，其电力生产原料中的1/4为褐煤。澳大利亚维多利亚州的褐煤均为坑口开采，其电力的97%来源于自产褐煤，褐煤发电量占澳大利亚发电总量的30%以上（尚京鄂，2006）。在我国，估计有90%以上的褐煤被用于电站锅炉和各种工业锅炉的燃烧。

许多电力供不应求的亚洲环太平洋国家拥有大量的褐煤储量。据估算，全世界被证实的褐煤储量足够供2100座发电能力为1000MW的电站使用30年。燃烧成本包括燃料成本、设备费、维修费、电站经营费等，褐煤发电的战略优越性在于褐煤燃料的成本非常低廉。除了传统的煤粉炉、旋风炉等，褐煤发电的先进技术不断被开发，如低阶煤发电新技术合作研究中心（CRC）正在开发燃褐煤先进液压流化床循环发电技术（改进的APFBC）（布罗克威和李孝尚，2000）。另外，结合先进的褐煤干燥技术，对于提高锅炉的稳定性、提高发电效率和降低发电成本具有重要意义。

我国云南褐煤属于年轻褐煤，挥发分含量在50%以上，水分含量较高，在30%~50%，灰分低于25%，低硫、低磷、化学反应活性好，尤其是先锋、昌宁和罗茨褐煤，质量较好，适合于深加工。昭通褐煤储量近百亿吨，但水灰含量较高，主要用于发电和气化。目前只有小龙潭和凤鸣村煤就地发电，少部分供给气化厂，用鲁奇炉生产合成气，其他矿区开采褐煤主要用于当地民用燃料。

东蒙地区褐煤大部分属于中老年褐煤，全水分为 20% ~ 40%，灰分较高为 25% ~ 35%。矿井生产能力大，适合用于电厂燃料和气化原料，扎赉诺尔Ⅲ层、Ⅳ层煤和大雁褐煤煤质较好，灰分低，是适合深加工的原料煤。但目前该地区 80% 的褐煤主要用于外销，用作原料，其中电厂用煤占 52%，民用占 20%，其他供给地方工业，极少量用作化工原料，所以造成资源利用的不合理和浪费（乌治邦，1986）。

7.3.1.2 褐煤液化

脱水耗能是低阶煤的加氢液化首先需要解决的问题。褐煤含水量可达 30% 以上，褐煤中的水与有机氧通过氢键结合，用干燥蒸发的方法脱水将消耗大量的能量。褐煤的非蒸发脱水被认为是节能的工艺，可以使用溶剂脱水，但溶剂与脱除的水与萃取出的煤中有机质分离困难，因而难以循环使用，不能在工业上应用。此外，褐煤中氧含量较高，液化时将消耗大量的氢气，如何提高液化过程中氢气的活性，降低氢气的消耗对降低液化成本具有重要意义，水恒福等（2009）研究认为，以水为溶剂在 CO 气氛下对褐煤直接液化具有较好的液化性能。

云南先锋矿褐煤，辽宁沈阳矿褐煤，内蒙古东胜、红旗矿褐煤，山东龙口梁家矿褐煤，以及扎赉诺尔低灰褐煤液化性能较好，是适合直接液化的原料煤（初茉和李华民，2005）。褐煤直接液化的产品是优质汽油、喷气柴油、柴油、芳烃和炭素化工原料，以及燃料气液化石油气硫黄和氨等副产品。

7.3.1.3 褐煤气化

褐煤气化技术应用广泛，主要有固定床、流化床与气流床三种气化技术。一般来说，块煤和型煤用移动床气化，碎煤和粉煤用流化床气化，粉煤和水煤浆可以使用气流床气化技术。但褐煤作为气化原料存在一定的缺陷，如挥发分和灰分高，含水量较大，熔点高低差距大，机械强度低，热稳定性差，煤气粉尘含量大，气化时透气性差，这些特点限制了褐煤在固定床气化上的应用。目前气化工艺的研发集中在提高气化压力、提高气化炉容量、扩大煤种适应性、增加环境友好度、提高碳转化率和提高气化效率和液态排渣等方面（初茉和李华民，2005）。褐煤气化技术是煤炭化工合成、煤炭直接/间接液化、IGCC 技术、燃料电池等高新洁净煤利用技术的先导性技术和核心技术。其主要利用范围包括：①由褐煤生产城市煤气或管道煤气；②为化工合成提供原料气；③为冶金工业提供还原气及钢铁、机械和建筑等工业部门用的燃料气；④作煤炭液化用的氢气来源；⑤为先进的发电过程提供洁净的煤气，是 IGCC 实现商业化的关键技术之一（陈永国等，2001；袁红莉等，2002）。

我国的褐煤气化转化应用广泛，国电蒙能赤峰煤化工项目对元宝山褐煤采用鲁奇炉移动床气化，东方希望集团呼伦贝尔东能化工有限公司褐煤 200kg/a 甲醇项目在 2009 年下旬开车运行，大唐国际锡林郭勒煤化工项目采用褐煤 shell 干粉气流床制甲醇，正在进行的大唐呼伦贝尔化肥有限公司合成氨及尿素项目拟采用褐煤水煤浆加压气化技术，另外，新奥集团和中国矿业大学共同研究的褐煤地下气化技术也进入中试阶段（周夏，2009）。

7.3.2 褐煤利用存在的问题

1）由于水分高、灰分高，无论是作为锅炉燃料，还是气化原料，褐煤的适应性都较差。由于水分高，燃用褐煤的煤粉锅炉废热烟气量大，需要较大的炉膛空间。同时，由于水分和灰分都较高，磨机选型受限制，且对磨机使用寿命有影响。

2）褐煤热稳定性较低，对常压固定床气化的适应性较差，对于加压固定床气化工艺，使用褐煤也存在煤气出口温度低，导致焦油、酚水难以处理等问题。褐煤成浆性差，难以满足水煤浆气流床气化要求。目前比较适宜处理褐煤的气化工艺为流化床气化，但现阶段这种气化装置处理能力有限。褐煤用于干煤粉气流床气化还未经生产检验。

3）褐煤挥发性高，一般作为低级燃料在产地附近燃烧发电，但直接燃烧时热利用率较低，排出的粉尘量大、温室气体排放量大，环境污染严重、热利用率低。此外，褐煤作为化工原料也受到一定的限制，液化、干馏和气化都要求褐煤中的水分含量低于10%（邵俊杰，2009；李群等，2009）。

褐煤水分高、发热量低，导致其长途运输相对成本高，运输半径短，一般只能就近利用。因此，近年来，许多单位开始关注褐煤脱水、提高发热量的技术开发。

7.3.3 褐煤提质的重要性

近几年来，由于煤炭价格的大幅度上涨，褐煤因其价格相对低廉，所以褐煤的开发利用被日益重视。目前，中国褐煤的主要用途是坑口火力发电厂发电，但由于褐煤产区的坑口电厂发电量日趋饱和以及褐煤产量的日益提高，如何将褐煤有效地远距离异地利用显得非常重要。另外，国际能源形势的日益严峻也使得如何高效利用褐煤等低阶煤资源成为我国逐渐重视的问题。因此如何有效降低水分，改善褐煤的性质从而提高褐煤的利用效率，便成为褐煤加工利用中最核心的研究内容。

褐煤提质是褐煤资源合理利用的有效途径之一，不但可以解决褐煤直接燃烧时环境污染严重、热利用率低和远距离运输困难等问题，还可以得到型煤、型半焦、煤焦油、焦炉煤气等多种煤基产品，提高了褐煤的经济效益和能量利用效率，是褐煤高效、低污染利用的重要途径，完全符合我国发展洁净煤技术能源多元化的战略需要（刘光启等，2007）。

褐煤提质过程是将其在高温下经受脱水和热分解作用，伴随着一些煤的组成和结构的变化得到提质煤（魏广学等，1994）。研究表明，将水分高、热值低的褐煤脱水提质处理后，可以显著降低水分，提高其发热量，其成分和性质趋近于烟煤，可有效地防止煤炭自燃。褐煤经过提质加工后，可提高其黏结度，成型后便于运输和储存，可应用于发电、造气、化工等多种用途，成为高附加值产品（苑卫军等，2009）。

实验证明，若是将褐煤中的50%的水分除去，则褐煤燃烧后产生的温室气体的排放量将降低15%。据实际实验可知，一种水分42.52%、发热量11.93MJ/kg的褐煤，经提质干燥后，水分降14.43%，发热量增至18.08MJ/kg，相当于提高了热值51.6%，这对于褐煤的高效利用具有十分重要的意义（汪寿建，2009）。

7.4　中国对褐煤开发的政策

7.4.1　能源资源战略

随着对能源需求的不断增加和对烟煤、无烟煤资源的过度开采，我国对褐煤的开发和利用将越来越重要，并受到国务院和国家发改委的高度重视。在今后的发展中，将充分利用褐煤等年轻高挥发分煤作为主要动力用煤，中国规划到 2020 年全国原煤规划产量 21.5 亿 t，其中东北地区的规划年产量将达 19 050 万 t，褐煤规划产量中主要未开发露天矿[①]。到 2020 年的东北规划区的褐煤露天矿年产量将达到 10 500 万 t，其中以霍林河的露天矿产量最大，到 2020 年年产量将达到 4000 万 t，宝日希勒露天区的褐煤规划年产量到 2020 年将达到 3000 万 t[②]。总之，21 世纪中国的动力用煤结构应以高挥发分的褐煤等煤种为主，因此褐煤提质势在必行。

7.4.2　技术要求

《国民经济和社会发展第十二个五年规划纲要》（简称《"十二五"规划》）中国家强调大力推进科技兴煤战略，提升煤炭生产力总体水平。要进一步加强煤炭基础理论和关键技术攻关，推进煤炭工业化与信息化融合。采用能体现减少废物产生量的先进工艺、新技术以及转化深度精度等有利于提高能源高效利用的大规模生产力的技术。在我国大力提倡节能减排的社会形势下，需要高效、低能耗的褐煤脱水技术来改变我国传统直接燃烧方法效率低下、设备利用率差的现状。

目前尚未成熟的新型煤化工技术导致煤炭资源被大量浪费。中国煤炭工业协会政策研究部主任张勇表示，我国 50% 以上的煤炭资源是难以直接利用的高硫煤和褐煤。从煤炭在我国能源战略体系中的定位看，优质煤炭必须优先满足电力生产需要，只有高硫煤、褐煤可考虑用于煤化工产业。然而，在拟建的煤制天然气项目中，受技术制约，50% 以上项目利用的是本应该应用于电力生产的优质煤炭资源，这是对我国有限煤炭资源的一种极大浪费。因此应选择先进的褐煤提质技术工艺，使得褐煤资源能得到高效充分的利用。

7.4.3　环境要求

长期以消耗煤炭为主的能源结构，带来大量的污染和温室气体的排放，给环境造成了巨大的压力，《"十二五"规划》中明确指出，我国经济增长的资源环境约束强化，煤化工发展将面临更严峻的挑战和更高的要求；要求能源高效利用的同时，必须大力推进节能减排，促进环境保护与资源开发协调发展。

煤炭整体提质是大幅度提高煤炭利用效率、降低污染物排放及改善对环境的影响重要途径和源头。在《"十二五"规划》主要目标中提出节能减排约束性指标：①单位工

---

①http://baike.baidu.com/view/1671741.htm

②http://www.wanshan.com/ProductDetail.asp？ID=535

业增加值用水量降低 30%；②单位 GDP 能源消耗降低 16%；③单位 GDP 的 CO_2 排放降低 17%；④COD 和 SO_2 排放分别减少 8%；⑤NH_3-N 和 NO_x 排放分别减少 10%。入选 1 亿 t 原煤，可减少 SO_2 排放量 100 万 ~150 万 t。发电用煤灰分每降低 1%，耗煤减少 2~5g/（kW·h），全国每年可减少 CO_2 的排放量为 1500 万 ~3750 万 t。到 2020 年单位 GDP CO_2 排放量比 2005 年下降 40% ~45%，煤炭提质在节能减排中发挥重要作用。所以国家在《"十二五"规划》中对低阶煤褐煤提质项目制定了一些相关政策（表 7-2）。

表 7-2 "十二五"煤化工示范项目能效和资源目标

项目	项目能效		煤耗（折标煤）		新鲜水耗	
	基本要求	先进值	基本要求	先进值	基本要求	先进值
低阶煤提质	≥75%	≥85%	—	—	≤0.15t/t 进料煤	≤0.13t/t 进料煤

煤化工产业中对水资源的需求量也是很大的，到 2020 年，①全国用水总量力争控制在 6700 亿 m^3 以内；②万元 GDP 单位水耗降至 12m^3/千元；③万元工业增加值单位水耗降至 6.5m^3/千元；强化水资源有偿使用，严格水资源费的征收、使用和管理，推进水价改革（水价升高：5~20 元/t）；提高排污费征收率；积极推进环境税费改革，选择防治任务繁重、技术标准成熟的税目开征环境保护税，逐步扩大征收范围。

褐煤有着清洁和低硫的优点，但同时又存在着湿度大、燃点低和 CO_2 排放量大的缺点，是导致全球温室效应的重要因素之一。因此，褐煤利用之前一定要脱水提质，达到国家规定的节能减排技术标准体系，完善和淘汰褐煤利用过程中能耗高、技术落后的装备和工艺，推广应用新技术、新工艺、提高褐煤资源综合利用水平，促进煤炭工业走高碳产业低碳经济的发展道路，有效应对全球气候变化挑战。

7.5 褐煤提质技术介绍

褐煤含有大量的水分，软褐煤含水量甚至高达 60% 以上。褐煤提质的关键是除去其中的水分，方法大致可分为：①直接或间接加热干燥，如回转管式干燥工艺；②机械力和热力联合提质，如澳大利亚的"冷干工艺"，德国从 20 世纪 40 年代开始研究褐煤加工技术，到 60 年代率先实现了软褐煤的冲压成型工业化应用；③热解提质技术，国内外典型的褐煤热解工艺包括德国的 L-R 工艺、澳大利亚的流化床快速热解工艺、中国的多段回转炉工艺、固体热载体新法干馏工艺等。70 年代初，澳大利亚、美国等开始研发褐煤提质技术。此后，日本作为能源缺乏的国家对廉价褐煤的利用逐步重视。

目前我国对于褐煤脱水技术研究处于起步阶段，而国外对此技术研究已有百年的历史，已经形成了多套成熟的干燥脱水技术（云增杰等，2008）。

7.5.1 褐煤干燥技术

国外在褐煤预干燥领域，最成熟、先进的提质工艺是过热蒸汽流化床技术，德国 RWE 公司采用先进的过热蒸汽工艺，已经在德国建成 3 套装置，最大脱水能力达到 110t/h。德国 ZEMAG 公司的间接接触回转干燥机也有较多应用实例，但是相比 RWE 技术，存在单机生产能力小、尾气排放量大、余热无法回收、占地面积大等缺点。

国外在褐煤提质领域还有部分待开发技术：美国的 Encoal、Coaltek、K-fuel，澳大利亚的 Coldry，日本的神户钢铁，分别利用电厂冷凝水余热、微波、高压蒸汽蒸煮、溶剂油萃取等方式进行提质，但是由于装置投资巨大、运行费用高等缺点，不能完全适应中国国情。

（1）回转管式干燥技术

回转管式干燥技术是一种以饱和蒸汽（压力为 0.15~0.55MPa）为加热介质的间接加热干燥器（高俊荣等，2008），该技术基本原理为热法干燥。旋转管式干燥机为一回转窑系统，如图 7-1 所示，其干燥方法是在常压下，用低压蒸气通过管式干燥器将煤加热到大约 100℃，使水分蒸发，并利用和煤一起进入干燥器的空气作为脱水介质，通过除尘器将煤粉分离，部分空气经压缩进入干燥器循环，部分排入大气。

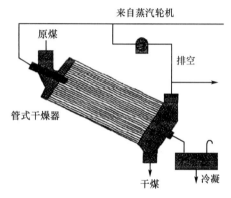

图 7-1　蒸汽管式干燥机

（2）蒸汽流化床干燥技术

如图 7-2 所示，在流化床干燥器内，过热蒸汽将高水分褐煤从干燥器的底部吹向沸腾床上部产生流化现象（李晓兰等，2007）。流化床的蒸汽吸收褐煤原煤中蒸发出的水

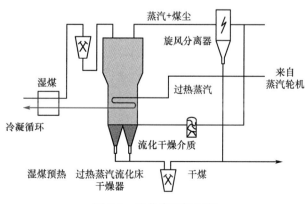

图 7-2　流化床干燥工艺

分，原煤从干燥器的上部输入进去经过旋风分离器，蒸汽再被部分导回干燥器。干燥器所需能量是由从汽轮机出来的蒸汽提供。该工艺过程的特点是蒸汽不仅作为干燥介质而且还作为流化介质，干燥蒸发的蒸汽是不含空气和其他杂物的，因此可进一步利用。由此出现了带内部热循环的流化床蒸汽干燥工艺（WTA）。

如图7-3所示，在此工艺中，过热蒸汽经过流化床后，经过疏水阀，冷凝的水用于湿煤的预热，而蒸汽部分则通过蒸汽压缩机，以消耗部分电能后转化为过热蒸汽重新循环使用。蒸汽潜热完全在工艺过程中循环使用，由此热能利用率明显得到提高。

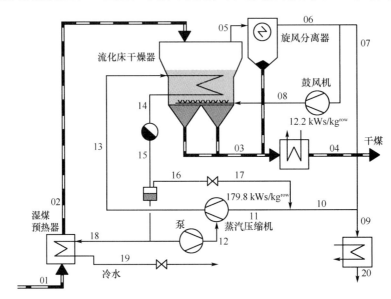

图7-3 带内部热循环的流化床蒸汽干燥工艺

（3）蒸汽空气联合干燥技术

蒸汽空气联合干燥技术为燃烧美国粉河盆地煤种开发的一种集成干燥技术。它利用从冷凝器出来的热水作干燥介质，虽然热水干燥比过热蒸汽干燥在干燥速度和程度上要差，但热水对于电厂来说是一种"废热"，还需要采用冷却塔冷却。如图7-4所示，空气被热循环水加热到43℃后作为流化床干燥器的流化介质，同时49℃的热水作为流化床的干燥热源介质。试验结果表明，采用此法将入炉煤水分降低后，效率大大提高，CO_2、SO_2的排放量下降明显（刘春祥等，2006）。根据实验电厂数据，水分从37.5%降为31.4%；锅炉净效率提高了2.6%；燃料减少10.8%；烟气量降低4%；由于煤流量减少和可磨性提高，磨煤机功耗降低17%；风机功耗降低3.8%。总体来说，厂用电率降低了3.8%，效果十分显著（熊友辉，2006）。

（4）床混式干燥工艺

床混式干燥工艺最初的想法是想利用流化床热床料的热量（高俊荣等，2008）。流化床作为一个热源，用它来干燥高水分的燃料如褐煤、泥炭、生物质等。干燥器是在蒸汽环境下工作，这就有可能回收蒸汽的潜热，将之送回干燥工序中使用。床混式干燥器

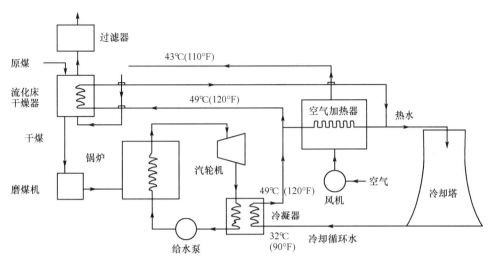

图 7-4　蒸汽空气联合干燥技术

的示意图如图 7-5 所示。过热蒸汽高速进入干燥管底部，从流化床分出的一股热床料流在干燥器燃料入口前就立即同过热蒸汽混合。蒸汽携带着燃料同床料一起经过干燥器后进入旋风分离器，干燥燃料和床料从蒸汽流中分离后直接送往流化床锅炉燃烧。一部分蒸汽从旋风分离器回收后被返回到干燥器的底部重新与新的床料混合。从燃料中蒸发的其他蒸汽从蒸汽循环管路中分离后被引到热交换器，然后被冷凝，或者作为给水加热器或空气预热器。由于燃料中的水分不进入锅炉，所以排烟热损失减少，烟道减小，这就降低了锅炉的投资和规模，更重要的是具有比较高的电厂热效率优势。

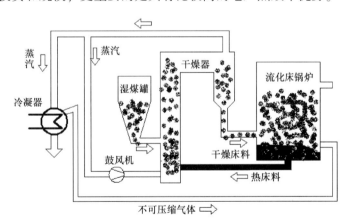

图 7-5　床混式干燥工艺

（5）褐煤的热水干燥技术

褐煤热水干燥的机理是：将煤水混合物装入高压容器内，密闭抽真空后加热该高压容器，该反应过程是模拟褐煤在自然界中高温高压的变质过程，目的是使褐煤改质，处于高温高压热水中的褐煤的水分将会以液态形式排出（张镜和吕玉庭，2011）。褐煤具有较长的碳氢侧链和大量的羧基（—COOH）、甲氧基（—OCH$_3$）及羟基（—OH）等亲水性官能团，这些官能团都是以较弱的桥键结合的。热解脱掉褐煤分子结构上的侧链，减少了褐煤内在水分的重新吸附机会，同时褐煤在热解过程中产生的 CO_2、SO_2 等小分子气体将水分从毛细孔中排出；生成的煤焦油由于在较高的温度和压力下，不易从褐煤的缝隙和毛细孔中逸出，冷却后就会凝固在缝隙和毛细孔中，把褐煤的缝隙和毛细管封闭，减少了煤的表面积，使煤的内在水分被永久的脱除。此种方法可以使褐煤水分降至 11% 以下，并可以保证以后的运、储环节不再吸收空气中的水分。由于在干燥过程中，去掉了煤分子中的含氧侧链，相对提高了煤中碳的含量，发热量也有较多的提高（一般可提高 20%~30%）。干燥后的褐煤不再吸收水分，从而很少氧化，便于储存、运输和加工（王天威，2007）。

（6）液化二甲醚固体脱水法

液化二甲醚固体脱水法为日本中央电力工业研究所正在开发的一种脱水技术，使用该技术干燥褐煤或煤泥时，所需能量是传统热脱水方法的 50%（万永周等，2008）。该技术使用液化的二甲醚（DME）为脱水剂，利用了 DME 低沸点（-24.8℃），易通过压缩液化与水互溶，具有无毒、易渗透进固体材料且对环境无害的优点。中国正在建设大规模的 DME 项目，预期将来 DME 的价格将比液化石油气低。

在该工艺中，固体原料与液化的 DME 在 36℃、0.78MPa 的条件下混合，水被快速地从固体中抽提出来形成饱和溶液，用过滤的方法将干燥的固体与液相分离；在 25℃、0.53MPa 的条件下闪蒸液相回收 DME，水留在塔底，DME 蒸气被压缩到 0.78MPa 进行液化，再重新加热到 36℃（用闪蒸出的 DME 蒸气加热）并循环使用。这项技术已用 1kg 含水 53% 的褐煤进行验证，褐煤中水含量降低到了 5% 以下，DME 的残留量约为 1%。该技术也可将下水道污泥中的水含量降低到 30% 左右，但规模瓶颈将是该方法工业化的最大障碍。

（7）美国煤变油过程脱水工艺

煤变油过程脱水工艺（图7-6）是由美国 SGI 国际公司研制的一种旨在改善煤炭性能的温和热解方法，可生产两种可销售产品：一种是被称为"工艺衍生燃料"（process-derived fuel，PDF）的低硫、高热值固体；另一种是被称为"煤炭衍生液体"（coal-derived liquid，CDL）的烃类液体（李青松等，2010）。PDF 的产量远远大于 CDL 的产量。

Encoal 公司拥有的第一座示范厂建在怀俄明州 Gillette 附近，该示范厂得到了美国能源部洁净煤技术示范项目的支持，于 1992 年投产，原料煤是波德河煤田生产的低硫高水分次烟煤，最大日处理能力为 1000 t。

煤变油过程脱水技术经过多年的示范运行和修正，得到了美国政府有关部门的认可和世界银行的肯定。尤其在减少工业和民用燃煤硫排放量，缓解由此引起的地区及全球环境破坏和压力方面取得了重大突破。该技术已经具备了完整的商业工厂模块设计能力和经济模型软件包，包括工厂设计、投资规模、运行费用、产品市场、商业风险、系统设计、子系统设计、设备数据明细、热解系统流程设计、热量与物料平衡设计、原料控制、合成、设备选择，以及基础构造、环境质量等。

目前，该项技术已引起国际上有关国家的重视，如日本的三菱重工、印度尼西亚国

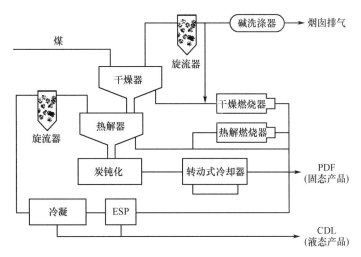

图 7-6 煤变油过程脱水工艺

有煤炭公司（PTBA）、印度的 Berau 煤炭公司已积极参与其中。因此，该技术在印度尼西亚以及太平洋沿岸国家的商业化应用正在推进之中。

Encoal 煤炭公司已经和日本三菱国际公司签署一项合同，共同投资 4.6 亿美元在怀俄明州建设一个日产 15 000t 的工厂。另外，对印度尼西亚两个项目和俄罗斯一个项目的可行性研究已经完成。

7.5.2 机械力和热力联合提质技术

7.5.2.1 干燥成型提质技术

褐煤干燥成型技术是指褐煤粒状物料经干燥处理后，水分含量降到 5%~8%，先进入预压装置进行辊压成型，再进入高压辊压机压制成各种形状的型煤（王学举等，2011）。成型后的褐煤，体积压缩到原来的 30%~50%，密度提高到原来的 1.5~3 倍。褐煤中大量毛细孔含的水，被称为内水，经干燥后绝大部分内水被蒸发，少部分作为黏结剂。褐煤在成型过程中，高压或剪切等物理作用使其凝胶结构及孔隙系统受到了不可逆的破坏，因而煤样的煤阶从本质上发生了改变。热压成型后的褐煤不易风化，从而彻底解决了褐煤堆放储存时的自燃问题，不仅减轻了煤堆燃烧带来的环境污染，而且提高了褐煤的储存期。

目前国内外典型的褐煤成型工艺技术有冲压成型工艺和辊压成型工艺。近年来，中国矿业大学（北京）开发并设计完成了国内第一条褐煤冷压成型型煤生产线。该技术克服了褐煤吸水膨胀、脱水收缩的难题，研究出了适合褐煤成型的防水黏结剂和成型工艺。利用该技术，为神华集团开发利用呼伦贝尔地区褐煤资源设计了可商业化生产的褐煤成型生产线。该生产线生产的型煤不风化、破碎，存放时间可达 6 个月，燃烧完全，产品主要用于气化和锅炉原料。

7.5.2.2 热压脱水工艺

热压脱水工艺过程由德国多特蒙德大学 Strauss 等研究开发，该过程综合了热法脱水和机械力脱水的（伯叠斯等，1998；高俊荣等，2008）优点，将褐煤加热到不大于220℃，通过机械挤压将水挤出。如图7-7所示，该工艺过程分为四个阶段：①用工艺热水预热；②过热蒸汽加热；③加压脱水；④闪蒸进一步脱水。为了使干燥介质均匀分布在煤层中，原煤必须用压盘稍微预压一下。预压时，热水从压盘里的喷洒系统均匀地分布在煤层表面。在饱和蒸汽压力下，水进入压力室，热水经过煤层并且向煤施放所有的热量，然后用蒸汽加热并使煤中的水分部分从煤层中脱离出来。最后再经机械压力和进一步闪蒸过程，脱除大部分水分。目前这种装置已在澳大利亚一电厂建一套25t/h的中试装置，装置运行状况良好，技术基本成熟。相对其他热或机械脱水法，热压脱水工艺操作条件较为温和，工艺过程较为简单，有利于该工艺过程的工业化；水以液态脱除，能耗较低；工艺过程蒸汽以及过程热水能够充分得到再循环利用，热效率较高；同时，工艺温度相对热脱水工艺低，由此对工艺废水处理相对容易些。该过程中，Strauss等在系统脱水的同时，还考察了过程对一些金属离子如Na、Ca、Fe、S等离子的脱除作用，实验结果表明，可溶离子大部分可同时得到脱除。由于从煤中通过热压力使矿物质同时析出，特别是碱金属，因此可以减少积灰、结渣。电厂具有丰富的蒸汽资源，因此十分适合与电厂的集成（Erginsc，2002）。

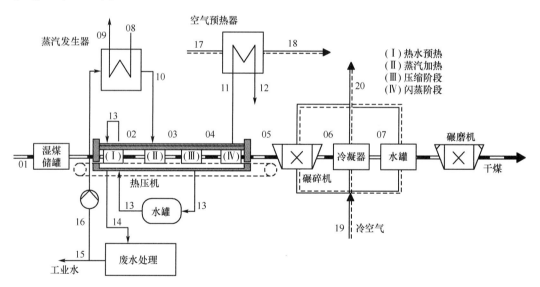

图7-7　热压脱水工艺

7.5.3　褐煤热解提质技术

褐煤热解（关珺等，2011）始于20世纪初，其目的是制取石蜡油和固体无烟燃料，第二次世界大战期间，德国基于战争目的建立了大型褐煤低温干馏厂，开发了褐煤制取汽油、柴油等发动机燃料的工艺。50年代，随着石油、天然气的开发应用，煤的热解加工发展速度减缓甚至停顿。但在一些褐煤资源丰富的国家，并没有间断对褐煤热解技术的研发。特别是70年代石油危机后，人们重新重视廉价的褐煤资源的开发利用，对褐煤热解工艺进行了研究，开发了一些新工艺。国内外典型的褐煤热解工艺包括德国的L-R低温热解工艺、澳大利亚的流化床快速热解工艺等。

（1）L-R 低温热解工艺

德国 Lurqi GmbH 公司和美国 Ruhurgas AG 公司联合开发的 Lurqi-Ruhurgas 低温干馏工艺是固体热载体内热式传热的典型工艺。原料可为褐煤、不黏煤、弱黏煤以及油页岩等。L-R 低、温干馏工艺流程如图 7-8 所示。

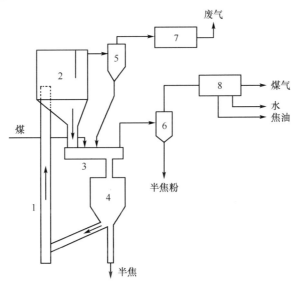

图 7-8　德国和美国 L-R 低温干馏工艺流程
1. 提升管；2. 收集仓；3. 搅拌器；4. 干馏器；5、6. 分离器；7. 废热
回收系统；8. 冷凝分离系统

首先将初步预热的小块原料煤同来自分离器的热半焦在干馏器内混合，发生热分解反应，然后落入干馏器内，停留一定时间，完成热分解，从干馏器出来的半焦进入提升管底部，由热空气提送，同时在提升管中烧除其中的残碳，使温度升高，然后进入分离器内进行气固分离，半焦再返回干馏器，如此循环。从干馏器逸出的挥发物，经除尘、冷凝、回收焦油后，得到热值较高的煤气。

（2）Toscoal 低温热解工艺

Toscoal 低温热解技术是美国油页岩公司和 Rocky Flats 研究中心基于油页岩干馏工艺开发的，于 1970~1976 年在 25t/d 的中试厂先后对次烟煤、黏结性烟煤进行了试验（贺永德，2004）。图 7-9 为 Toscoal 工艺流程图。主要流程是粉碎好的干煤在提升管内用来自瓷球加热器的热烟道气预热，预热煤在热解转炉中和热瓷球接触，受热并发生分解，产生半焦和烃蒸气，半焦在回转筛中与瓷球分离并排出，瓷球与半焦分离后进入提升管被提升、加热，加热器燃料为该工艺自产的煤气或燃料油，热瓷球加热后循环使用。

（3）流化床快速热解工艺

澳大利亚联邦科学与工业研究院（CSIRO）自 20 世纪 70 年代开始研究开发了流化床快速热解工艺，对多种烟煤、褐煤进行了热解研究，其工艺流程如图 7-10 所示。煤

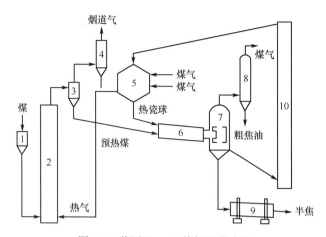

图 7-9　美国 Toscoal 热解工艺流程

1. 原料槽；2、10. 提升管；3. 分离器；4. 洗涤器；5. 瓷球加热器；
6. 热解炉；7. 筛；8. 油气分离器；9. 半焦冷却器

粉用 N_2 从加煤器通过管道喷入流化床热反应器，反应器床层由 $0.3 \sim 1mm$ 大小的砂粒组成，液化石油气和空气燃烧形成的烟气和电加热器预热的 N_2 通过反应器底部的分布板进入流化床，煤粉在热解反应器中快速热解（停留时间小于 $0.5s$），离开反应器的气体通过温度约 350℃ 的高效旋风分离器使大量半焦分离出来，气体则经过冷却器进入约 80℃ 的电捕焦油器，分离出焦油并收集。我国中国科学院过程工程研究所研发的喷动-载流床工艺与之类似（崔丽杰等，2003）。

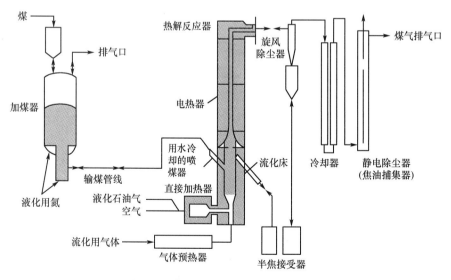

图 7-10　澳大利亚流化床快速热解装置

（4）固体热载体新法干馏工艺

中国大连理工大学开发的褐煤固体热载体法干馏技术是将褐煤通过与热的载体（热半焦）快速混合加热使其热解（干馏）而得到轻质油品、煤气和半焦的技术。该技术尤其适合于褐煤提质加工。此技术研究开始于 1981 年，并于 1992 年在平庄建成了一套处理量为 150t/d 的褐煤固体热载体干馏工业性试验装置（郭树才，2000）。其工艺流程如图 7-11 所示。

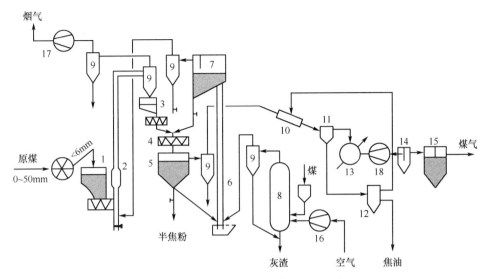

图 7-11　中国褐煤固体热载体新法干馏流程

1. 煤槽；2. 干燥管；3. 干煤槽；4. 混合器；5. 反应器；6. 加热提升管；7. 热焦粉槽；8. 流化燃烧炉；9. 旋风分离器；10. 洗气管；11. 气液分离器；12. 分离槽；13. 间冷器；14. 除焦油器；15. 脱硫箱；16. 空气鼓风机；17. 引风机；18. 煤气鼓风机

（5）多段回转炉工艺

多段回转炉工艺是中国煤炭科学研究总院北京煤化工分院开发的低变质煤热解工艺，其流程是将粒度为 6～30mm 的褐煤在回转干燥器中干燥后进入外热式回转热解炉中低温热解，所得半焦在冷却回转炉中用水冷却熄焦后得到提质半焦产品，由热解炉排出的热解气体进一步处理利用（图 7-12）。

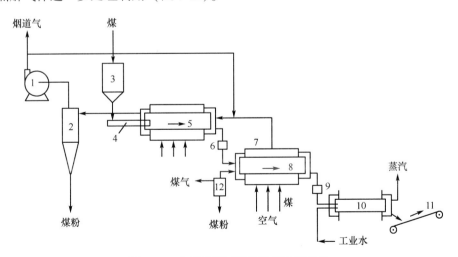

图 7-12　中国多段回转炉热解工艺流程

1. 引风机；2. 分离器；3. 煤仓；4，6，9. 送料器；5. 干燥炉；7. 燃烧炉；8. 热解炉；10. 半焦冷却炉；11. 皮带输送机；12. 除尘器

（6）低阶煤振动床固体热载体热解多联产工艺

低阶煤振动床固体热载体热解多联产工艺是由中国矿业大学研究开发的一种工艺，同时中国科学院过程工程研究所也在做这方面的工作。其工艺和设备装置图如图 7-13 和图 7-14 所示。

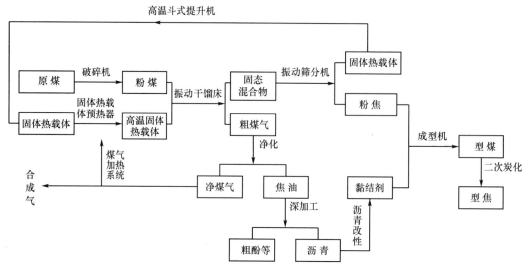

图 7-13　低阶煤振动床固体热载体热解多联产工艺

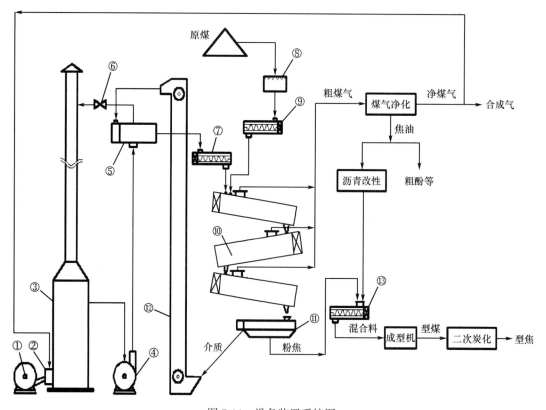

图 7-14　设备装置系统图

该工艺适应的煤种,有褐煤、长焰煤、不黏煤、弱黏煤等低变质煤。煤质特点:挥发分大于 30%;胶质层厚度小于 8.0mm;焦油含量在 6% ~ 12%;块煤或碎粉煤。

该工艺特点包括:

1) 与现有技术相比,该技术由于加热的是粉煤,高温固体热载体与粉煤接触面积大,传热效率高,促使粉煤快速热解。

2) 相比传统制半焦的空腹炉,本技术干馏阶段不引入空气,不会发生燃烧或氧化现象,干馏产物粉半焦的灰分低,煤气热值和有用组分的含量很大。

3) 相比美国固体热载体煤热解盖瑞特(Garrett)工艺和其他褐煤固体热载体干馏工艺,本技术在混合物料振动干馏过程中,由于固体热载体与粉煤相对运动速度小,荒煤气不携带细焦粒,避免干馏过程中生成的焦油和细颗粒半焦附着管路内壁,确保系统的稳定运行。

4) 相比美国油页岩公司开发的多思科(Toscoal)滚动床工艺,该工艺的固体热介质在大直径的滚动床中跌落、撞击和摩擦,固体热介质损耗比较严重,无形增加工艺运营成本,本技术在混合物料振动干馏过程中,由于固体热载体被粉煤包围,固体热载体之间摩擦和碰撞概率减小,固体热载体使用寿命得到很大的延长,节省了运营成本。

该工艺的优点:该工艺使用的热载体是固体颗粒,由于过程产品气体不含废气,因此后处理系统的设备尺寸较小,煤气热值较高。此法由于温差大、颗粒小、传热极快,因此具有很大的处理能力。所得液体产品较多,加工高挥发分煤时,产率可达 30%。

7.5.4 技术分析

国内褐煤电厂多采用高温烟气通过磨煤机达到干燥煤粉的目的,但高温烟气与煤粉直接接触存在安全隐患,造成炉膛温度和锅炉效率降低,而且褐煤水分过高导致调节复杂,动力消耗和维护费用高。

国内褐煤煤矿企业进行预干燥的提质工艺大都采用燃煤烟气直接接触的转筒式干燥气流干燥器和链板式干燥器等,单机处理量小、占地面积大、投资高,污染大,不符合我国节能减排的要求。

在褐煤提质脱水工艺中,热压脱水工艺过程简单、单位能耗较低。此外,由于从煤中通过热压力使矿物质同时析出,特别是碱金属,因此可以减少积灰、结渣;如能够与电厂集成,能够大大降低电厂建设规模;同时,电厂具有丰富的蒸汽资源,因此十分适合与电厂的集成。

美国煤变油过程脱水技术属国家实施能源战略需要的洁净煤利用技术,该工艺过程不但能够得到预干燥的褐煤,同时能够得到液态产品,因此值得研究利用。内蒙古、东北和云南地区有大量的褐煤资源适应该项技术。

褐煤热解(干馏)提质包括气体热载体法热解提质、固体热载体法热解(干馏)提质和其他特殊热解方法提质。固体热载体法热解提质使用粉粒状原料,不怕褐煤热粉化。与其他低温干馏方法相比,固体热载体法热解提质多产油品,生产的焦油质量好,焦油中含有脂肪烃、芳烃和酚类物质,可加工得化学品和燃料油。同时,固体热载体法热解提质得到中热值煤气,可用作城市煤气、工业燃料,也可以用作化工原料,如转化制氢、合成气。

　　褐煤热解提质主要得到半焦、煤焦油和煤气。半焦、煤焦油和煤气 3 种产品都是应用范围广泛、有较高价值或潜在价值的产品。褐煤热解提质技术主要应用范围如图 7-15 所示（关珺等，2011）。根据目标产品，可以使褐煤热解提质与相关工艺或产品优化组合成多联产。

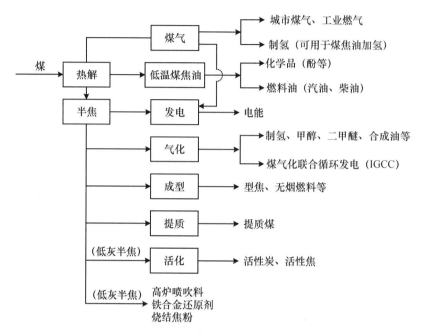

图 7-15　褐煤热解提质技术主要应用范围

　　半焦是褐煤热解提质的主要产品，半焦热值高于原褐煤（一般高 50%～80%），半焦反应活性好。半焦灰分取决于原料褐煤中的性质，两者正相关。灰分低的半焦可用作高炉喷吹料、烧结粉焦和铁合金用焦粉，也可以加工成洁净的无烟燃料或制成水煤浆（用于气化原料等）等；中等灰分可用作气化原料，灰分高的半焦可以燃烧发电。固体热载体法快速热解煤气为中热值煤气，可用作城市煤气、工业燃料，也可以用作化工原料。根据不同目标，褐煤热解提质可以与其他工艺优化组成多联产，如热解提质可作为联合循环发电的组成部分，褐煤首先热解得油，半焦气化发电，热解得到的煤气可用于提高燃气轮机入口温度，提高发电效率，这样既高效洁净发电（绿色煤电），又产低温煤焦油，并可进一步加氢生产石脑油、柴油（馏分）和燃料油，降低成本；半焦用作电厂燃料，实现褐煤先提油再发电的目标；半焦气化制合成气，进一步合成化工产品（合成油、甲醇、二甲醚、乙二醇等）。热解提质可以与煤焦油加氢组合为成套技术，生产石脑油、柴油（馏分）和燃料油，热解提质得到的煤气转化制氢，所得氢气用作煤焦油加氢。

　　澳大利亚的维多利亚州各大褐煤能源企业与中国开展合作，国内地方投资公司和钢厂甚至已与当地企业签署意向书，以现金投资来换取对维多利亚州加工褐煤成品的进口。维多利亚州各大褐煤能源企业开发褐煤脱水技术，当地两家最具代表性的公司为 APCS 和 LTLD 公司，前者拥有对褐煤脱水处理和小球化技术的世界独家专利，后者希望与中国企业共享其科研技术，在当地建立试验厂，并最终将技术介绍到中国去。APCS 公司拥有褐煤脱水处理后可运输的颗粒装技术，同时拥有技术专利：从褐煤提炼出来的水分被转化成氢气再用于发电，以及褐煤转油、提炼塑料、微生物固体转油、合成天然气或颗粒用作燃料等，此项技术发电和造铁的煤颗粒的 FOB（离岸价格）将比黑煤价格低 15% ~ 20%。LTLD 公司有专门研究团队研究褐煤的开发和利用，目前拥有一条 5t/h 的褐煤加工生产线，该公司也生产碳类产品，获取褐煤清洁发电能源等。

7.6　褐煤提质技术的关键问题及解决方法

7.6.1　褐煤提质技术的关键问题

各种褐煤提质技术在具有自身优势的同时，也存在明显的缺陷。大部分技术工艺系统非常复杂，褐煤提质成本高昂，系统运行可靠性低，对环境有着较大的污染等，离真正大规模工业化应用还有较大距离（肖平等，2009）。因此褐煤提质技术的关键问题是：①生产系统的安全性；②选择适合不同煤种的提质技术；③设备运行的不稳定性；④避免产品的粉化、扬尘，防止产品的自燃；⑤尾气的处理，以达到环保不污染环境的要求；⑥运输过程中的粉尘环境污染问题。

开发系统简单可靠、成本低廉的褐煤提质技术，并尽快实现大规模工程示范应用，是褐煤提质技术的整体发展趋势。

7.6.2　工艺的选择

加强我国褐煤资源的利用，首先应该发展高效节能的褐煤脱水提质技术，这是褐煤得到广泛高效利用的基础。所以针对不同的煤种和不同的用途的褐煤，需选择适合的提质技术，对今后褐煤的大规模开发利用提供指导方向。

过热蒸汽干燥近年来成为国际上干燥技术研究开发的重点（Berginsc，2002）。这一技术是在流化床干燥器内，过热蒸汽将高水分褐煤从干燥机的底部吹向沸腾床上部产生流化状态，从而对褐煤进行干燥。该工艺过程中，蒸汽不仅作为干燥介质而且还作为流化介质，干燥蒸发的蒸汽是不含空气和其他杂物的。国外的研究表明：利用过热蒸汽干燥可以使得设备体积减小，热效率高，安全可靠。因此，国外近几年对高水分褐煤干燥的研究大都集中在过热蒸汽干燥上（常春祥等，2006）。

循环流化床烟气干燥技术也是目前对干燥技术研究较多的一个方面，该装置利用循环流化床内固体颗粒与气体接触均匀、气固两相相对速度较高等特点，使循环流环床烟气干燥装置具有较高的效率，从而可以增大设备规格，大大降低投资成本。根据国际上的发展趋势，针对褐煤的先进干燥技术主要围绕以下三个方面进行：①水分蒸发废热可以循环利用；②干燥强度大，以利于大型化；③通过与电厂热力循环集成，提高电厂整体效率。根据循环流化床的技术特点，结合在循环流化床方面多年的技术积累，西安热工研究院提出了整体流化床轻度气化褐煤提质工艺技术。该技术通过将流化床技术与褐煤干燥、气化过程紧密结合，并进行系统整体化设计，有效降低了系统的复杂性，为褐煤提质技术的大型化和工业化应用提供一些技术支持。

随着振动混流干燥系统的日臻完善，褐煤深度脱水的技术被攻克，实现了褐煤产区资源的优化升级，大量的褐煤干燥后可以转化为优质煤炭资源加以利用，拓展了褐煤使用空间，提高了产业附加值，增强在市场的竞争能力，不仅能够为各煤炭企业带来很好的经济效益，提升了利润空间，而且为用户解决了在生产使用上的若干技术性难题，如由于褐煤水分大，发电厂的磨细作业困难、化工系统气化工艺难以选择、含炭低很难作建材的焙烧材料等。从目前大工业化生产、实施和可操作性、经济性等方面综合分析，振动混流干燥技术适合大型煤矿企业在线生产系统能耗低、清洁环保、安全性能好、技术含量高、产值高、附加值高的产品，是煤炭企事业解决褐煤提质的切实有效途径（常春祥等，2006）。

大唐集团华银电力股份有限公司在美国 Encoal 公司开发的煤变油过程脱水技术基础上，结合中国褐煤特性，自主研发出低阶煤转化提质技术，并在内蒙古锡林郭勒市建设处理能力 1000 t/d 的褐煤干燥示范装置生产线，产品半焦发热量比原煤提高 50% 以上。为了控制半焦产生的粉尘，SMC 公司开发了 MK 防尘和表面改性添加剂。采用 LCC 技术对褐煤进行加工提质后，可生产出高稳定性、低硫量、高热值的低温半焦（PMC）和低温煤焦油（PCT）。

大唐锡盟煤干燥项目是大唐国际发电股份有限公司煤化工项目之一，采用滚筒干燥技术，该工艺将小于 30mm 的褐煤输入带有扬料装置的滚筒干燥器中，通入热烟气直接接触换热，实现高水分褐煤不同程度的干燥。2008 年 6 月进行了规模 20t/h 中试，结果表明在最优工艺参数下可将褐煤全水分由原来的 35% ~ 40% 干燥到 15% 以下，褐煤热值由 12.560 ~ 13.816kJ/g 提升至 18.840 kJ/g。该项目证实了滚筒干燥技术可用于高水分褐煤的干燥，掌握了褐煤滚筒干燥过程中的关键技术，并计划采用部分成型工艺路线将粒径小于 1mm 的褐煤分离出来进行无黏结剂高压成型，解决干燥后褐煤易扬尘、回水、自燃、复吸等问题。2009 年 10 月，大唐国际批复工程转入大中型基建，目前正在进行一期规模 600t/h 褐煤干燥工程建设，项目总体规划年处理量 2000 万 t。滚筒干燥虽能有效降低褐煤水分，但不能有效提质，水分复吸严重，且存在严重的系统安全问题。

目前，在褐煤非蒸发脱水提质方面我国只有中国科学院山西煤炭化学研究所、黑龙江科技学院等少数科研单位进行过基础研究。在褐煤成型提质方面，由于种种原因我国一直发展较为缓慢，近年来才在技术和设备方面有所突破，开始尝试工业化应用，技术逐步成熟（邵俊杰，2009）。

另外，我国北京柯林斯达能源技术开发公司的网带式褐煤低温干燥改性提质技术、鞍山热能研究院的褐煤低温干馏改质技术、西安热工研究院的褐煤流化床低温干馏改质技术已进入到工业应用试用阶段。

7.6.3 设备的选择

我国在高水分褐煤开发利用过程中，成熟的工艺是至关重要的，同时干燥设备也是同等重要的，一些设备在实验室小试都没问题，但一放大就出现了各种问题，不能正常运行，这严重制约着褐煤提质的大规模开发。

褐煤在发电技术上还是采用传统的直接燃烧方法，效率低下，设备可利用率差，降低褐煤水分是提高褐煤利用率的重要手段。因此，有必要在褐煤燃烧干燥技术方面进行研究，在褐煤干燥技术选择、设备设计工艺、干燥过程的理论计算与模拟等方面取得经验，为进一步综合利用褐煤奠定基础。提高高水分褐煤在燃烧发电中的竞争力，是广大褐煤发电企业面临的一项技术难题。在已有提质技术的条件下，设备的选择是电厂高效脱除褐煤水分的关键难题。

7.6.4　解决方式

由于国内褐煤提质加工利用还处在起步阶段，目前我国褐煤提质加工技术发展应该稳步推进，不宜操之过急，技术研发需要国内自主开发与国外引进相结合。在起步阶段可积极稳妥推进工艺简单、技术风险较小的非蒸发脱水和成型提质技术，如 K-fuel 工艺、BBC 工艺及蒸汽干燥成型等工艺技术。在此基础上，逐步推进资金和技术密集型的热解提质加工技术，生产半焦、煤焦油和焦炉煤气等用途广泛的多种产品，同时推进与其产品应用相关的煤化工技术发展，以提高资源利用效率。

中国的褐煤提质技术处于试验研究和工业化应用初始阶段，各种不同的褐煤提质技术在具有自身优势的同时，也存在一些不足。加强褐煤提质技术基础理论和关键设备的研究对于提高褐煤利用率，建设资源节约型社会，保证国民经济可持续发展具有重要意义。褐煤提质具有节能增效的作用，要加强褐煤提质工艺与电厂建设的结合，有效利用电厂余热解决粉煤的出路问题。同时由于褐煤氢含量比烟煤高，使用褐煤对减少燃煤产生的 CO_2 减排有积极意义。

虽然褐煤的利用还存在诸多问题，但有国家政策的支持，煤炭企业应抓住发展机遇，规划调整发展战略，在引进国外先进技术的同时，加强国内技术的自主开发，提高褐煤提质技术，同时还要加强建设复合式煤炭循环经济清洁生产产业链，以褐煤为原料制备清洁能源，如煤气、煤焦吸附剂等延伸产业链，实现褐煤煤业的可持续发展，对于我国国民经济的可持续发展，保证国家能源安全具有重大意义。

7.7　褐煤提质的近、中、远期发展目标

褐煤提质战略的思路是褐煤提质技术和利用半径的配合，即依据褐煤本地或远地利用需要着力发展相应的支持技术，最终实现褐煤的高效利用。对褐煤提质技术发展提出近、中、远期的发展战略目标，如图 7-16 所示。

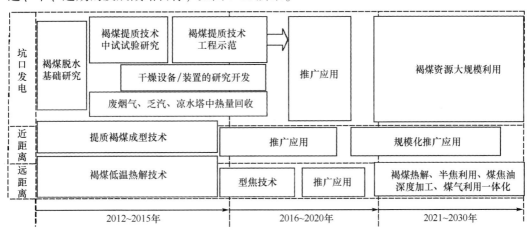

图 7-16　褐煤提质近、中、远期目标简图

7.7.1 褐煤提质技术近期 (2015 年前) 发展战略

近期主要目标是提质褐煤以坑口发电为主。近阶段以褐煤脱水提质的基础科学为理论指导,改进和完善褐煤提质工艺的中试装置,包括干燥系统、除尘装置等设备,为各个工艺的工业化应用提供设备支持。近阶段可以采用非蒸发脱水工艺、低温热烟气等技术对褐煤进行简单的脱水工艺处理,为坑口发电提供大量的燃料。

7.7.2 褐煤提质技术中期 (2016~2020 年) 发展战略

中期主要目标是提质褐煤的利用半径以近距离 (<500km) 燃烧为主,重点发展提质褐煤的成型技术。

提质型煤技术可以解决提质工艺中和机械采煤过程产生的粉煤,也能满足块煤的市场需求,便于近距离运输,对提高社会效益、经济效益和环保效益都有积极意义。还有大量的洗选中煤、煤泥和焦粉、高硫煤,也可用于制造型煤。

在"十二五"规划基础上实施好新型煤化工产业的升级示范项目建设,在政府政策引导下,实现工艺技术优化、装备大型化、节能降耗、提高能效和水资源利用率 (酚氨污水和高盐水处理)、废弃物资源化利用和 CO_2 减排与处理等方面新的突破。

提质褐煤成型技术在此阶段达到示范工程规模过渡到工业化生产,选择成熟可靠技术与装备,使开采的褐煤产量的 80% 通过提质技术和成型技术,满足煤气化、炼焦、电厂燃烧等生产方面的各种要求,缓解优质炼焦煤资源短缺压力,为国家能源安全提供保障。

所建的提质褐煤成型项目不仅能满足附近 500km 以内电厂、焦化等企业和国家规定的产能要求,更是要在内蒙古、云南等褐煤丰富的地区建立成熟提质技术和成型技术的褐煤项目,实现褐煤多联产技术和能量的高效循环利用,排放的废气和废水达到国家环境要求。

7.7.3 褐煤提质技术中期 (2021~2030 年) 发展战略

远期目标和战略是提质褐煤的利用半径以远距离 (>500km) 运输为主,重点发展褐煤半焦技术。

褐煤热解提质技术使低品质褐煤通过热解得到应用范围广、经济价值高的半焦、煤焦油和煤气 3 种产品。褐煤热解提质可以通过工艺或产品 (深加工) 优化组合成多联产,提高综合经济效益。孔隙发达的半焦可用作吸附材料、过滤材料、高炉喷吹料等;褐煤半焦可制成水煤浆 (也称水焦浆,成浆浓度达到 60% 以上,而褐煤的成浆浓度通常 50% 以下),可用于水煤浆气化 (褐煤半焦也可用于其他各类气化方法实现气化,且其气化效率高于原褐煤的),与合成气化工 (碳一化工) 组成多联产;褐煤热解煤气是质量优良的民用燃气、工业用燃气或工业原料气。

褐煤半焦可远距离运输,与运输褐煤比较,可以节省运力 25% 左右。褐煤热解提质属于煤洁净利用技术,热解提质可以拓宽褐煤用途;褐煤热解提质与相关工艺或产品优化组合成多联产,提高综合经济效益,对褐煤有效洁净利用意义重大 (关珺等,2011)。

远期目标就是通过采用先进技术、不同工艺的集成联产发展褐煤热解提质产业,与煤制甲烷气、煤间接制油、褐煤制腐殖酸、合成化工、洁净发电等分别优化组合成联合工艺,实现褐煤热解提质多联产,或者气体热载体法与固体热载体法褐煤热解提质工艺结合,实现煤、焦、电、化一体化技术,形成产业链的有效延伸和综合利用,提高资源、能源的利用效率,减少污染物排放,将化工与建材、材料、发电、废热利用等不同产业的工艺技术集成联产,形成资源和能源的循环利用系统,最终实现经济社会环境综合效益。

褐煤提质及深加工技术在进行技术创新、成果转化和社会服务的同时,必将带来巨大的经济效益。褐煤提质及深加工技术作为面向市场研究开发清洁煤炭生产新技术,不仅能形成自身的良性循环,有效解决偏远地区的煤炭运输瓶颈问题,更重要的是通过向外辐射,带动全国清洁煤炭生产工业的发展,其经济收益主要来源于面向煤炭企业的承接工程化的研究开发任务,该技术的推广和应用将促进国家洁净煤技术的创新转化,在社会发展中具有显著和深远的意义。

7.8　本章小结

近几年来,由于煤炭价格的大幅度上涨,褐煤因其储量丰富且价格相对低廉的特点,其开发利用日益受到重视。另外,作为国家能源战略需求的考虑,如何高效利用褐煤资源成为我国逐渐重视的问题。因此如何有效降低水分,改善褐煤的性质从而提高褐煤的利用效率,便成为褐煤加工利用中最核心的研究内容。

目前褐煤的利用单一,一般只能作为低级燃料在产地附近燃烧发电使用,但褐煤直接燃烧时热利用率较低,温室气体排放量大,排出的粉尘量大,环境污染严重。由于褐煤煤质的特点,在很大程度上限制了褐煤资源的大规模开发和利用。

褐煤提质就是褐煤资源合理利用的有效途径之一,不但可以解决褐煤直接燃烧时环境污染严重、热利用率低和远距离运输困难等问题,还可以得到型煤、型半焦、煤焦油、焦炉煤气等多种煤基产品,提高了褐煤的经济效益和能量利用效率,是褐煤高效、低污染利用的重要途径,完全符合我国发展洁净煤技术能源多元化的战略需要。

在褐煤开发利用时,要按照国家《"十二五"规划》提出的能源战略要求进行开发利用——褐煤等年轻高挥发分煤作为主要动力用煤的战略方案;技术战略要求——采用能体现减少废物产生量的先进成熟的工艺、新技术,以及转化深度精度等有利于提高褐煤资源能源高效利用的大规模生产力的技术;环境要求——必须大力推进节能减排,促进环境保护与资源开发协调发展。因此,褐煤提质技术就是可以实现国家在开发褐煤时提出的能源战略要求及技术和环境的要求。

本章介绍了国内外褐煤提质技术,并对低温直接干燥、高温干馏以及热脱水等提质工艺在工作介质、温度、压力等条件以及产品的稳定性等方面进行对比,同时也对一些提质工艺进行分析,如通过磨煤机和转筒式或链板式干燥机对褐煤进行提质达不到节能减排的效果;而热压脱水工艺过程简单,单位能耗低,同时积灰和结渣率低,适宜于电厂的集成;美国的煤变油过程脱水技术适合我国的内蒙古、东北和云南地区大量的褐煤资源开发。褐煤热解(干馏)提质可以得到固体、气体和液体燃料。

中国的科研院所和企业都在积极开发适合中国褐煤煤质特点的提质技术。中国矿业大学（北京）开发了褐煤热压脱水成型提质技术和褐煤低温干馏提质技术——固体热载体低温干馏粉煤技术，实验室小试都运行良好，也在积极筹备中试试验。清华大学开发的混合加热褐煤干燥技术，目前仅解决脱水问题，后续的进一步提质技术也需要一个长期摸索、试验、改造和完善的过程，同时安全问题也可能成为该项目最终成败的关键。中国华能集团清洁能源技术研究院有限公司开发的IFGlut工艺技术即整体流化床式轻度气化工艺，实验室结果是该技术具有较高的褐煤脱水率、较高的热量利用率、较低的能耗、尽量简化和操作简单的特点，目前，5 万 t/a 流化床轻度气化褐煤提质试验系统在实验。SZ 型振动混流干燥设备是由内蒙古锡林浩特市神工制造有限公司研究开发，处于实验阶段。LCU 褐煤高值综合利用工艺是由山东天力干燥股份有限公司研究开发的，目前实验室有一套小试试验装置，运行良好，提质产品质量也较好。褐煤干燥提质成型技术是由洛阳万山高新技术应用工程有限公司自主研发的技术，可采用褐煤（含水量为 35%），生产的型煤水分含量降低到 12%，热值提高 30%，同时自燃倾向很小，燃烧特性接近烟煤。通过掺混，有可能应用于炼焦。浙江大学目前研究的低阶煤脱水改性方法包括微波改性、热改质、太阳能脱水技术、水热改性、机械热压改性等，但都处于实验室阶段。

各种不同的褐煤提质技术在具有自身优势的同时，也存在明显的缺陷。大部分技术工艺系统非常复杂，褐煤提质成本高昂，系统运行可靠性低，对环境有着较大的污染等，离真正大规模工业化应用还有较长时间。因此褐煤提质技术的关键问题包括两方面：工艺方面，针对不同的煤种和不同用途的褐煤，需选择适合的成熟的提质技术；设备方面，在确定工艺条件下选择先进设备，达到节能减排效果。但在今后的研究开发过程中，褐煤的开发利用在引进国外先进技术和设备的同时，加强国内技术和设备的自主开发，提高褐煤提质技术，同时还要加强建设复合式煤炭循环经济清洁生产产业链，实现褐煤煤业的可持续发展。

最后，提出了褐煤提质技术和利用半径的配合褐煤提质战略，制定了褐煤提质的近、中、远期目标。

第8章 高硫煤提质技术发展战略研究

全硫含量大于3%的煤被称为高硫煤。我国高硫煤种齐全，既有高硫褐煤和烟煤，又有高硫无烟煤；并且我国高硫煤资源分布几乎遍布各产煤省。我国煤炭储量中有相当大的比例是高硫煤，若能解决高硫煤使用过程中硫的排放问题，扩大高硫煤资源的开发利用，将增强国家能源供给的保障程度，同时产生巨大的经济效益。

我国 SO_2 年排放量巨大，酸雨已覆盖国土面积40%左右，因此如何降低和控制 SO_2 的污染变得尤为紧迫和重要。我国能源结构以煤炭为主，80%以上煤炭用于直接或间接燃烧，因此要降低和控制 SO_2 的污染，工作重点集中在控制燃煤硫排放。尽管国家出台一些政策和措施限制高硫煤的使用，对降低和缓解 SO_2 的排放导致的大气污染起到了积极的作用。然而，高硫煤仍是我国重要的煤炭资源，结合其分布特点综合规划高硫煤的开发利用，研究解决不同地区近期和中长期高硫煤的利用问题，仍是我国煤炭利用中要长期关注和重点解决的技术难题。

8.1 高硫煤分选脱硫技术

通过分选脱硫，解决高硫煤使用过程中硫的排放问题，扩大高硫煤资源的开发利用，是解决高硫煤利用的关键，从长远来看，国内多数矿区的煤炭开发，随着开采深度的加大，硫分显著升高。目前，国内外有很多单位在研究高硫煤利用技术（彭荣任和丛桂芝，1997；盛明和蒋翠蓉，2008），包括高硫煤燃前脱硫、固硫燃烧、气化转化利用等，其中很多技术工程应用效果明显。

煤炭脱硫技术可划分为燃烧前脱硫、燃烧中脱硫和燃烧后脱硫三大类。燃烧前脱硫主要是通过重选、浮选、磁选等物理与物理化学技术，在煤炭燃烧前脱除和减少煤中的硫分；燃烧中脱硫是指在煤炭燃烧过程中，通过燃烧固硫技术，实现控制硫排放，主要技术包括型煤固硫燃烧技术和循环流化床燃烧脱硫技术，可脱除 50% ~ 60% 的硫；燃烧后脱硫又称烟气脱硫技术，属末端治理，一般采用化学洗涤吸收的原理，脱硫率可高达90%以上，但其设备投资和操作运行费用较高。在这三大类技术中，煤炭燃烧前脱硫运行成本最低，且便于大规模生产，因而受到重视，也是高硫煤利用技术中重点发展的方向。煤炭燃前脱硫技术目前主要依赖物理分选技术。

8.1.1 重选法脱硫

重选法脱硫是利用煤和含量矿物如硫铁矿密度差异，通过浮沉的原理使煤和含硫矿物分离，实现脱硫的一种方法。

以硫铁矿为例，与净煤相比，硫铁矿的密度较高，因此重选法是高硫铁矿含量煤炭的优选脱硫方法。除少量以结核形态存在外，煤中硫铁矿的嵌布粒度通常都为 0.1～3mm（葛林瀚等，2010）。所以，提高细粒级的分选精度是重选脱硫的关键。在重选方法中，末煤跳汰、摇床、螺旋溜槽等方法由于对细粒级分选具有一定的效果，曾一度被用作煤炭脱硫的主要设备。

目前重介旋流器分选是分选精度最高的细粒级分选方法，也是最理想的末煤脱硫方法。中小直径的重介旋流器具有更为明显的脱硫效果。生产实践证明，只要工艺和设备设计合理，采用重介质旋流器可以有效地脱除 0.1mm 以上的硫铁矿。

我国定州焦化厂选煤分厂（徐建平，2001）和南桐选煤厂（王世光，2001）采用微细介质重介旋流器脱硫工艺精选细粒煤（分析粒级为 0.04～0.5mm），取得了黄铁矿硫脱除率 85% 以上的效果（表 8-1）。

表 8-1　定州焦化厂微细介质小直径旋流器分选 0.5～0mm 高硫煤结果

原料煤/%			精煤/%				中煤/%				分选密度/	数量	可能
灰分	全硫	无机硫	产率	灰分	全硫	无机硫	产率	灰分	分硫	无机硫	（kg/m³）	效率/%	偏差
20.05	2.30	1.80	74.21	9.09	1.03	0.48	25.79	54.0	5.96	5.78	1470	96.4	0.060
18.25	2.08	1.51	68.70	6.49	1.05	0.46	31.30	44.52	4.32	4.02	1450	88.6	0.072
19.44	2.03	1.47	75.12	8.40	0.99	0.28	24.88	52.82	5.19	5.02	1540	91.2	0.088
14.49	1.51	0.98	74.14	6.11	1.00	0.44	25.86	39.63	2.87	2.53	1450	89.3	0.074
13.37	1.45	0.80	84.27	7.67	0.98	0.25	15.73	43.82	3.97	3.71	1540	93.1	0.085
16.06	1.86	1.34	82.14	8.71	1.01	0.45	17.86	50.83	5.74	5.43	1480	97.3	0.063

8.1.2　浮选法脱硫

浮选技术是利用煤与矿物表面性质的差异，通过添加浮选药剂，强化在气液两相体系中煤表面亲油憎水性和矿物的亲水憎油，实现煤上浮与矿物分离目的。泡沫浮选法是目前得到大规模工业化应用的煤泥（-0.5mm）分选方法。纯煤的接触角为 60°～90°，黏土、石英等纯矸石的接触角为 0～10°，而纯黄铁矿的接触角为 30° 左右。所以，即使是纯的黄铁矿也具有一定的天然可浮性。常用的浮选捕收剂都能捕收黄铁矿，常规浮选脱硫效果一般在 50% 以下。

研究中的浮选脱硫有 3 种工艺：多段浮选、抑制黄铁矿浮煤及在抑煤的同时浮选黄铁矿。但用于工业生产的很少，国内中梁山选煤厂采用中国矿业大学研制的旋流微泡浮选柱分选技术与装备，能脱除 49%～53% 的黄铁矿硫（朱晓川，1997）。

8.1.3　磁选法脱硫

磁选法脱硫的基本原理是利用煤（逆磁性）和煤系黄铁矿磁性质的差异，通过磁选机实现对二者之间的分离，达到煤炭脱硫目的。

采用高梯度磁选技术脱除煤中无机硫的研究始于 20 世纪 70 年代，试验研究主要集中于西方几个发达国家，此后日本等国的研究者也进行了类似的试验，结果表明，采用高梯度磁选机干法分选微米级煤，无机硫的脱除率在 80% 以上。徐州环保所 1987～1988

年在国内首次开展了干法煤粉磁选脱硫的试验研究（焦红光等，2007），在磁场强度为 0.65~0.75T 时，100~120 目煤粉脱硫率最高可达 70% 左右，每吨煤生产费用约为 7.5 元（当时价格）。山东电力研究院和青岛理工大学联合开展了煤粉干式高梯度磁选脱硫的试验研究（左伟等，2009）。结果表明：试验用煤在热值回收率达到 88.21% 的情况下，脱硫率为 30.2%；淄博煤在热能回收率达到 85.38% 的情况下，脱硫率为 41.1%。

干法高梯度磁选适合处理微细粒级煤粉。磁场强度、煤粉粒度和煤粉通过磁场的速度是影响脱硫效率的三个主要因素。实践证明，梯度磁场强度越高，脱硫效率越高，但能耗相应增加；煤粉粒度越细，脱硫效果越好，但会提高预处理成本。

8.1.4　摩擦电选法脱硫

摩擦电选法脱硫是利用煤与含硫矿物之间溢出功的差异而达到分选目的一种脱硫方法。美国、意大利、加拿大、澳大利亚和中国都先后开展了摩擦静电选煤的研究，并在理论和实践上取得了一定成果。

美国的匹兹堡能源技术中心和现代能源动力有限公司对许多不同地区的煤进行了微粉煤摩擦电选试验，结果表明，用该法能使煤中黄铁矿的脱除率达到 75%~88%；加拿大西安大略大学应用稀相回旋分选机进行煤的分选试验，黄铁矿的脱除率为 47%。

中国矿业大学在国内率先进行了微粉煤摩擦电选技术的研究工作（高孟华等，2003），目前该项技术在实验室取得了黄铁矿硫脱除率达 50%~85% 的脱硫效果。

8.1.5　组合工艺脱硫

当单一的脱硫技术达不到理想的脱硫效果时，将各脱硫技术有机结合以达到更好的脱硫效果，不失为更好的脱硫方法。目前国内外有一些成功的工程应用实例。

以中梁山选煤厂为例，该厂是一个 120 万 t/a 的炼焦煤选煤厂，主要分选中梁山矿务局生产的高硫主焦煤。原来采用跳汰机—浮选机的传统分选工艺，但由于分选精度低，精煤硫含量高，无法作为炼焦精煤，使企业蒙受巨大经济损失。在国家"八五"煤炭重点攻关项目支持下，开发了跳汰粗选—重介质旋流器精选—浮选柱煤泥分选的煤炭脱硫降灰工艺，并进行了选煤厂技术改造，从而结束了中梁山矿务局不生产炼焦精煤的历史。重介质旋流器—浮选柱工艺也逐步被用于煤炭的深度降灰与脱硫工艺。

罗俊和熊振涛（2010）有针对性地采用洗选方法实验，确立了适宜滇东北地区高硫无烟煤经济合理的重介旋流器+TBS 液固流化床+旋流—静态微泡浮选柱三段式组合脱硫工艺，能达到较好燃烧前物理脱硫的效果。

此外，目前国内外已应用的有螺旋分选—浮选联合流程、摇床—浮选联合流程、小型水介质旋流器组—浮选联合流程、小型重介质旋流器组—浮选联合流程、摇床—小型重介质旋流器组等，这些新工艺优化了现有的脱硫工艺，使得硫脱除效果更好。

8.1.6　其他脱硫技术

化学法脱硫、生物法脱硫和能量场脱硫技术等非常规分选脱硫技术中，对于脱除煤中有机硫具有较好的效果。

（1）化学法脱硫

煤的化学脱硫方法主要是利用强碱、强酸或强氧化剂等化学试剂，通过氧化、还原、热解等化学反应，将煤中的硫分转化为液态或气态的硫化物抽取出来从而实现脱硫目的。该方法大体可分为热压浸出脱硫、常压气体湿法脱硫、溶剂法脱硫、高温热解气体脱硫、化学破碎等几大类。化学法脱硫能有效地脱除煤中的有机硫，但是化学法脱硫往往都是在强酸强碱并且在高温高压苛刻条件下进行的，可能会使煤质发生变化，煤的发热量、结焦性、膨胀性受到破坏，使脱硫后的煤的用途受到限制。

（2）生物法脱硫

生物法脱硫是通过培育能与煤中硫化合物作用的菌种，利用微生物氧化和表面改性原理将煤中的硫脱除的技术。这种方法的优点是反应条件温和，能专一地脱除煤中结构复杂且嵌布粒度极细的无机硫，同时又能脱除部分有机硫。相关研究显示（李国辉和胡杰南，1997），黄铁矿脱除率能达到90%，有机硫脱除率达40%。

国内外在煤炭生物脱硫方面进行了大量的研究，并取得了具有一定价值的试验结果。有关氧化硫杆菌的驯化试验也表明（张悦秋等，2007），通过利用微生物氮代谢作用的特点，在适宜营养成分的培养基下，驯化后的氧化硫硫杆菌对煤中硫铁矿的脱除率明显的提高。

日本电力工业中央研究所的研究人员把微生物处理技术与浮选技术结合起来，开发了微生物浮选脱硫技术，其实验表明：氧化亚铁硫杆菌对黄铁矿有很强的专一性，能显著地抑制黄铁矿的悬浮性，经过3~30min的处理能去除约80%的黄铁矿（康淑云，1999）。英国科学家用此法脱硫，整个过程数分钟就可完成，脱硫率达50%。欧共体在意大利建成了处理能力为50kg/h煤微生物脱硫的示范厂，以期为该工艺商业化提供必要的经济、技术数据（康淑云，1999）。

目前，生物脱硫技术还没有实现工业化，其研究主要集中在高效微生物菌种的选育上，筛选并培育出高效且有选择吸附能力的微生物是该项技术的关键。

（3）能量场脱硫

能量场脱硫技术主要包括超声波脱硫和微波脱硫技术。20世纪80年代以来，随着超声波技术和微波技术在化学反应方面的应用越来越受到科研工作者的关注，超声波技术和微波技术在煤炭脱硫领域也有了相关的应用报道。能量场脱硫对煤炭脱硫具有双重意义：既能提高硫化物的单体解离，又能辅助脱硫，是很有前途的脱硫方法之一。

超声波技术在20世纪80年代后期开始应用于有机合成、金属有机化学和聚合物化学等领域。超声化学主要是利用超声波开启化学反应新通道，加速化学反应。①超声波辐射可以产生局部高温、高压，使煤中有机质较弱的键发生断裂，降低反应的活化能；②超声波空化作用可使液体内部产生许多空穴，同时可使其含有的杂质及小气泡等振动、膨胀；③超声波产生的超高负压，能使煤中的一些组分生成自由基，明显改善煤中含有机硫官能团与氧化剂相互之间的作用。

巴基斯坦工业与科学研究会Zaidi（1993）在进行碱法脱除褐煤中硫的实验中，首先用超声波对置于碱溶液中的煤样进行辐射处理，反应后再进行酸洗、水洗、过滤、干燥等。实验结果表明，在和常规碱法脱硫效果基本相同的情况下，超声波的利用能使反应条件大大降低：反应温度为 30~70℃、常压、煤样粒度为 60 目、碱液浓度为 0.2mol/L，这样的条件为碱法脱硫工艺的工业应用提供了极大的可能性。王建成（2004）运用超声波的强化作用，在酸性介质下对煤进行了脱硫研究，采用正交实验法考察了煤质量分数、氧化剂用量等几种因素对煤脱硫率的影响。结果表明：脱硫率随着煤质量分数、反应体系酸的用量、超声波功率、氧化剂用量和反应时间改变而变化，各种因素均存在一个最佳值：煤质量分数为 2%，脱硫剂用量（氧化剂与煤的质量比）为 4%，超声波功率为 900W。

微波是一种电磁波，主要应用于通信、导航、食品加工等工业领域。1978 年美国人 Zavitsanos 和 Bleiler 获得了一项微波脱硫的专利，原煤在 2.45GHz 频率、功率在 500W 或更高时，经微波照射 40~60s 后，煤中的无机硫分解，释放出 H_2S 和 SO_2 气体，在煤表面生成单质硫，这种方法能够脱除 50% 的硫。1977 年，美国 GE 公司就开始利用微波对煤炭进行脱硫研究（雷佳莉等，2012）。该方法是将粉碎至 30~100μm 的煤与氢氧化钠溶液混合，在氮气气氛内以极短的微波照射 30~60s，微波频率局限在 2.45GHz。由于微波照射，煤中的硫和氢氧化钠则较煤本身更容易进行选择性地加热，在实验室试验中，两次照射、洗涤可脱去黄铁矿硫 90%，有机硫 50% ~ 70%，煤的发热量几乎不变。

20 世纪 90 年代中期，微波化学的日益增长促进了专用微波仪器的发展。专用微波合成仪具有温度测量装置、功率控制单元和内置的磁力或机械搅拌装置等，实现了实时温度控制、功率控制，以及对反应混合物有效的搅拌等，促进了微波作用机理的研究。随着微波技术以及化学技术的发展，更多的助剂用在了微波脱硫方面的研究，如碱、过氧乙酸、碘化氢、乙酸等。

国内最早开展煤炭微波脱硫研究的是华东理工大学的杨笺康（1988），其方法是在煤中添加废碱液做助剂，用微波照射两次之后，煤中总的硫脱除率能够达到 75% ~ 85%，随着碱量的增加，脱硫率也有所提高。同样的研究还发现在不加助剂和通以氮气的条件下，微波照射后进一步用 5% 过量的稀盐酸处理，几乎可以除尽煤中由黄铁矿经微波照射后转变成的磁铁矿和陨铁矿。

微波技术自诞生以来，在煤炭脱硫方面有了一定的应用，并取得了一定的效果，但是，由于技术的限制，对微波脱硫过程中硫的脱除降解规律的研究十分欠缺，研究使用的微波绝大多数是 2.45GHz 的连续波，对其他微波频段的研究还是很少。因此，必须在认识煤中含硫组分化学结构的基础上，研究并掌握煤中各类硫化学结构脱硫降解规律，以推动和指导煤微波脱硫技术的发展。

8.2　燃烧固硫技术

燃烧固硫技术是在燃煤中添加一定的固硫剂使煤在燃烧或气化时生成的气态硫化物在炉内吸收，气相中残存的硫化物则与进入炉内的脱硫剂接触而被吸收，从而使排出的气体中硫化物含量大大降低的脱硫技术。燃烧固硫技术主要包括锅炉内直接喷钙脱硫技术、型煤燃烧固硫技术和流化床锅炉燃烧固硫技术等。燃烧固硫技术的优越性是既不需要燃烧前脱硫设备，又不需要或可大大减少燃烧后脱硫设备。

8.2.1 常用固硫剂

凡能与煤在燃烧过程中生成的 SO_2 或 SO_3 起化学或物理吸附反应形成固态残渣而留在煤灰中的物质均可作为固硫剂。

国内外主要使用的固硫剂有钙系、镁系、钠系、钾系及其他铁、镁的氧化物等，如石灰石、白云石、方解石、氧化钙、氧化镁、碳酸钠、氢氧化钠等，但目前使用最多、最廉价的仍是碳酸钙、氢氧化钙等钙系固硫剂（刘随芹等，1999）。另外，硫酸钡的分解温度为 1580℃，大大高于硫酸钙的分解温度，且在煤高温燃烧中的固硫效果高于钙系固硫剂，具有较好的应用前景（李宁等，2002）。对钙系固硫剂来说，现在比较公认的固硫机理是钙系固硫剂先被煅烧成为氧化钙再发生固硫反应。

8.2.2 锅炉内直接喷钙脱硫技术

锅炉内直接喷钙脱硫技术早在 20 世纪 60 年代就已经开始研究，由于其脱硫效率没有湿法烟气脱硫效率高，故在较长一段时间内没有得到工业应用。但该方法具有投资省，装置简单，便于改造且能满足一般环保要求的特点，所以受到人们的关注。单纯的炉内直接喷钙脱硫效率只能达到 30%~40%，如再与尾部活化器增湿或与添加催化剂等技术相结合，其脱硫效率可达 70% 以上（姜彦立等，2007），具有一定的发展前景。

8.2.3 型煤燃烧固硫技术

型煤燃烧固硫是指在制型煤的过程中掺加脱硫剂，使成型后的型煤中含有适量的固硫剂，这样在型煤燃烧的过程中释放出的硫化物与脱硫剂反应，从而降低型煤燃烧过程中硫化物的排放的一种技术。型煤燃烧固硫技术对于占工业锅炉总量 70% 以上的层燃式锅炉及工业窑炉的有害物质排放能起到一定的治理作用，是实现工业炉窑高效、清洁燃烧的发展方向。

江苏锡兴集团有限公司投入 130 万元建设年产 4 万 t 固硫型煤生产线（陈维禧和王国南，2006），使原煤中的细煤粉都被制成型煤燃烧，经测试 SO_2 脱除率达到 70% 左右，并可节约燃煤 10% 以上。公司通过使用固硫型煤和煤气掺烧两项技术，全年共削减 SO_2 排放 1430t、烟尘 910t。

8.2.4 循环流化床锅炉燃烧固硫技术

流化床锅炉燃烧固硫是指在流化床中，煤与粉碎的石灰石一起随同热风进入锅炉并悬浮在燃烧空气中，煤燃烧时释放出来的硫被石灰石吸收，从而达到脱硫的目的。流化床的燃烧温度（800~950℃）恰好是石灰石脱硫的最佳温度。

流化床燃烧脱硫技术包括常压鼓泡流化床燃烧技术、常压循环流化床燃烧技术、增压鼓泡流化床燃烧技术和增压循环流化床燃烧技术。其中前三类已得到大规模工业应用，增压循环流化床燃烧技术尚在起步阶段。

常压循环流化床燃烧技术是最近发展起来的一种有效的燃烧方式，具有和煤粉炉相当的燃烧效率，且在不需增加设备和较低的运行费用下就能清洁地利用高硫煤。特别是烟气分离再循环技术的应用，相当于提高了脱硫剂在床内的停留时间和浓度，同时床料间、床料与床壁间的磨损、撞击使脱硫剂表面产物层变薄或使脱硫剂分裂，有效地增加了脱硫剂的反应比表面积，使脱硫剂的利用率得到相应地提高。实践表明，稳定运行的循环流化床燃烧脱硫效率可达 90% 以上（姜彦立等，2007）。

增压循环流化床燃烧技术的出现比循环流化床要晚，主要是为了提高流化床的燃气性能，与燃气轮机配套组成联合循环机组，以提高整个热力循环的效率。一般而言，增压循环流化燃烧机组效率在 38%~42%，脱硫效率在 90% 以上，同时还具有较强的脱硝能力（姜彦立等，2007）。

8.3　高硫煤转化利用技术

高硫煤转化利用是高硫煤利用技术中一条重要途径，特别是高硫煤的气化利用技术，已经得到工业化应用。

8.3.1　高硫炼焦煤脱硫后炼焦利用

近年来，随着工业生产的快速发展，钢铁需求量日益增加，焦炭产量也逐年攀升。2010 年我国生铁产量约 6 亿 t，所需焦炭 3.4 亿 t，需要优质炼焦煤 2.65 亿 t；2011 年我国焦炭产量已经达到 43 270 万 t（中华人民共和国国家统计局，2011），消耗炼焦煤约 5.7 亿 t，其中优质炼焦煤 2.9 亿 t。2007 年，我国探明煤炭储量为 1145 亿 t，其中炼焦煤 316.6 亿 t，按 2011 年 5.3 亿 t 炼焦煤产量计算，炼焦煤只能使用 59 年。多年来，我国焦炭行业一直秉持多加优质炼焦煤配煤的原则，焦煤、肥煤的添加比例最高达80%，弱黏煤添加比例较低。由此可见，我国炼焦煤资源较为紧张，尤其是优质炼焦煤，因此开发使用中高硫煤炼焦对缓解炼焦煤资源紧张具有重要意义。

由于中高硫煤中硫含量较高，目前大部分用来发电，只有少部分用于炼焦。炼焦过程中，高硫炼焦煤会释放更多的含硫化合物，如硫化氢、硫醇等，影响焦炉煤气质量，给后期化学产品回收部分的脱硫工段增加负担。另外，炼焦煤中较高的硫含量会增加焦炭中硫的残留。高炉冶炼中，大约 80% 的硫来自焦炭，焦炭中的硫会影响生铁质量，焦炭中的硫含量每增加 0.1%，高炉炼铁的焦比升高 1.2%~2.0%，生铁成本升高 0.7%~1.0%，生铁产量降低 2% 以上。

高硫煤通过洗选脱除部分灰分和硫分，根据炼焦煤选煤厂的特点，原煤一般要求全粒级入洗。针对不同的选煤方法及不同粒级的分选特点，选择适应能力强、分选精度高的选煤方法和工艺，是"优选"选煤工艺的核心之处。传统的重介旋流分选工艺主要分为两大工艺路线：不脱泥无压给料重介旋流分选工艺和脱泥有压给料重介旋流分选工艺。

除了上述高硫煤洗选脱硫后用于炼焦生产外，为了降低焦炭中硫含量对冶炼造成的不利影响，国内外还曾开展在炼焦煤中添加缚硫剂（一般为 CaO 基、CaCl$_2$ 基和 BaCO$_3$ 基缚硫剂）进行固硫的技术研究。但添加固硫剂后，造成了焦炭强度下降和灰分增加。还有一种脱硫方法是在炼焦炉内，通过将焦炉煤气部分导入炭化室内，使得焦炭中的硫部分转入煤气，不仅可实现焦炭脱硫，而且通过对煤气进行脱硫处理可实现硫的资源化回收。刘军利等（2004）将半焦中的硫区分为无机硫和有机硫，在不同气氛和温度下进行脱硫实验，计算煤气返回对焦炉温度的影响和模拟炼焦过程返回煤气在炭化室的分布，结果表明：氢气可以促进有机硫和无机硫的脱除，但温度升高并不总是有利于脱硫；氢气脱硫效果要好于甲烷和一氧化碳；指出了炼焦后期在焦炉煤气返回之前预热煤气可以减少对炉温的影响，但是煤气的预热温度不能太高，否则甲烷裂解容易堵塞管道；煤气的最佳返回时机是在焦炭中孔隙分布较为均匀的时候。

8.3.2　高硫动力煤脱硫发电利用

动力煤占我国煤炭储量的 70%，含硫量为 1.15%，其中西南地区平均含硫量高达 2.43%，大部分高硫煤未经洗选加工直接燃用，燃烧产生的 SO_2 对生态环境破坏严重（李文华和翟炯，1994）。硫分 1%～3% 的中硫煤，通常应洗选降硫（如果硫分构成以黄铁矿硫为主，洗选可有效脱硫），力求产品全硫分不超过 1%。硫分大于 3% 的高硫煤，需采用高效选硫工艺，以求最大限度脱硫。就目前的技术现状，动力煤脱硫首先采用经济、高效的洗选脱硫技术，脱除绝大部分可解离的硫化铁硫，剩余的少量硫化铁硫及常规洗选无法脱除的有机硫，则视脱硫费用、投资和技术适应性，采用炉内脱硫、烟气脱硫或兼有炉内固硫和烟气脱硫的技术。为达到环保要求，燃煤电厂都增设烟道气脱硫装置，对于高硫煤从源头上进行脱硫最为合理。

较成熟的电厂锅炉燃煤脱硫技术很多，起主导作用的是炉膛燃烧过程脱硫——循环流化床锅炉燃烧脱硫技术和烟气脱硫技术。例如，内江电力集团高坝电厂 0.1MW 机组，采用循环流化床，燃烧温度在 800～900℃，脱硫效果达到 80% 以上，该技术实用可靠，操作方便，脱硫效率高（吴林，2004）。烟气脱硫的方法很多，最新研究的烟气脱硫技术磷铵复肥法在宜宾电力集团豆坝电厂投入使用（吴忠标等，2000），脱硫效果达 90%～95%。烟气中残留的 SO_2 不仅可达标排放，而且上交排污费大大减少，据测算，用磷铵复肥法脱硫，吨煤上交排污费为 0.87 元，循环流化床锅炉为 8.48 元。

从脱硫成本看（李先才和龚由遂，1999），循环流化床锅炉每脱 1t SO_2 成本为 750～1550 元，无副产品回收，磷铵复肥法每脱 1t SO_2 成本为 1400～2000 元，但它可以回收磷铵复合肥，价值 1600 元。从理论上讲，磷铵复肥法对原煤中含硫越高回收副产品的价值越好，回收与脱硫成本相当，磷铵复肥法每脱 1t SO_2 最多增加成本 55 元，相当于每度电增加 0.015 元，如果原煤含硫分大于 3%，磷铵回收效益大于脱硫成本（每吨 SO_2 可获纯利 200 元）。总之，现在直接燃烧芙蓉矿区高硫无烟动力煤的内江、宜宾两大电力集团采用磷铵复肥法，适用性强，脱硫效果好，经济效益显著。

8.3.3　难脱硫高硫煤气化转化利用技术

高硫煤转化利用是高硫煤开发利用的一条重要途径，特别是高硫煤的气化利用技术，已经得到工业化应用。煤炭气化技术作为煤炭加工和转化的先导技术，是我国洁净煤技术的优先发展技术之一。按照在气化炉内物料和气体的接触方式不同，可划分为固定床、流化床和气流床气化技术。目前，国内流化床和气流床气化技术已有用于气化高硫煤的工程实例。

流化床气化技术以灰熔聚流化床粉煤气化技术为代表，该技术由中国科学院山西煤炭化学研究所研究开发，是目前国内最有竞争力的流化床气化技术。上海焦化厂曾引进美国的类似技术，成功应用于工业化生产。

气流床气化是采用干粉煤或水煤浆与气化剂以射流的形式喷入气化炉内，在高温高压下将煤料快速转化为气体和少量熔渣的过程，目前气流床气化技术主要有 6 种：Shell 气化、GSP 气化、两段式干粉煤气化、GE 德士古气化、多喷嘴对置式气化和多元料浆气化技术。气流床气化技术是大规模转化利用高硫煤资源的首选气化方法。

在煤炭气化过程中，煤中的硫转化为气态硫化物，通过煤气脱硫加以脱除并将硫回收。煤炭气化技术对煤炭的硫含量没有严格要求，只是高硫煤在气化后的煤气净化中，脱硫工序的负荷会加大。

高硫煤气化煤气中含有的硫化物主要为 H_2S、COS、CS_2 和噻吩等，可通过现有的脱硫技术予以脱除，并可通过相关技术回收硫。

常规的煤气脱硫技术分湿法脱硫和干法脱硫两种，其中湿法脱硫技术主要有低温甲醇洗法、环丁砜法、烷基醇胺法、聚乙二醇二甲醚法、改良 ADA 法等；干法脱硫技术主要有铁系氧化物脱硫法、活性炭脱硫法、铝系有机硫水解脱硫法、氧化锌脱硫法及分子筛脱硫法等。通过脱硫技术富集的硫化物可通过 Claus 法或 Scot 法（Lagas，1993；SCOT，1998）生产硫黄及其他含硫产品。

山西晋城煤业集团为充分利用廉价、丰富的高硫煤资源，促进煤炭开发的可持续发展，于 2006 年启动高硫煤气化制甲醇，再通过甲醇合成汽油的煤制油示范工程。该工程以晋城煤业集团的高硫无烟煤（硫含量 3.16%）为原料，采用 0.5MPa 灰熔聚流化床气化工艺造气，粗煤气经除尘、冷却后经低温甲醇洗工艺脱硫脱碳，净化合格后的气体去合成气压缩机压缩至 6.2MPa，在甲醇合成塔内合成粗甲醇，粗甲醇不经精馏直接送合成油装置生产汽油（邬来栓，2009）。

山东兖矿集团国宏化工公司以兖州矿区产的高硫煤为原料，采用 GE 德士古气化技术气化，聚乙二醇二甲醚工艺脱硫，净化煤气制甲醇。该项目于 2007 年 12 月 28 日在山东兖矿国宏化工公司投产，产能 50 万 t/a（张锐等，2011），于 2007 年投产，是当时世界上首例以高硫煤为原料制取甲醇的装置；该工程投产后每年消化高硫煤 100 万 t，目前，2t 高硫煤可生产 1t 甲醇，同时脱硫转化可提取回收 2 万多吨硫黄资源，减排 4 万多吨 SO_2 烟尘。项目总投资 22.17 亿元，年销售收入达 10.9 亿元，利润 2.22 亿元，投资回报期为 8 年。通过该技术和工艺路线，兖州和济东煤田含硫量大于 3% 的 7.87 亿 t 高硫煤，及周边地方煤矿含硫量大于 3% 的 2.553 亿 t 高硫煤变成高附加值资源（罗锡亮，2007）。

山西晋城煤业集团和山东兖矿集团高硫煤气化项目的成功应用，为我国高硫煤的利用开辟了一条新技术途径，随着国内气化技术和脱硫技术的发展，对高硫煤气化利用技术的推广具有重要的示范意义。

河南义煤集团也与美国 SES 公司合作（汪家铭，2010），计划引进其 U-GAS 煤气化技术，利用义马矿区高硫煤资源，初步规划总投资 350 亿元，将形成每年 20 亿 m^3（标准）煤制气、80 万 t 乙二醇、20 万 t 甲醇蛋白、20 万 t 聚乙烯、30 万 t 聚丙烯、20 万 t 乙酸乙烯以及 20 万 t 副产品的生产能力，年消耗劣质煤 1200 万 t。

8.3.4 低阶高硫煤直接液化转化

研究认为，低煤化度高硫煤适合液化，当煤炭液化使用铁剂催化剂时，硫作为一种助催化剂有利于煤炭液化。甘肃的高硫煤直接液化与配煤液化项目，是甘肃省2002年度重大科技成果转化资金项目，通过了甘肃省科技厅组织的鉴定。配煤液化的成功试验在国际属首创（郭万喜等，2004）。

如果煤制油项目的选址尽可能靠近大的高硫煤矿区，并在合理运距内集中使用高硫煤，采用成熟的气化技术就地气化，煤气净化后制氢气，氢气再用于煤炭液化，这样可以大大降低投资和运行成本。

8.4 高硫煤分级利用技术

煤是一种复杂的混合物，作为单一用途来利用往往会造成很大的浪费，如果能把以煤为原料的多个生产工艺作为一个整体考虑，从整体利用的角度，分级转化，分级利用，实现煤炭高效低污染利用，可以更好地解决所面临的资源与环境问题。

8.4.1 高硫煤合理分选利用

南桐矿务局对多年来高硫煤洗选加工、烟道气脱硫、燃烧固硫及高温固硫添加剂上所做的工作进行分析总结，提出"配煤+筛分降硫+洗选脱硫+固硫添加剂掺配+副产品选硫"一条龙洁净煤技术综合应用的高硫煤合理分选方案（许代芳，1999），形成的100kt/a固硫洁净生产工艺如图8-1所示。

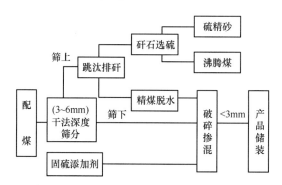

图 8-1 干坝子洗选厂固硫洁净生产工艺示意

发挥配煤的优势通过配煤生产不同燃烧特性的动力煤，以发挥其肥、焦、瘦、贫瘦煤等各煤种间的优势，使最终产品在综合性能上达到"最佳状态"，使供煤质量稳定，易于充分燃烧有效利用资源，达到提高锅炉热效率和节煤的目的；配煤能灵活控制产品的有关特性，满足不同用户的具体要求。

充分利用筛分降硫的特点筛分后的筛上物入洗，大幅度减少了细粒级含量，回收系统的负担减轻，成团状高水分煤泥对产品的不利影响基本消除；筛下物相对于原煤有30%~35%的降硫效果。

发挥跳汰的分选作用高硫煤矿区硫在各密度级中的分布，有两种代表性的情况：一种是低密度级硫分低，高密度级硫分高；另一种是低密度和高密度级硫分高，中间密度级硫分低的"马鞍"状。在配煤入洗后，将出现低密度分选出的产品硫分，高过中密度分选的产品硫分的异常情况，或者低密度分选与中密度分选的产品硫分相差只有 0.2% ~ 0.4%，经过燃烧固硫，两种分选结果在最终减少 SO_2 的排放量上，更是相差无几。因此，洁净煤生产时，筛上物的分选密度，将不在低密度级（1.4kg/L），而在中高密度级，此时物料可选性为中等可选或易选，且粒度组成好，用跳汰选已绰绰有余，重介选反而费用高。

洗选副产品得到充分消化洁净煤生产时，排放的仅仅是大于 6mm 或大于 3mm 粗粒物料的矸石和黄铁矿，干坝子选硫车间多年生产实践表明，这部分物料的选硫可行性好，用常规梯跳-摇床工艺，能选出品位为 32% 的硫精砂产品，产率为 20% 左右，是硫酸工业的紧缺原料，选硫后剩下的沸腾煤粒度均匀（一般 0 ~ 8mm），热值有 10.47 ~ 12.56MJ/kg，在矿区自备坑口电站上用循环流化床锅炉低温燃烧，得以洁净利用。

生产中将煤料破碎到小于 3mm，并掺入固硫添加剂，得到固硫洁净煤粉，为实现燃烧中固硫创造了条件，成型燃烧后，将减少 SO_2、烟尘、CO_2、NO_x 等致癌物的排放。

实施洁净煤工程脱硫技术前后经济比较见表 8-2（何青松，1998）。该技术将选煤与成型及燃烧领域的各种技术手段联为有机的整体，具有灵活性、适应性、针对性的优点，它避开了单一洁净煤技术的弊端与不足，是符合中国国情的、易于实施的技术方案。其产品相对于原煤的降硫率为 37.04%，筛洗综合脱硫率为 37.01%，脱掉的硫中，有 51.46% 用于制酸。通过该方案的实施将提高层燃锅炉的热效率 10% ~ 15%，节煤 15% ~ 20%，蒸汽质量有保证。该工艺充分发挥了筛分降硫、洗选脱硫、副产品选硫的综合加工技术优势，最后通过产品固硫，达到了高硫动力煤合理分选、洁净利用的目的，提高了社会效益、经济效益和环境效益。

表 8-2 实施洁净煤工程脱硫技术前后技术经济比较

项目	改前	改后	
	燃用原混煤	煤改气	洁净煤工程
燃料量/（Mt/a）或（hm³/a）	1.25	540.00	1.00
燃料相关费用/（Mt/a）	214.44	432.00	242.00*
SO_2 排放量/（kt/a）	81.1	2.1	14.96**
SO_2 减排量/（kt/a）		81.0	68.14
SO_2 减排率/%		97.47	82.00
脱硫方案总投资/亿元		11.45	0.9575
用户脱硫设施新增运行费用/（万元/a）		3 880	1 388
用户改造后的运作费用增加额/（万元/a）		25 636	4 144
每减少 1kg SO_2 排放的单位投资/（元/kg）		14.14	1.41
每减少 1kg SO_2 排放的新增运作费/（元/kg）		3.16	0.61

 ＊为改后洁净煤工程的燃料相关费用中考虑了集中成型费和配送费；＊＊为茶水炉、餐饮炉和链条炉的降硫分别按其相应的固硫率测算。

8.4.2 煤多联产系统

煤多联产系统是从整体最优角度、跨越行业界限，是一种高度灵活的资源、能源、环境一体化能源转化利用系统。它以煤炭资源合理利用为目的，建立在相关技术发展水平的基础之上，通过煤炭气化及对合成气的集中净化，减少 SO_x、NO_x 和粉尘等的排放，降低温室气体的排放。目前多联产系统的主要技术方向有：以煤热解燃烧为核心的多联产系统、以煤部分气化为核心的多联产技术、以煤完全气化为基础的热电气多联产技术。

8.4.2.1 以煤热解燃烧为核心的多联产系统

以煤热解燃烧为核心的多联产系统，用热载体提供煤热解所需的热量生产中热值煤气及焦油，热解产生的半焦供锅炉作为燃料燃烧生产蒸汽，用于发电和供热，从而在一个系统中实现以煤为原料，以热、电、气及焦油为产品的多联产。煤热解多联产系统对于联合循环发电或同时需要煤气和供热的工厂是较为经济的，不仅简化了气化炉的结构，降低了投资，而且可以提高碳的利用率，减少环境污染。根据反应装置和热载体性质的不同，该技术目前主要有以流化床煤热解气化为核心、以移动床煤热解气化为核心、以焦热载体煤热解气化为核心的热、电、气、焦油多联产技术。

以流化床煤热解气化为核心的多联产技术利用循环流化床锅炉的循环热灰作为煤热解的热源，煤在流化床气化炉中热解产生中热值煤气、焦油、半焦，半焦在循环流化床锅炉中燃烧产生蒸汽及煤热解所需热量。该技术利用循环流化床技术在煤燃烧之前，将煤中富氢成分提取出来用做优质燃料或高附加值化工原料；剩下的半焦通过燃烧产生热量，再去供热和发电。在一个系统中实现煤的分级转化和分级利用，大幅度提高煤的综合利用价值。

以移动床煤热解气化为核心的循环流化床热、电、气多联产技术的主要工艺特点是在循环流化床锅炉旁设置移动床气化炉，循环流化床锅炉的循环热灰与煤一起送入气化炉。高温循环灰提供热量使煤进行热解，热解产生的煤气经净化后供用户使用，而产生的半焦和循环灰送回到锅炉，半焦作为锅炉的燃料燃烧后加热水产生蒸汽用于发电、供热，循环灰在炉膛中被加热后再度进入气化炉被循环使用。该技术已在内蒙古赤峰富龙热电厂进行了工业性试验。

以焦热载体煤热解气化为核心的多联产工艺的技术核心是以煤半焦作为固体热载体，用固体热载体与煤直接接触热解制气，煤被固体热载体加热后析出煤气。

8.4.2.2 以煤部分气化为核心的多联产技术

以煤部分气化为核心的多联产技术，主要是将煤在气化炉内进行部分气化产生煤气，没有被气化的半焦进入锅炉燃烧产生蒸汽以发电、供热。目前在国外主要有气化燃烧技术与联合循环发电相结合的先进燃煤发电技术。以煤部分气化为基础的先进燃煤发电技术的主要代表有美国 Foster Wheeler 公司开发的第二代增压循环流化床联合循环和英国 Babcock 公司开发的空气气化循环。近年来，日本通过引进国外技术和自行开发研究的结合，设计出了第二代增压流化床联合循环和增压内部循环流化床联合循环等。

8.4.2.3　以煤完全气化为基础的热电气多联产技术

以煤完全气化为基础的热电气多联产技术是将煤在一个工艺过程的气化单元内完全转化，将炭燃料完全转化为合成气，合成气可以用于燃料、化工原料、联合循环发电及供热制冷等，实现以煤为主要原料，联产多种高品质产品，如电力、清洁气体、液体燃料、化工产品以及为工业提供热力。美国能源部提出的 Vision 21（展望 21）能源系统，以煤气化为龙头，利用所得的合成气，一方面用以制氢供燃料电池汽车用；另一方面通过高温固体氧化物燃料电池和燃气轮机组成的联合循环转换成电能，能源利用效率为 50%~60%。壳牌公司提出合成气园的概念，它以煤的气化或渣油气化为核心，所得的合成气用于 IGCC 发电、用一步法生产甲醇和化肥，并作为城市煤气供给用户。美国 PEFI 公司提出了通过石油焦气化联产低碳醇与发电的多联产系统。欧盟 2004 年开始执行 HYPOGEN 项目，该项目从 2004 年开始，到 2015 年完成建设和示范运行，总投资达到 13 亿欧元，HYPOGEN 项目的目标是建成以煤气化为基础的生产 192MW 电力和 H_2 近零排放的电站，并进行 CO_2 的分离和处理。

8.4.2.4　国内高硫煤分级利用技术的成功案例

国内有许多研究机构和企业开展煤分级利用多联产系统的开发与应用。在循环流化床多联产技术研究方面，北京动力经济研究所开发了以移动床热解为核心的循环流化床多联产技术，中国科学院过程工程研究所、中国科学院工程热物理研究所、浙江大学、清华大学分别开发了以流化床热解为基础的循环流化床多联产技术。内蒙古赤峰富龙热电厂进行了以移动床煤热解气化为核心的循环流化床热、电、气多联产技术的工业性试验。大连理工大学开发的褐煤固体热载体干馏多联产工艺技术在内蒙古平庄和广西南宁分别进行了工业性试验和应用试验研究。上海焦化总厂于 1991 年开工建设，并于 1998 年完成第一期煤气、化工产品、热电多联产工程建设，这是国内煤的多联产技术的一次初步尝试。

（1）南桐矿业公司高硫煤洗选加工

南桐矿业公司下辖 6 对生产矿井，年产原煤 250 万 t，销售冶炼精煤 150 万 t，主打产品是 25 号主焦煤，公司产值 20 多亿元，是重庆重要的炼焦煤和动力煤基地。矿区开采中生代二叠系罗平煤系龙潭组煤层，是典型的海陆交替相沉积，原煤平均含硫 4%。其中 4 号煤层无机硫占 70%~85%，6 号层无机硫占 60%~70%。

南桐矿业公司现有两个选煤厂，综合年入洗能力 330 万 t，两个厂配置的矸石选硫车间合计能力 50 万 t，年产硫精砂 5 万~8 万 t；配套有两座煤矸石发电厂，总装机容量 7.5 万 kW，年可消化低质矸煤 60 万 t，2010 年还建成投产 220 万 t 干法水泥生产线，因此，形成了煤炭主业的"选—电—建"一条龙格局。

从 20 世纪 60 年代开始，南桐矿业公司先后与中国矿业大学、平顶山设计院、唐山煤研院、浙江大学、日本善邻协会等科研院所合作，一直在精煤洗选脱硫、动力煤燃烧固硫、矸石选硫、原煤干法脱硫等方面做着不懈的探索，在高硫煤利用方面取得了显著的成效。

a. 洗选脱硫

1）1966 年，南桐选煤厂采取了跳汰中煤破碎、摇床分选脱硫工艺，洗选能力 45
万 t/a。1985 年，南桐选煤厂采用跳汰、摇床、浮选联合流程，洗选能力达 75 万 t/a。
1994 年 7 月，建成 90 万 t/a 重介分选工艺。2006 年，重介优化改造洗选能力达 120 万
t/a。2008 年，南桐选煤厂扩能为 150 万 t/a。

矿井原煤经过筛分破碎后，以 0～25mm 进入原煤仓，高低硫煤分仓储装。生产中
以一定比例配好后进入洗煤车间缓冲仓。120 万 t/a 选煤系统分设为两个 60 万 t/a 的小
系统，称为单号和双号，每个小系统的配置基本为：原煤进入煤介混合桶，用泵给入一
台 Φ860mm 旋流器选出精煤和中煤，精煤脱介筛下（0～0.75mm）进入多功能小直径旋
流器分选，粗粒精煤通过分级旋流器和煤泥筛组成的流程回收，细煤泥进入 Φ30m 浓缩
机后浮选；粗粒尾煤进入洗末煤系统掺入电煤中，细粒尾煤进 Φ24m 尾煤浓缩机沉降压
滤。重介一段中煤通过定压箱给入二段 Φ550mm 旋流器，选出电煤和高硫矸石，矸石去
选硫车间选出硫精砂和尾砂，系统示意图如图 8-2 所示（何青松，2009）。

2）1982 年，干坝子选煤厂建成 120 万 t/a 跳汰生产线。1986～2001 年，进行了国
家科委"七五"攻关课题，300 圆筒重介旋流器脱硫试验。2007 年，干洗厂建成 90 万
t/a 重介分选工艺。2009 年，干洗厂扩能为 120 万 t/a，加上动力煤生产，综合能力达
180 万 t/a。

3）1998～2001 年，干洗厂与日本善邻协会合作，进行了 2 万 V 电场下的粉煤干选
试验。

b. 矸石选硫

1）20 世纪 70 年代中期，煤炭部科技司下达了"从水洗和手选矸石中回收黄铁矿"
的课题研究任务。1977～1978 年，干坝子选煤厂与中国矿业学院合作，进行了大量的破
碎解离和分选试验（何青松等，2008），验证了重选法回收黄铁矿的可行性。

干坝子选煤厂的 10 万 t/a 选硫车间于 1984 年 7 月 1 日竣工投产。矸石选硫工艺
采用了圆锥破碎机、棒磨机、双侧梯形隔膜跳汰机、悬挂三层摇床、螺旋选矿机等
机器。

2004 年，干洗厂对矸石采用了破碎后水介旋流器预排沸腾煤工艺，能力提高到 50
万 t/a。

2010 年，干洗厂进行了重介选硫的实验室试验，并完成了初步设计。

2）1979 年，南桐选煤厂受摇床脱硫降灰时硫精砂在床尾明显富集的启发，进
行了从洗矸中用摇床回收硫铁矿的可行性试验，并建成 4 万 t/a 矸石摇床选硫生产
线，1983 年 8 月达到 6.5 万 t/a，1990 年又按 21 万 t/a 规模扩建（实际能力只到
12 万 t/a）。

2008～2010 年，南桐选煤厂开始自生介质分选黄铁矿的半工业性试验，并用浮选柱
进行了 0.5mm 以下细颗粒的分选。

3）红岩煤矿亦在 1985 年建成 13.5 万 t/a 选硫生产线，处理该矿掘进半煤岩、手选
矸石等。工艺为破碎到 4mm 以下后梯跳结合摇床分选。

上述三个车间都是我国首批建成的，是从洗煤矸石和掘进半煤岩中回收硫精砂的
车间。

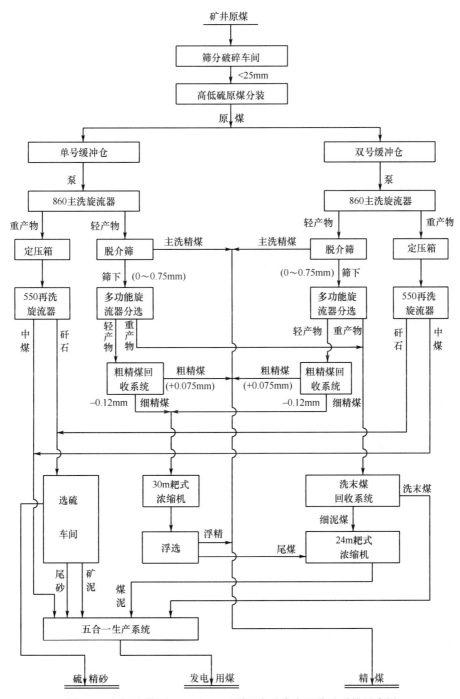

图 8-2　南桐选煤厂 120 万 t∕a 不脱泥全重介有压分选系统示意图

c. 高硫炼焦煤的洗选

南桐矿业公司一直在进行高硫炼焦煤的洗选探索，1986~1991 年，与中国矿业大学合作，完成了国家科委"七五"攻关课题（欧泽深和张文军，2006），"Φ300mm 重介旋流器脱硫工艺技术的研究"（课题编号 87-16）。1995 年，与煤炭科学研究总院唐山分院合作，开展国家"九五"攻关课题：96-A06"典型高硫煤矿区煤炭洗选加工技术的研究"（夏玉，2000）。同时在1994年，利用唐山煤研分院彭荣任高工的"不脱泥单一密度重介分选工艺"技术（彭荣任，2012），成功对南桐选煤厂进行了改造。

南桐矿业公司的成功案例充分说明，通过科学的分选工艺，高硫煤资源完全可以得到合理的开发利用。

（2）兖矿坑口多联产系统

山东兖矿集团国宏化工公司以兖州矿区产的高硫煤为原料，采用GE德士古气化技术气化，聚乙二醇二甲醚工艺脱硫，净化煤气制甲醇。该项目于2007年12月28日在山东兖矿国宏化工公司投产，甲醇产能50万t/a（张锐等，2011），通过该项技术，使兖州和济东煤田含硫量大于3%的7.87亿t高硫煤，及周边地方煤矿含硫量大于3%的2.553亿t高硫煤变成高附加值资源（罗锡亮，2007）。目前，2t高硫煤可生产1t甲醇，同时脱硫转化可提取回收2万多吨硫黄资源。

以煤气化为核心的坑口多联产系统是指建设在煤炭生产基地，以煤的气化技术为核心，在煤炭坑口将煤转化为洁净合成气，合成气再合成生产甲醇等化工产品，未反应气可与合成气一同用于IGCC发电装置生产电力；合成气也可以通过等温甲烷化装置生产人工天然气；合成气分离出的CO可以与甲醇产品用低压羰基合成工艺生产乙酸产品；合成气分离产生的H_2还可以配合合成气部分变换工艺用于调整合成气中H_2与CO的比例，采用费托合成工艺生产柴油、汽油等动力燃料，或采用煤加氢直接液化技术生产油品；随着燃料电池技术的发展，纯氢还可以作为燃料电池的燃料。

该系统的特点为抗市场风险能力强，各生产单元之间技术的耦合能够实现能量的梯级利用，提高系统的总能源利用率。

坑口建设多联产系统可以缓解煤炭的紧张运输状况并可以减少煤炭运输造成的环境污染，将气化装置设在坑口，可使气化装置相对集中，使用大型气化装置可有效降低成本投资和提高气化效率。

从煤炭多联产转化系统的现实意义和战略高度来看，多联产技术关系到中国社会、经济、能源、环境的协调发展和国家能源供应的安全。

8.5　中国高硫煤利用的建议

随着中国煤炭资源开发的深化和优质资源的短缺，中国高硫煤资源的利用问题必将受到重视，针对高硫煤资源利用存在的问题，基于资源开发的科学性、紧迫性和前瞻性要求，对中国高硫煤开发利用问题提出如下发展战略和建议，以保护和合理开发我国有限的高硫煤资源。

8.5.1　高硫煤合理开采

目前我国许多地方都在限制使用高硫煤，造成高硫煤炭市场前景不好，甚至一些煤炭企业放弃对高硫煤的开采，人为地丢失、浪费高硫煤炭资源。应该看到，对高硫煤炭资源的保护和利用有着十分重要的战略意义。表8-3给出了中国煤炭资源硫含量的分布比例（毛节华和许惠龙，1999）。

表 8-3　中国煤炭资源中硫含量分布　　　　　　　　（单位:%）

类型	特低硫 （≤0.5%）	低硫煤 （0.5%~1.0%）	低中硫煤 （1.0%~1.5%）	中硫煤 （1.5%~2.0%）	中高硫煤 （2.0%~3.0%）	高硫煤 （>3.0%）
未利用储量	17.65	32.72	14.78	19.40	11.49	3.96
重点矿占用储量	58.71			15.97	13.27	4.25	7.80

从表 8-3 可以看出，我国未利用的煤炭储量中硫含量 1.5% 以下的低中硫煤总量占煤炭总量不足 70%，中硫煤约占 19.40%，中高硫煤总量占到 15% 以上，其中高硫煤占未利用储量的 3.96%。按 2010 年我国煤炭探明储量 1145 亿 t 计算，我国高硫煤储量达到 45.3 亿 t，比 2010 年全国总煤炭产量 32.4 亿 t 还多，加之我国未探明的煤炭储量，高硫煤储量相当可观，是我国不可或缺的资源。

我国煤炭分布地域不均衡，不同煤种含硫量高低不一，应对不同地区、不同煤种制定不同的开采政策。对我国资源短缺的炼焦用煤，若为高硫煤，应在合理规划的基础上，鼓励有条件开展配套脱硫的矿区进行配套开采，并从政策上和技术上给予一定支持；对其他资源相对丰富的煤种，可以限制开采高硫煤的速度，但应以开采过程中不浪费高硫煤资源为前提。2010 年我国焦炭生产大约有 0.2 亿 t 炼焦煤的缺口，可以通过鼓励开采高硫炼焦煤来缓解需求。因此，我国应该鼓励炼焦用高硫煤的开采和脱硫技术的研发，从政策和技术上给予支持，建立大型高硫煤洗选脱硫项目，以解决高硫炼焦煤的利用问题。

8.5.2　研发适合高硫煤煤质特征的煤炭洗选脱硫技术

洗选是最经济有效的脱硫方法，而高硫煤的洗选脱硫效果与煤中硫分组成有很大的关系，因此，应发展适合我国高硫煤煤质的洗选脱硫技术。对无机硫含量高的煤种，采用常规洗选方法即可脱除大部分硫，而对有机硫含量较高的煤种，常规洗选法难以达到脱硫的满意效果。对此应大力发展适合高硫煤的脱硫技术，大体上说，对我国高硫煤中无机硫含量大的煤种优先发展常规物理洗煤技术，特别是组合式洗选技术的开发。

对于有机硫含量为主的高硫煤，应开发有针对性的非常规洗选脱硫技术。对有机硫含量高的稀缺炼焦煤种，加强煤炭微波脱硫和生物脱硫技术的基础研究，并在基础研究的基础上，选取典型煤种，适时建设脱硫示范项目，以期形成支撑高含有机硫煤种的非常规脱硫技术的应用。

对于难以脱除的细粒分散状黄铁矿和有机硫，只有通过燃烧过程中脱（固）硫或烟气脱除才能达到减少 SO_2 排放的目的。目前国内外开发应用的烟气脱硫技术和工艺，其脱硫效率一般均可达到 90% 以上，燃烧过程中脱（固）硫效率亦可达到 80%~90%。如果燃用含硫 3%~4% 的高硫煤通过上述方法实现 90% 脱硫效率的话，那么 SO_2 排放量仅相当于开采和燃用含硫 0.3%~0.4% 的特低硫煤，即使按 80% 的脱硫率计算，亦相当于开采和燃用 0.6%~0.8% 的低硫煤。可见，脱除 SO_2、净化烟气是利用和治理高硫煤的有效途径。

8.5.3 推广高硫煤气化，就地集中转化高硫煤，高硫煤煤化工技术与产业

煤炭气化技术作为煤化工的龙头技术，对气化用煤本身的硫含量并没有严格要求，且气化后的煤气可以采用先进脱硫技术脱除，配套硫回收装置还可以回收煤气中的硫化物，提高经济效益。

山东兖矿集团和山西晋煤集团高硫煤气化项目的成功，为大力推广高硫煤气化技术提供了技术支持。近年来国内大型煤化工项目发展迅速，若能在政策上给予倾斜，鼓励新建大型煤气化项目选址尽可能靠近大的高硫煤矿区，并在合理运距内集中使用高硫煤，采用先进煤气化技术就地转化，可以增加对高硫煤资源的利用，减少对低硫煤的依赖和消耗。

从长远来看，用煤作原料生产油品和醇醚燃料是解决我国石油资源不足的一个重要方向，也是促进煤炭工业可持续发展的重要途径。伴随着脱硫技术的发展，因地制宜，合理充分地利用高硫煤炭资源，对煤化工发展有长远意义。科学发展煤化工必须要以煤的清洁高效利用为前提，而不是不顾代价地去获取终端产品与石油化工产品简单比价上的盈利性。作为实现煤化工多联产系统工艺起点的煤气化和煤液化技术，已经成为当前国民经济中务必解决的重大课题。所以应从煤炭气化、液化到多联产，寻求既低碳又节能减排的路线与技术，并切实做好煤化工技术与产业发展布局。

8.5.4 发展高硫煤燃煤联合循环发电技术

燃煤联合循环发电和增压流化床锅炉燃烧技术是合理利用高硫煤的先进技术，国外已接近商业化，即利用燃煤增压流化床燃烧联合循环发电。目前世界上已建成燃煤增压流化床燃烧联合循环（P200 PFBC—ce）示范电站（戴和武等，1999），其中西班牙 Escatro 电站和美国 Tidd 电站使用的都是高硫煤，所使用的煤炭不仅含硫量相当高，而且灰分、水分含量亦较高。经长期运行证实，这种先进燃煤增压流化床燃烧联合发电技术显示出良好的环保性能，不必采取其他辅助措施，电站的 SO_2 和 NO_x 排放量即可满足国家现行的标准。上述事实充分说明高硫煤是可以利用的。

8.5.5 制定利用高硫煤炭资源的相关政策

由于高硫煤炭产品直接使用对环境的不利影响，迫使开采高硫煤炭产品的企业必须加大投入，增加洗选设备或脱硫设备，导致煤炭开采成本增加，市场竞争能力下降。因此，国家要对这些企业从政策上给予支持。例如，一方面，给予这些企业减免资源税和增值税的照顾，使得这些煤炭企业有经济能力与开采低硫煤的企业竞争。另一方面，对以高硫煤为原料的企业，由于要增加脱硫设备或采用更先进的脱硫技术而提高成本，国家也要有相关的优惠政策，使其也有经济能力与使用低硫煤的企业竞争。否则，开采高硫煤的企业只能被市场淘汰，或者放弃开采高硫煤资源而专门开采低硫煤炭产品，造成高硫煤资源的浪费，从而导致高硫煤市场出现滞销。

随着国家对煤炭资源的需求量的增加，高硫煤资源在我国煤炭资源中的地位将逐渐受到重视，通过开发和应用高效煤炭脱硫技术，扩大高硫煤资源的利用。

高硫煤利用的技术途径：炼焦煤脱硫炼焦利用、高硫难脱硫煤的气化转化利用、低阶高硫煤直接液化利用、高硫动力煤脱硫发电利用以及综合分级清洁利用。

对高硫煤利用的指导思想：制定高硫煤资源的开发利用规划，实施高硫煤资源科学开采，实现高硫煤资源分区利用、分类利用、分级利用和清洁利用，增加高硫煤资源的开发和保护，提高我国煤炭资源的供给保障能力（图 8-3）。

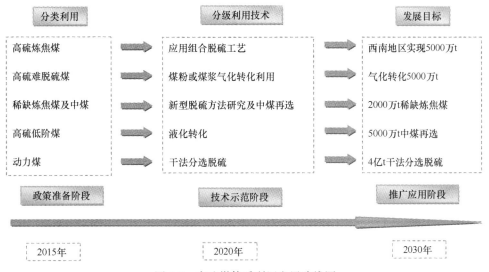

图 8-3　高硫煤体质利用发展路线图

第 9 章 稀缺煤二次资源开发与技术发展研究

随着我国城镇化进程的加快，钢铁工业对炼焦煤的需求总量还将持续增加。据统计，2010 年我国炼焦煤产量约 10 亿 t，山西、山东、安徽、黑龙江、河南等省是我国的炼焦煤主产区。山东、河南、黑龙江等省炼焦煤资源已逐渐枯竭，炼焦煤产能提升空间有限。同时，我国炼铁高炉向大型化发展，对优质焦炭的需求逐步增大，对低灰、低硫、强黏结性的主焦煤、肥煤需求量增大。为此，每年从国外进口大量的优质炼焦煤以满足国内钢铁工业的发展。据统计，2010 年我国炼焦煤进口量达到 4727 万 t，同比增长 37%。加强焦煤和肥煤的二次资源的开发，提高资源利用率是一种现实选择，更是国家需求。当前我国稀缺煤资源开发所面临的积极因素和挑战如下。

（1）积极因素

1）政策支持。对稀缺煤炭资源进行深度和精度分选研究符合《国家中长期科学和技术发展规划纲要（2006—2020 年）》关于水和矿产资源重点领域的"矿产资源高效开发利用"和能源重点领域的"促进煤炭的清洁高效利用，降低环境污染，大力发展煤炭清洁、高效、安全开发利用技术，并力争达到国际先进水平"的优先主题，特别是对促进我国冶金工业的发展具有十分重要的意义。本项目提出也符合社会发展科技领域国家科技计划项目需求征集指南中资源领域的"煤炭资源高效洗选技术与装备"方向。

2）煤种优势。稀缺煤种主要指焦煤和优质无烟煤。焦煤主要用于钢铁冶炼，在国内基础设施建设发展迅速的情况下，这种稀缺性便更加突显出来。无烟煤属于高价优质煤种，产品运用范围广泛。

《煤炭工业发展"十二五"规划征求意见稿》规定，将对优质炼焦煤和无烟煤资源实行保护性开发。"十二五"期间，将主要加大发电用煤和化工原料煤的生产，适度控制优质炼焦用煤的生产。

3）经济效益优势。我国现阶段重选和浮选是选煤应用最广泛的方法。稀缺煤炭资源重选中煤一般接近原煤灰分，属于中等密度、可选性差的极难选煤炭资源，部分炼焦煤选煤厂的中煤含量占整个原煤入洗量的 20%~30%，灰分均接近入料灰分。一般情况下，从其密度组成来看，中煤低密度含量较大，说明损失在中煤中的精煤比例较大，如果不加以回收必然造成经济损失。通过对煤炭资源分选过程中产品的煤岩特性分析，中煤中除少量分选误差混进的低密度精煤外，一般可视为是精煤与矸石的连生体，要想从中煤中最大限度地脱除矿物质必须对中煤进行破碎和研磨，以便使煤粒与矿物质充分解离，这样才有利于对精煤的回收。"把丢了的宝贝捡回来，利用新技术偿还资源债。"我国焦煤和肥煤精煤占总精煤比例约 50%，如果每年约入洗 2.5 亿 t 的焦煤和肥煤，中煤平均产率在 30% 左右，则每年有 8000 多万 t 中煤产品，若不进行再选，直接作为民用和电厂燃料,是我国稀缺煤资源的极大浪费。从经济上分析,如果把全国的焦煤、肥煤的洗选中煤进行二次再选,能从 8000 万 t 中煤中解离精选出炼焦精煤 20% ~ 30%,增加产值近百亿元。因此,针对稀缺的煤炭资源中煤再选的可行性,实施适度破碎解离后进行精细化深度再选关键技术的研究,释放中煤里的精煤组分对提高我国炼焦煤资源的高效利用具有重要的现实意义,同时对我国煤炭资源的高效利用也具有长远意义。

(2) 挑战

1) 中煤分选困难。首先是中煤连生体的煤岩解离问题,主要体现在中煤的适度破碎和磨碎以及高效节能的碎磨技术开发。中煤产品以连生体为主,如出现过粉碎和过磨现象,将对后续中煤重介质分选和浮选中煤的浮选造成不良影响,主要体现在对分选矿浆溶液环境的影响,影响分选的精度和产品质量。因此需要针对未解离矿物的选择性磨矿技术,既保证有用矿物的高效解离,提高磨矿产品单体解离度,又避免对于已解离的单体矿物的过磨,导致在分选中损失。还有碎磨后微细粒产品的脱水问题,碎磨后产品中微细粒含量增加,由于细粒级物料的粒度细、毛细空隙发达,含大量黏土矿物质等原因,细粒级物料的脱水过程复杂,难以达到合格的产品水分。

2) 总体煤炭储量大,但优质稀缺煤储量相对较小。与我国丰富的煤炭资源相比,中国优质稀缺煤资源相对较少,储量仅占我国煤炭总量的 26.3%,且近年来在找矿方面几乎没有新的发现。其中黏结性差、适合作配煤的气煤储量占到近 50%,而强黏结性的主焦煤和肥煤仅占煤炭总储量的 3.53% 和 5.81%,也就是说,炼焦煤的主要配煤品种——主焦煤和肥煤合计仅占焦煤总储量的 36% 左右。

3) 技术与装备水平不足。现有的煤泥的浮选装置以各种形式的浮选机和浮选柱为主,如维姆科浮选机、奥托昆普浮选机、充填式浮选机、粗粒浮选机、闪速浮选机、离心浮选机、喷射浮选机、充填浮选柱、微泡浮选柱、詹姆森浮选柱、加拿大的 CPT 浮选柱、德国的 KHD 浮选柱、美国的 Flotair 浮选柱、VPI 微泡浮选柱等。这些设备所研究的工作主要局限在单台设备上,存在浮选过程模式单一化的缺陷,都没有涉及非线性的分选过程设计。

根据当前我国稀缺煤资源开发所面临的积极因素和挑战,提出了我国稀缺煤战略开发技术图,如图 9-1 所示。

9.1　中国稀缺煤资源分布状况及面临问题

9.1.1　稀缺煤炭资源总量小

从世界范围看,煤炭资源总量中炼焦煤的资源量约占 1/10,其中又以气煤最多,肥煤、焦煤和瘦煤只占约 1/2;炼焦煤资源的分布并不均匀,约有 1/2 分布在亚洲地区,1/4 分布在北美洲地区,其余 1/4 则分散在世界其他地区。从全国范围看,我国煤炭资源储量丰富,煤种齐全,但分布比例相差很大 (黄文辉等,2010)。在已探明的储量中,我国优质无烟煤 (灰分≤15% 和硫分≤1% 的无烟煤) 资源储量约 300 亿 t,占全部无烟煤资源储量的 20% 左右,无烟煤属于高价优质煤种,产品运用范围广泛。气煤、肥

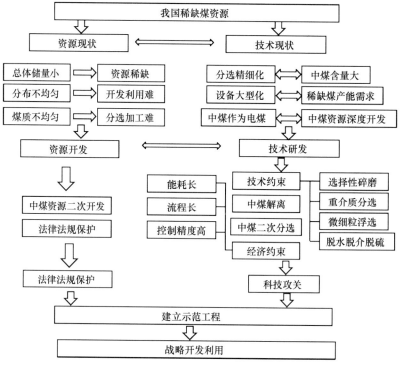

图 9-1　我国稀缺煤战略开发技术图

煤、焦煤、瘦煤四种炼焦煤分别占煤炭总资源量的 13.03%、3.38%、5.39% 和 3.38%。作为炼焦工业不可缺少原料的焦煤与肥煤资源量占比例较小，特别是具有强黏结性的焦煤资源更少，是煤炭资源利用中的重要保护对象。其中：肥煤资源量最少，仅占煤炭总资源量的 3.38% 和占炼焦煤资源量的 12.58%；焦煤占煤炭总资源量的 5.39% 和占炼焦煤资源量的 22.07%。炼焦煤中有 15% 左右为难选、难以利用的高硫煤，全国有半数左右的炼焦煤只能作为动力煤使用。张世奎（2005）曾明确提出炼焦用煤的主力煤种焦煤、肥煤为稀缺煤种，它们的资源量分别只有 695 亿 t 和 373 亿 t。我国作为世界上最大的炼钢用焦煤的生产国和消费国，年消费近 10 亿 t 炼焦煤，焦煤与肥煤的开采速度远快于其他煤种，焦煤、肥煤产量比例较资源比例高出一倍多，这使得我国焦煤和肥煤资源比例正迅速减少，按现行肥焦煤的开采速度和储量计算，开滦、西山煤电、冀中能源等主要焦肥煤生产企业，其现有储量可供开采年限为 28~44 年，从长远发展的角度分析，我国将来可能出现炼焦煤的紧缺，特别是焦煤、肥煤的紧缺。除焦煤、肥煤外，优质无烟煤由于钢铁行业对冶金喷吹煤资源需求将逐步增长，同时受到农业和煤化工产业的强力支撑，未来其稀缺性将越发显现，适合做直接液化原料煤的煤种（如内蒙古呼吉尔特矿区的优质不黏煤）、适合作高档碳素制品（包括钢铁工业中的增碳剂）的超低灰无烟煤种（如宁夏汝箕沟矿区的优质无烟煤）等已经列为特殊和稀缺煤炭种类。

9.1.2　稀缺煤炭资源分布不均

中国煤炭资源分布广泛，虽然在 29 个省份赋存有炼焦煤和无烟煤，可是炼焦煤资源主要集中分布在为数不多的地区；无烟煤保有储量为 1.156 亿 t，仅占全国煤炭保有储量的 11.5%，主要分布在山西和贵州两省。据范维唐院士 2005 年的资料，在我国 29 个省份发现有炼焦煤，其中 56.1% 分布在山西，保有焦煤储量 1400 多亿吨，位居首位，安徽、山东、贵州、黑龙江和河北位居第二、三、四、五、六位，其资源量分别仅占 8.5%、6.1%、3.6%、3.5%、3.3%；其余炼焦煤资源零星分布在其他 23 个省份（黄文辉等，2010）。煤炭是一种不可再生资源，必须对其合理开发与保护，国家已将山西离石柳林、乡宁和黑龙江勃利 3 个炼焦煤田划为稀缺煤种煤田，要求实行保护性开采。山西炼焦煤的资源总量优势和品种优势十分突出，煤炭可选性大多为中等可选至难选。我国炼焦煤（原煤灰分小于等于 15% 和硫分小于等于 1%，具有强黏结性、可选性为易选的炼焦煤）资源储量约 600 亿 t，占全部炼焦煤资源储量的 20% 左右；而其中焦煤、肥煤和瘦煤（三者属于主焦煤）资源储量约 300 亿 t，仅占全部炼焦煤资源储量的 10% 左右，山西主焦煤保有储量约 230 多亿吨。钢铁行业的发展导致钢铁企业对喷吹煤需求增长，喷吹煤主要以无烟煤为主，其生产煤炭企业有阳泉、晋城、兰花、宁夏、永城等。山西的无烟煤，只有产于山西组中的灰分和硫分一般较低，而产于太原组中的则多为中高硫至特高硫煤；贵州和四川的无烟煤多属高硫至特高硫煤；我国宁夏汝箕沟的无烟煤，灰分、硫分都很低，在国际市场上享有盛誉，灰分小于 7%，硫分在 0.6% ~ 2.9%，是少有的优质无烟煤，但是储量有限。

9.1.3　稀缺煤炭资源难以支撑钢铁大国对资源的需求

随着国民经济的高速发展，国家对钢铁和煤的消费需求逐年增加。钢铁工业的快速发展，供给与需求结构不匹配，导致焦煤、肥煤、优质无烟煤、铁矿石等稀缺煤资源与矿产资源供需更为紧张。我国的铁矿石需求存在供应缺口，国内铁矿石产量无法满足需求，钢铁企业需要大量进口铁矿石，进口量占需求量的比例亦逐步提高，2007~2010 年进口铁矿石量分别达到 3.83 亿 t、4.4 亿 t、7.04 亿 t、6.186 亿 t，虽然 2010 年比 2009 年铁矿石进口量略有下降，但短期内大量依赖进口的趋势很难改变，同时国民经济发展对于矿产资源需求大幅度增长的趋势也不会改变，铁矿石供应仍然摆脱不了紧张局面。焦煤和肥煤是炼铁冶炼不可缺少的工业原料，国内炼焦煤资源不能满足钢铁工业的需求，焦煤已成为继铁矿石之后，钢铁企业不得不正视的成本难题。我国炼焦煤出口一直呈下降趋势，进口量逐年增加，2006 年进口 466 万 t，2008 年进口 686 万 t，2009 年进口 3440 万 t，同比增长 402%，一跃成为净进口国，2010 年焦煤进口量 4727 万 t，同比增长 37%。2011 年 1 月国际煤价大涨，动力煤进口同比下滑 35%，但焦煤和无烟煤进口同比增长 17% 和 23%，焦煤进口量的快速增长源于国内有效供给增量非常有限。根据能源局预测，随着"十二五"期间我国城镇化进程的加快，钢铁工业对炼焦煤的需求还将持续增长，炼焦煤供需仍十分紧张。面临全球经济复苏之后带来的竞争，各国抢夺焦煤资源的程度将会逐步加剧，我国和印度焦煤进口量快速增长，并取代日本、韩国成为最大进口国，炼焦煤价格的上涨将给我国造成较大影响。从进口来源分析，虽然国际煤炭市场供应来源逐步由单一趋向多元，由澳大利亚一国扩大到蒙古国、俄罗斯、美国、新西兰等国，我国炼焦煤进口来源也可能转向蒙古国、俄罗斯等国，但是可供进口的增量仍然不大。

9.1.4 稀缺煤的中煤资源缺乏开发利用

稀缺煤资源二次分选技术研究对推动我国选煤技术的精细化发展具有重要意义。从表9-1可看到，开滦和七台河等以产焦煤和肥煤为主的炼焦煤为主，其精煤回收率均不足40%，以肥煤为主的盘江矿区的精煤回收率也只有43%左右，稀缺煤资源煤质可选性差，精煤回收率低，急需洗选技术的提高。

表9-1 2005年中国稀缺煤资源主要生产矿区精煤回收率一览表

矿区名称	煤质主要类别	精煤回收率/%
开滦	肥煤、焦煤、1/3焦煤	38.85
峰峰	焦煤、肥煤	60.85
山西焦煤	焦煤、肥煤、1/3焦煤	69.19
海勃湾	肥煤、焦煤	68.97
七台河	焦煤、1/3焦煤	36.50
淮北	肥煤、焦煤、1/3焦煤	58.24
平顶山	1/3焦煤、焦煤	62.67
盘江	肥煤、1/3焦煤	43.01

中煤资源含有大量未释放的精煤，再选回收精煤具有重要的经济效益。

长期以来，由于受煤炭行业传统发展模式的影响，地质勘探、建井、开采、分选、储运各个环节都会造成煤炭损失，这些具有战略意义的稀缺煤往往是每采1t煤要破坏和浪费近6t，大量优质煤种被浪费。焦煤、肥煤是冶炼用焦中起骨架作用的重要煤种，目前都必须经过洗选。这种稀缺煤炭资源的一部分因高硫、高灰、难洗选和黏结性差，脱硫技术不成熟，洗后也达不到炼焦标准，只能用作动力煤而难以开发利用，其他低硫高灰的稀缺煤因其可选性普遍差，在分选过程中又将产生20%~30%的中煤，这部分中煤灰分一般在35%左右，由于其灰分高目前只能作为燃料使用，中煤资源没有得到合理利用，初步估计每年有2亿t左右的炼焦煤被作为动力煤使用；享有"太西乌金"盛誉的太西煤，在很长一段时间，因为选煤技术的限制只能当做燃料烧掉，"黄金卖了土豆价"，导致稀缺煤资源的极大浪费，而且热效率低、污染环境。开发和研究高效的分选方法，对稀缺煤资源开展分选关键技术研究及工程示范，最大限度地提高精煤回收率，提高中煤利用率和精煤产品质量，是充分利用和保护我国的稀缺煤种，节约能源的有效途径。

9.2 稀缺煤资源开发面临的问题

9.2.1 缺乏支撑资源开发的关键技术与设备

稀缺资源开发涉及稀缺资源的深度分选、精度分选以及微细粒分选，稀缺资源开发对其分选工艺和设备都提出了更高的要求，而常规的资源开发所涉及的分选工艺如跳汰主再洗-煤泥浮选工艺、块煤重介-末煤跳汰-煤泥浮选联合工艺、块末煤全重介-煤泥浮选联合工艺、跳汰粗选–重介旋流器精选–煤泥浮选联合工艺、两段两产品重介旋流器主、再选–煤泥浮选联合工艺、三产品重介旋流器分选–煤泥浮选联合工艺，常规资源开发所涉及的分选设备有三产品重介旋流器、浮选机、浮选柱、TBS 粗煤泥分选机、螺旋分选机、破碎机、磨矿机等，这些分选工艺和设备对常规煤炭分选起到关键作用，但却难以支撑稀缺资源的深度开发。

9.2.2　中煤的选择性破碎及微细粒磨矿

主要体现在中煤的适度破碎和磨碎以及高效节能的碎磨技术开发。中煤产品以连生体为主，如出现过粉碎和过磨现象，将对后续中煤重介质分选和浮选中煤的浮选造成不良影响，主要体现在对分选矿浆溶液环境的影响，影响分选的精度和产品质量。铁矿反浮选尾矿粒度一般 $-0.074mm$ 含量已经达到 90% 以上，$-10\mu m$ 含量超过 30%，磨矿粒度细，但解离度一般仅在 70% 左右。因此需要针对未解离矿物的选择性磨矿技术，既保证有用矿物的高效解离，提高磨矿产品单体解离度，又避免对于已解离的单体矿物的过磨，导致在分选中损失。

9.2.3　细尺度下的精细化分选与分离

重选中煤经破碎煤岩解离后，细粒级物料含量增加，中间密度物含量高，分选下限要求严，难以对其进行高精度和高效率分选；进一步降低重选下限，有效脱除超出分选下限物料是碎解后精细分选必须解决的关键问题；浮选中煤和低灰无烟煤细磨后，连生体矿物得到煤岩解离，微细粒煤炭和细泥含量增加，细泥的粒度降低，部分细泥和煤炭的尺寸已经在 $11\mu m$ 以下，很难以浮选的方法将其分选，必须解决好微细粒煤与泥质矿物的分散、煤粒表面水化膜薄化及药剂与煤粒的充分接触等相关问题。

9.2.4　经济约束的稀缺资源开发技术与装备

稀缺资源开发难度更高，所涉及的工艺更为复杂，分选设备精度更高，这对整个工艺流程的集中控制和单个设备的控制都提出了更高的要求，而且还涉及磨矿解离等高能耗作业，所以在经济约束条件下的稀缺资源技术与装备开发是一个必须面临的重要问题。

9.3　国内外稀缺煤资源开发研究现状

关于洗选中煤的再选、从中煤中回收优质精煤的研究，国内外报道相对较少，原因是多方面的：①中煤以夹矸煤为主，是矿物质和煤的连生体，密度介于精煤和矸石之间，常规的选煤方法是块末煤重介分选+煤泥浮选工艺，分选的产品有块精煤、末精煤、中煤、煤泥等，由于重介分选分选下限与浮选入料上限的局限性，对连生体矿物无法进行有效地分选。②要从夹矸煤中选出低灰精煤，首先必须对其进行深度破碎，而现有的破碎手段其加工费用太高。中煤深度破碎再选工艺，在全国的炼焦煤选煤厂基本上没有采用，尚属空白。③常规选煤方法的分选下限也限制了破碎深度。煤用螺旋分选机、TBS 等分选设备适合于极易选或中等可选性的粗煤泥和氧化煤泥的分选和脱硫，对于极难选的中煤比极难选的原煤更为难选，这些设备很难适应，达不到应有的分选效率。④针对稀缺煤的浮选中煤特性，研究采用强化分选方法改善稀缺煤的用煤质量已迫在眉睫。

我国学者在稀缺难选煤分选方面也做了一些研究，中国矿业大学（北京）针对开滦集团钱家营选煤厂的煤泥进行了中煤再磨再选中试试验研究，其煤种主要为肥煤（FM36），精煤黏结性强（黏结性 G 为 98），结焦性好（胶质层厚度 Y 为 26mm），焦炭强度偏低（抗碎强度 M_{40} 为 77.0%，耐磨强度 M_{10} 为 9.0%，焦炭反应指数 CRI 为 37.3%，焦炭反应后强度 CSR 为 45.0%）。采取磨浮工艺，浮选尾矿通过旋流器分级，旋流器溢流作为尾矿，旋流器底流入高频筛脱水，尾矿中的粗颗粒连生体部分入球磨机磨矿，使得连生体矿物解离后再返回入料搅拌桶进行强力搅拌。通过控制高频筛筛网的尺寸，可以控制高频筛筛上物的中煤含量，当高频筛筛网孔径为 0.15mm 时，中煤循环量为 10.72%，其精煤灰分为 12.09%时，其可燃体回收率为 70.54%；当高频筛筛网孔径为 0.1mm 时，中煤循环量为 17.74%，其精煤灰分为 12.4%时，其可燃体回收率为 79.31%，循环量增加，精煤可燃体回收率明显增加。通过中煤解离后二次分选，在精煤灰分相当的情况下，较无中煤二次分选流程，可燃体回收率提高 10%以上。付晓恒分析了炼焦中煤分选的必要性和可行性，认为炼焦中煤磨碎再浮选可以最大限度地回收和利用我国的稀缺煤资源。吕玉庭等（2010）论述了我国煤炭资源的特点，从经济角度分析炼焦中煤再选的合理性。中煤再选研究主要体现在两个方面：①基于解离分选的中煤再选工艺试验研究。中国矿业大学（北京）采取疏水絮凝—浮选工艺从主焦中煤中回收低灰精煤，利用 JM 系列搅拌磨机对中煤进行磨碎，试验表明，对灰分高达 57.78%的主焦中煤，仍可获得 11.32%的精煤，且其产率高达 38.31%。张相国等（2007）以七台河桃山选煤厂主洗中煤为研究对象，对破碎至 3mm 煤样采用螺旋分选机分选，可得产率为 50.89%、灰分为 10.67%的合格精煤产品。中国矿业大学陶秀祥等针对开滦集团钱家营选煤厂的肥煤煤泥进行了中煤再磨再选中试试验研究，在精煤灰分相当的情况下，其可燃体回收率提高 10%以上（王市委等，2010）。②基于提高分选精度的跳汰中煤再选工艺。太西选煤厂跳汰分选精度低，通过有压给料三产品重介旋流器分选工艺对中煤再洗系统进行了技术改造，提高了精煤产率。淮北矿业集团芦岭煤矿选煤厂通过实施中煤再洗工艺，解决了因入洗原煤粒度变细，跳汰机正常分选时二段透筛量大、精煤损失较高的问题。峻德选煤厂通过增设中煤再选工艺，解决了跳汰精煤和矸石产品指标不易兼顾，导致的矸石中跑煤或精煤灰分超标的现象，大大减少了洗中块的损失。双鸭山矿业集团公司选煤厂和车集选煤厂等也利用重介旋流器对跳汰中煤进行再选，都取得了很好的效果（吕玉庭等，2010）。

在细粒难选焦煤、肥煤的分选和利用方面，国外学者进行了一定的探索，尤其是在缺少焦煤资源的印度、土耳其等国。印度的炼焦煤储量比我国更为缺乏，同属稀缺煤种，为了提高煤炭的利用率，印度的 Jena 进行了高灰氧化的细粒次烟煤分选，使用乙醇、丁醇脱除煤表面的氧化层，并用重油作为促进剂强化煤泥的可浮性，提高了难浮高灰煤泥的浮选效果。印度中央燃料研究院在炼焦煤深度加工方面做了大量工作，其研究的重点是采用油团聚分选，他们不仅对破碎的中煤，而且对煤泥进行了油团聚分选试验，因没有进行深度破碎，分选结果欠佳，且油耗很大（Jena et al.，2008）。德国在中煤再选方面也做了探索性的工作，矿业研究有限公司从提高优质煤的利用率、优化分选过程的角度出发，重点研究了选煤厂块中煤和末中煤的解离情况。但因浮选的分选下限限制了中煤的解离深度，因此精煤产率较低，在破碎后的物料中还存在较大量的煤矸连生体。Cetin Ho ten 对土耳其的细粒烟煤也进行了分级处理，比较了分级浮选与混合浮选的不同效果，证明了分级浮选能得到较纯的产品和较高的回收率。G. Ate 研究了在干磨过程中，使用添加剂改善难浮煤的浮选效果。

高精度重介旋流器逐步替代传统重介方法成为我国的主要选煤方法，在一定程度上提高了精煤产率；大型三产品重介旋流器、大型浮选机得到广泛推广，但是，在发挥动力煤洗选规模化效应、提高总体入选比例的同时，这种大型化趋势所带来的对细粒级分选精度低的缺点并没有得到业内人士的足够重视；粗煤泥分选逐步得到重视，煤泥重介、TBS、水介旋流器、螺旋分选机等都得到应用，水介分选虽然工艺简单，但用精度较低的水介质分选解决难度更大的细粒级分选问题，不是最大限度回收优质资源的最佳途径；浮选柱的推广，提高了浮选精度，尤其是细粒煤的分选精度。下面从碎磨技术，粒煤分选技术，煤泥浮选技术，细粒煤炭脱水、脱介及煤泥水处理技术几个方面分别阐述国内外的技术现状。

（1）碎磨技术

尉迟唯等（2003）通过研究表明，煤粒只有在 $10\mu m$ 以下时，煤岩组分才能充分解离，而这一过程的实现主要通过磨矿作业得以完成。陈秉均和杨锐邦（2004）研究表明湿法磨矿（或采用液氮冷却）较干法磨矿能够使零件表面获得更多的残余应力，从而能够进一步提高零件的表面质量，湿磨的效率明显优于干磨，而干磨的颗粒形状较湿磨的圆整。谢广元和陈清如（1998）研究发现球磨过程中影响产物细粉量的主要因素依次为粉重、球重、助磨剂、加水量和球级配。球磨介质的粒径越大，则产量就越高、产品粒度也越大；反之，则产量小、产物粒度也小。崔学茹等（2005）认为球介质充填率高于40%时，滑动现象就会停止，因而必须保证较高的充填率才能使得钢球做抛落式运动。李萍等（2005）在对炼焦中煤进行磨矿试验研究时发现，煤中有机单体的含量随着磨矿时间的增加而不断增加，而有机连黏土的含量则不断减少。

张妮妮等（2005）在灰分对煤的可磨性指数影响研究中发现，地质条件、煤化程度较均一的五种同灰分的平朔烟煤，其可磨性指数随着煤中灰分含量的增加其可磨性指数上升，可磨性指数从58升高到72。在研究挥发分与可磨性指数之间的关系时，由于影响可磨性指数的因素比较复杂，从实验中测定的几种不同煤化程度的可磨性指数来看，两种褐煤的可磨性指数较低或者偏下，而中等煤化程度的肥煤和气煤机械强度小，可磨性指数偏高，而无烟煤和贫煤的可磨性指数属中等。在混煤的可磨性变化规律研究中，试验发现混煤的可磨性指数变化比较复杂，与其加权平均值不同，但可以用加权平均值来代替。当在烟煤中掺入烟煤或者无烟煤时，可磨性指数上下波动，有时会高于其可磨性指数的加权平均值，甚至高于其单煤的可磨性指数，选择不同的混配比例可以改变其可磨性指数值而掺入褐煤时，混煤的可磨性指数无论在何种比例下总是低于其单煤的可磨性指数的加权平均值。

　　早在 20 世纪 30 年代就有人对一定质量的煤进行研究，发现煤的可磨性随各组分密度的增加而降低。哥索尔等于 1958 年发现，对于较高密度组分而言，其哈氏可磨性系数（HGI）随密度增大逐渐降低，最高密度组分除外。辛哈等于 1969 年研究大量煤种发现，洗精煤的 HGI 最高，中煤次之，而沉物的 HGI 又升高。煤的硬度一般表现为粉碎物料的难易程度。当煤中水分一定时，煤的哈氏可磨性指数与其硬度高低有关，HGI 大，则煤的硬度小、脆度大、易粉碎；反之，则煤的硬度大、脆度小、难粉碎。而煤中碳含量是硬度的决定因素之一。因此，煤的可磨性也受碳含量的影响。

　　由显微组分和矿物与哈氏可磨性指数的关系可以看出，挥发分含量相等的条件下，壳质组、镜质组、丝质组的 HGI 依次升高，说明丝质组容易破碎，壳质组韧性大，难于破碎，这可能是由于它的腊结构之故，镜质组则介于两者之间。在煤化过程中，各种显微组分的 HGI 呈抛物线变化。Trimble 和 Hower（2003）指出，对于最大镜质组反射率为 0.75~0.80 的煤样，镜质组和硅酸盐的含量对 HGI 起到促进作用，而微三合煤类型、暗亮煤类型、亮暗煤类型和灰分含量对煤的可磨性有消极影响。

　　Rosin-Rammler 等认为，粉碎产物的粒度分布具有二成分性（严格地说是多成分性）。所谓二成分性是指整个粒度分布包含粗粒和细粒两部分。根据粉碎产物粒度分布二成分性可以推论，材料颗粒的破坏形式不是由连续单一的一种破坏形式构成，而是两种以上不同破坏形式的组合。Hutting 等提出了粉碎模型的三种形式，分别为体积粉碎、表面粉碎和均一粉碎。体积粉碎模型为整个颗粒都受到粉碎，粉碎生成物大多为粒度较大的中间颗粒，随着粉碎的进行，这些中间粒径的颗粒依次被粉碎成具有一定粒度分布的中间粒径颗粒，最后逐渐积蓄成细粉成分；表面粉碎模型仅在颗粒的表面产生破坏，从颗粒表面不断剥下微粉成分，这一破坏不涉及颗粒内部，破碎产物粒度分布区别较大；均一粉碎模型为加在颗粒上的力，使颗粒产生分散性的破坏，直接生成微粉成分。以上三种模型中，均一粉碎模型仅在结合极不紧密的颗粒集合体粉碎场合出现，一般情况下的粉碎不考虑这一模型。实际中的粉碎是体积粉碎、表面粉碎两种模型的叠加，表面粉碎模型构成最终的细粉产物，体积粉碎模型构成中间过渡的粗粉成分，从而形成二成分分布。

（2）粒煤分选技术

　　我国目前的选煤工艺主要以跳汰+浮选、重介+浮选工艺和跳汰+重介+浮选联合工艺为主，且大多采取不分级和不脱泥入洗，尽量简化工艺，而国外的选煤工艺基本上都是分级和脱泥入洗，工艺较复杂，但各粒级颗粒的分选效率均较高。工业上最常用的重选设备包括重介旋流器和跳汰机两类，两者分选粒度下限高，若要降低有效分选粒度下限，必须通过增大动力消耗和降低处理能力来实现。

　　粗煤泥的粒度介于重选分选下限和浮选上限之间，重选和浮选都能对其进行轻微分选，它的分选往往不受重视。原来要求精煤灰分比较高且不严格时，一般粗煤泥不分选而直接掺入精煤。随着对精煤质量要求的不断提高，粗煤泥不能全部掺入精煤。工业上用于粗煤泥分选的重力分选设备主要有煤泥重介旋流器、水介旋流器、螺旋分选机等，但因分选精度、介质制备、处理能力等方面原因的限制，应用效果都不很理想，在实际工业应用中受到很大制约。

英国理查德莫茨利有限公司开发研制的 MGS 超重力分选机是一种新型的流动膜分选机，其实质是利用离心强化了对细粒煤的重力分选。该新型分选机的工作原理和摇床类似，所不同的是将其摇床面布置成一个旋转滚筒的内侧，当颗粒与流动水膜一起沿滚筒内表面运动时，作用在颗粒物料上的力要比重力大若干倍。但当入料煤浆所含黏土量超过一定限度时，其分选效果会明显降低。

（3）煤泥分选技术

一直以来，提高细粒级的选择性和粗粒级的回收率一直是煤泥浮选的重要任务。崔广文等（2013）针对高灰细泥对浮选的影响进行研究，通过实验室试验研究认为细泥含量达到一定量时将对浮选造成较大影响，且入浮粒级越宽时细泥的影响越明显。田海宏和王劲草（2004）对目前浮选现状进行分析，认为粗粒级和细粒级在分选过程中是有差异的，其中细粒级的分选效果不理想，浮选精煤易受到污染，并提出了相应的解决方法。Graeme Jameson 从流体力学角度分析了不同粒度煤泥的浮选行为，认为细颗粒需要高能量状态的流体环境，通过强剪切、强紊流增加矿粒和气泡的碰撞附着概率，而粗颗粒的物料则只需较低的能量输入，但不同粒级都需要高的气含率条件，来保证浮选效果。Sata 等采用高速动态摄影技术对粗颗粒煤的浮选行为进行了研究，发现在实验设备机械搅拌式浮选机内存在由煤颗粒桥接作用形成的气泡粗簇团，并对其形成过程进行分析，认为促使粗颗粒浮选的重要因素就是这种气泡簇团。列皮伦等提出了一种有效分选粗粒的技术方法，即泡沫分选，并分析了这种方法的理论基础，还利用粗粒磷灰石进行了实验室验证。阿塔等对浮选泡沫相进行了研究，结果表明泡沫对疏水矿粒的捕收效率很高，也就是说，浮选过程一方面受颗粒本身疏水性的影响，另一方面跟泡沫中适于颗粒附着的表面积有很大关系。Kejian Ding 将煤与矸石的混合物、次烟煤作为研究对象，在进行煤的反浮选可行性研究中发现，浮选中添加 PAM 不进行调浆就可以使氯化十二烷基三甲胺的用量从 6kg/t 降至 1.375 kg/t，若将 pH 调至 7.5~8.5 进行浮选，就可以减少 MIBC 的用量，使用单宁酸作为分散剂可以降低精煤灰分。埃森波拉特在进行土耳其烟煤的浮选研究时发现，在矿浆中加入无机阳离子能够压缩煤粒表面的双电层，降低其表面自由能，使得煤的电动电位降低，最终提高了煤的可浮性，有利于氧化煤泥的浮选。

李蒙俊等（1994）应用油团聚技术对湖南白沙某烟煤进行降灰研究，在最佳化工艺参数条件下，在原煤灰分 30.79% 的情况下，精煤灰分可降至 4.06%，产率 46.21%；中煤灰分 10.62%，产率 21.73%；尾煤灰分 83.28，产率 32.06%。中国矿业大学（北京）在油团聚方面做了很多工作，发现对于氧化程度高的煤粒，要加入少量醇类使表面疏水才能进行油团聚。谢登峰（2008）研究了絮凝剂、分散剂的种类和用量、矿浆浓度等因素对分选效果的影响，通过对煤样性质的分析，利用选择性絮凝法得到了灰分为 1.29%、产率为 41.26% 的超纯煤。蔡璋（1998）对煤泥选择性絮凝进行系统研究后，得出选择性絮凝方法对极细粒煤泥分选具有较好的选择性，杂质的嵌布粒度对分选效果有较大的影响。杂质呈极微细嵌布，且含量较高时，常造成分选困难，效果有所下降。王怀法等（2001）采用选择性聚团法对山西某高灰、超细、极难选煤进行了一系列实验研究。实验中分别采用煤油、柴油、索罗明、油酸钠为团聚剂和浮选捕收剂，六偏磷酸钠为分散剂，仲辛醇为浮选起泡剂。结果表明索罗明油降灰效果最明显，原煤灰分30.88%，最终可得到灰分为 12.28%，精煤产率为 55.31%。

（4）细粒煤炭脱水、脱介及煤泥水处理技术

细粒物料的脱水方式有两种：过滤和沉降，而过滤又分为表层过滤与深床过滤。机械振动脱水、离心机脱水等选煤厂的细粒物料脱水方法都是表层过滤。目前盘式真空过滤机在选煤厂主要用于处理浮选精煤，带式真空过滤机已很少应用。盘式真空过滤机国产设备最大工作面积达到 $200m^2$，国外设备最大工作面积已达 $400m^2$。压滤机已成为选煤厂的主要脱水设备，选煤厂主要采用厢式压滤机与加压过滤机。袋式挤压机和板框式过滤机在选煤厂应用较少，管式压滤机在我国选煤厂还没有应用。但在实际生产中，通过提高压滤机入料浓度与压力，可显著改善压滤机的工作效率。此外，适宜的入料粒度与滤室厚度也是保证压滤机正常工作不可缺少的条件。带式挤压机首先是借助絮凝剂使煤泥形成絮团与游离水分分离，然后挤压脱水，絮凝剂作用对带式挤压效果起到十分重要的作用，而这点影响了该设备在我国的应用。加压过滤机是一种高效的新型脱水设备，它有效地解决了真空过滤机在浮选精煤脱水过程中存在的生产能力低、滤饼水分高等缺点。在相同处理量条件下，加压过滤机的能耗也明显降低；一般情况下，加压过滤机的工作压力可达到真空过滤机的 10 倍，但其具有体积庞大、占地面积大、辅助设备多、动力消耗大、维修量大、生产成本高、对煤泥的适应性差（不适用粒度较细的煤泥和尾煤）的缺点。沉降式离心脱水机的脱水是依靠颗粒在离心力场中的沉降分级来实现的，在通常情况下，离心液浓度主要取决于分级粒度，并与入料的细粒含量有直接关系。

在中煤资源再选方面，相关的专利有可调自旋式旋流器及其可调自旋式中煤洗选装置（CN1191159）、中煤磨碎分选工艺（CN101559404）、从原煤和中煤的夹矸煤中选精煤的工艺（CN101602029），其目的都旨在从原煤和炼焦用煤入洗后产生的中煤中的夹矸煤中选取精煤，通过磨碎的方法，采取浮选设备和粗煤泥分选设备对煤泥进行分选，侧重点在于解离后的细颗粒部分，但其未考虑到根据中煤的煤岩组成的不同，不同的中煤分选的解离破碎最佳粒度，应将解离的最佳粒度与分选工艺和分选方法结合起来，从而确定分选设备，通过粒煤和煤泥的破碎和磨碎粒度研究，分别采用重选和浮选的方法对中煤资源进行分选，工艺全面完善，可行性强。在微波脱硫方面，目前国内尚未相关的专利授权，在美国有相关的专利，但所保护的技术是采用 2450MHz 的微波技术应用，对其他微波频段尚缺乏专利。

总体来说，国内外对稀缺煤炭中煤资源回收等方面缺乏技术研究和工程实践，特别是针对不同煤岩性质的中煤资源，其碎磨的适宜粒度、分选工艺的选择、分选设备及方法确定都没有进行全面系统的研究。因而研究如何从中煤中回收合格的精煤产品，从尾矿中回收高品位的合格精矿，实现回收技术新突破，对提高资源的利用率，具有十分重要的技术支撑作用。

9.4 稀缺煤资源开发建议

我国是世界最大的炼焦煤生产国和消费国，炼焦煤资源相对短缺。焦煤和肥煤已成

为我国的稀缺炼焦煤资源。随着"十二五"期间我国城镇化进程的加快，钢铁工业对炼焦煤的需求还将持续增长，目前优质焦煤、肥煤短缺已成为部分企业保障焦炭质量的障碍。由于我国稀缺主焦煤和肥煤的可选性普遍较差，其精煤回收率普遍较低，一般在40%左右，造成了这些宝贵资源的流失。因此，对稀缺中煤资源的加工技术具有很大的发展潜力。

开发针对稀缺中煤特点的分选与净化技术，提高稀缺煤的总回收率，对于充分发挥稀缺主焦煤资源的优势，增加其有效供给量，具有重要的现实意义。建议完善稀缺煤资源的开发技术体系，从物质科学的认知开始，分析煤岩的物相组分及选择性磨碎方法，再进行精细化碎磨分选，并对整个分选过程进行动态过程调控强化，将核心技术进行耦合集成，形成具有我国特色的资源开发技术体系，有效释放褐煤和高灰煤资源量，提高稀缺炼焦精煤回收率 5%~15%。

重点对适度解离后各粒级物料的分选过程进行研究，进一步提高分选精度。主要包括末煤重介旋流器精细分选技术、粗煤泥分选工艺与技术开发、细煤泥精细浮选技术，以及综合运用多种方法的煤基洁净产品精细加工技术，形成一套完整的从中间产品碎磨、分选、脱水到洗水净化技术体系。

9.5　本章小结

1）焦煤、肥煤是焦化的基础原料。我国煤炭资源储量丰富，但全国炼焦煤储量小，分布严重不均，焦煤、肥煤成为稀缺煤炭资源，未来其稀缺性将越发显现。

2）焦煤、肥煤应作为战略资源开发。实施资源保护性开发，规范开发秩序，科学调控开发总量；加强技术攻关，淘汰落后工艺，提高稀缺煤资源回采率和入选率；充分利用海外资源，增加炼焦煤进口量，打造海内外资源结合开发；开发焦煤、肥煤二次资源，增加资源供给量，高效利用稀缺煤资源。

第10章 | 中国煤炭输配现状与主要矛盾分析

10.1 中国煤炭区域供需现状及发展趋势

10.1.1 中国煤炭生产的区域结构

由于资源赋存的差异，中国各省份煤炭产量的差别较大，以 2009 年为例，产量超过 1 亿 t 的省份共 7 个（表 10-1），依次为内蒙古、山西、陕西、河南、山东、贵州和安徽，产量占全国总产量的 72.18%，其中内蒙古和山西分别达 60 058.45 万 t 和59 354.98 万 t，两个省份的总产量约占全国煤炭总产量 40%；产量超过 5000 万 t 的省份有 8 个，即四川、黑龙江、河北、新疆、辽宁、湖南、云南、宁夏。

表 10-1 中国煤炭生产大省产量变化情况 （单位：万 t）

省份	1995 年	2000 年	2005 年	2006 年	2007 年	2008 年	2009 年
内蒙古	7 055.00	7 247.29	25 607.69	29 759.63	35 437.94	50 222.82	60 058.45
山西	34 731.00	19 602.70	55 426.05	58 141.91	63 020.93	64 501.30	59 353.98
陕西	4 248.00	1 983.89	15 246.00	18 261.99	20 353.51	24 162.79	29 611.13
河南	10 334.00	7 577.90	18 761.42	19 532.19	19 287.15	21 305.66	23 018.12
山东	8 827.00	8 038.59	14 030.00	14 069.45	14 518.34	13 742.50	14 377.72
贵州	5 472.00	3 676.75	10 795.50	11 816.59	10 864.18	11 319.53	13 690.74
安徽	4 444.00	4 678.31	8 487.96	8 331.90	9 265.65	11 649.49	12 848.55

资料来源：历年中国能源统计年鉴

从各省份的产量变化来看（图 10-1），山西近年来开发强度较大，煤炭生产规模基本稳定在 6 亿 t 左右，内蒙古、陕西、贵州近年来产量增加较快，在中国煤炭供应中将发挥更加重要的作用，尤其是内蒙古已经取代山西成为中国煤炭产量最大的地区，山东、安徽、河南煤炭后备资源量相对不足，产量增加潜力较小。

从七大规划区来看（表 10-2 和图 10-2），中国煤炭生产是"一枝独秀"，晋陕蒙宁规划区产量明显高于其他规划区，且增长较快，2009 年晋陕蒙宁规划区产量达 15.45 亿 t，占全国煤炭总产量的 52.08%（图 10-3），而 2000 年这一比例仅为34.54%（图 10-4）。特别是近年来，在其他区域煤炭产量保持基本不变或略有增加的情况下，中国 75% 以上的煤炭生产增量来源于晋陕蒙宁规划区。

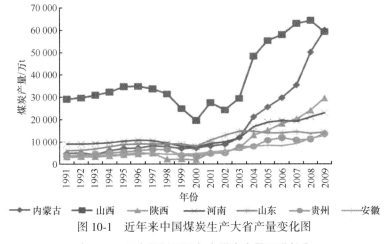

图 10-1　近年来中国煤炭生产大省产量变化图

表 10-2　七大规划区近年来煤炭产量及增长率

规划区		2001 年	2002 年	2003 年	2004 年	2005 年	2006 年	2007 年	2008 年	2009 年
东北	产量/万 t	11 916.83	12 748.60	14 577.52	17 708.39	18 613.30	20 653.76	19 768.40	20 235.33	19 774.35
	增长率/%	7.69	6.98	14.35	21.48	5.11	10.96	-4.29	2.36	-2.28
华东	产量/万 t	21 554.19	23 890.45	25 953.35	30 104.95	29 767.90	30 183.40	31 323.80	33 488.39	35 085.51
	增长率/%	23.47	10.84	8.63	16.00	-1.12	1.40	3.78	6.91	4.77
晋陕蒙宁	产量/万 t	42 695.48	40 808.22	50 908.67	85 129.05	98 887.60	109 436.60	122 584.00	143 212.30	154 533.10
	增长率/%	40.38	-4.42	24.75	67.22	16.16	10.67	12.01	16.83	7.90
京津冀	产量/万 t	6 555.92	6 964.65	7 422.72	9 719.93	9 537.41	9 015.78	9 311.78	8 724.05	9 135.83
	增长率/%	3.50	6.23	6.58	30.95	-1.88	-5.47	3.28	-6.31	4.72
西南	产量/万 t	11 664.53	8 974.35	12 335.78	20 649.40	25 382.70	27 755.68	28 177.10	28 844.71	28 259.34
	增长率/%	73.25	-23.06	37.46	67.39	22.92	9.35	1.52	2.37	-2.03
新甘青	产量/万 t	4 830.66	3 921.26	4 759.55	7 255.24	8 071.16	8 962.17	9 828.50	12 051.76	12 805.20
	增长率/%	6.78	-18.83	21.38	52.44	11.25	11.04	9.67	22.62	6.25
中南	产量/万 t	14 937.11	12 771.40	15 223.58	25 009.15	26 590.50	27 277.85	27 310.10	28 994.38	31 169.14
	增长率/%	44.65	-14.50	19.20	64.28	6.32	2.58	0.12	6.17	7.50

资料来源：历年中国能源统计年鉴

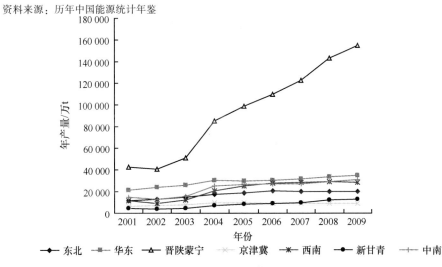

图 10-2　七大规划区煤炭产量变化图

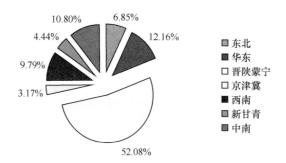

图 10-3　七大规划区 2009 年煤炭产量占全国的比重

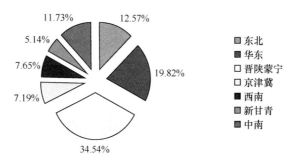

图 10-4　七大规划区 2000 年煤炭产量占全国的比重

10.1.2　中国煤炭消费的区域结构

由于经济总量和经济结构的差异，中国不同省份煤炭消费量差别较大。2009 年，中国有 15 个省份煤炭消费量超过 1 亿 t，消费总量达 27.02 亿 t，占全国煤炭消费的 76.93%，其中煤炭消费最大的为山东，消费量达 34 795 万 t，消费量超过 2 亿 t 的有山西、河北、河南、内蒙古和江苏 5 个省份（表 10-3）。

表 10-3　2009 年煤炭消费量超过 1 亿 t 的省份　　　　　　　（单位：万 t）

省份	消费量	省份	消费量
山东	34 795	浙江	13 276
山西	27 762	安徽	12 666
河北	26 516	四川	12 147
河南	24 445	湖北	11 100
内蒙古	24 047	黑龙江	11 050
江苏	21 003	贵州	10 912
辽宁	16 033	湖南	10 751
广东	13 647	合计	270 150

资料来源：中国能源统计年鉴 2010

从七大规划区煤炭消费总量及变化情况看（表 10-4 和图 10-5），七大规划区可以分为四种类型，华东地区消费量最大，且遥遥领先，总消费量近 10 亿 t，占全国煤炭消费量的近 30%；东北、京津冀、西南规划区消费量各占 10% 左右，合计约占全国总消费量的 30%；中南、晋陕蒙宁规划区各占 20% 左右；新甘青规划区消费量较小，消费量合计仅占全国煤炭消费量的 3.76%。

表 10-4　七大规划区煤炭消费及增长率

规划区		2001 年	2002 年	2003 年	2004 年	2005 年	2006 年	2007 年	2008 年	2009 年
东北	消费量/万 t	19 105	19 562	22 146	25 007	28 432	30 785	32 924	34 918	35 672
	增长率/%	-2.58	2.39	13.21	12.92	13.70	8.28	6.95	6.06	2.16
华东	消费量/万 t	41 353	45 251	51 444	60 621	74 473	82 724	91 010	96 872	99 510
	增长率/%	10.12	9.43	13.69	17.84	22.85	11.08	10.02	6.44	2.72
晋陕蒙宁	消费量/万 t	27 219	30 933	35 450	41 543	48 901	55 430	59 764	63 843	66 087
	增长率/%	13.52	13.64	14.60	17.19	17.71	13.35	7.82	6.83	3.51
京津冀	消费量/万 t	17 951	19 199	20 730	23 522	27 412	28 210	31 461	31 140	33 301
	增长率/%	3.72	6.95	7.97	13.47	16.54	2.91	11.52	-1.02	6.94
西南	消费量/万 t	15 343	17 066	21 043	24 776	26 460	29 689	31 779	33 648	37 727
	增长率/%	-3.44	11.23	23.30	17.74	6.80	12.20	7.04	5.88	12.12
新甘青	消费量/万 t	5 927	6 316	7 078	7 791	8 310	9 307	10 457	11 708	13 207
	增长率/%	3.91	6.56	12.06	10.07	6.66	12.00	12.36	11.96	12.80
中南	消费量/万 t	28 175	30 242	34 594	41 666	49 878	55 725	61 763	62 679	65 679
	增长率/%	6.64	7.34	14.39	20.44	19.71	11.72	10.84	1.48	4.79

资料来源：历年中国能源统计年鉴

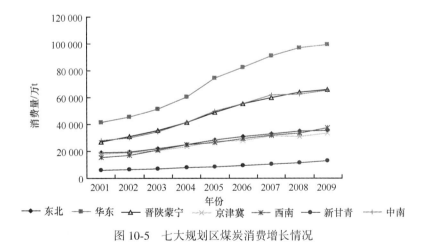

图 10-5　七大规划区煤炭消费增长情况

从近年来的煤炭消费量变化来看（图 10-6 和图 10-7），煤炭消费量占全国消费量比例基本不变的区域为中南、西南和新甘青规划区，东北、京津冀规划区煤炭消费占比在下降，而华东规划区煤炭消费占全国消费量的比例增加，从 2000 年的 25.64% 增加为 2009 年的 28.34%。

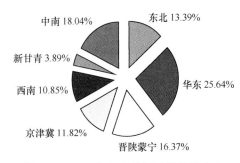

图 10-6 2000 年七大规划区煤炭消费占
全国的比例

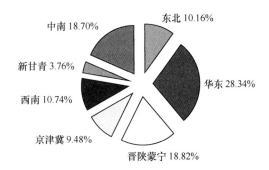

图 10-7 2009 年七大规划区煤炭消费占
全国的比例

10.1.3　中国煤炭区域供需发展趋势

10.1.3.1　中国煤炭区域供给发展趋势

我国《"十二五"规划》和其他相关规划已经明确提出,"十二五"期间将建设山西、鄂尔多斯盆地、内蒙古东部地区、西南地区和新疆五大国家综合能源基地。预计到 2015 年,五大综合能源基地生产能力将占全国生产能力的 70%,"十二五"期间新增产能将占全国新增煤炭产能的 85%。《煤炭工业发展"十二五"规划》也提出,我国煤炭建设将控制东部,稳定中部,大力发展西部,可以看出中国煤炭开采西移的趋势非常明显。

根据我国主要煤炭生产区资源赋存条件和主要煤炭消费区需求特点,将全国划分为京津冀、晋陕蒙宁甘新、东北、华东、中南、云贵、川渝青藏等七大区域①。各大区域 2015 年、2020 年、2030 年煤炭产量发展趋势见表 10-5。

表 10-5　全国分区域煤炭产量预测　　　　　　　　　　（单位:万 t)

地区	2010 年	2015 年	2020 年	2030 年
京津冀	9 400	8 900	8 000	6 000
晋陕蒙宁甘新	194 500	247 500	297 000	338 000
东北	19 600	19 500	18 500	16 000
华东	35 000	35 700	34 500	29 300
中南	27 700	28 500	26 500	20 200
云贵	23 100	25 900	29 000	33 500
川渝青藏	14 700	14 000	11 500	7 000
合计	324 000	380 000	425 000	450 000

①针对主要煤炭产区的划分,在《煤炭工业发展"十一五"规划》中将我国各地区划分为煤炭调出区、调入区和自给区,在煤炭供需现状分析部分本研究采用这种分区划分。随着我国煤炭产地空间格局的变化,煤炭产地的区域将在"十二五"期间进行重新划分。因此,在煤炭供需预测部分,本研究重新对区域进行了划分。将"晋陕蒙宁"调整为"晋陕蒙宁甘新",将西南地区的"云贵"单独列出,川渝和西北地区的青海及西南地区的藏合成"川渝青藏"。东北、华东、京津冀、中南地区没有变化。

1) 京津冀区。包括北京、天津、河北 3 省份。该区煤炭资源主要集中在河北，但大部分矿区已进入衰老报废期，可供新开发的煤炭资源不多。该区未来煤炭生产能力呈逐步下降趋势，预测 2015 年、2020 年、2030 年该区煤炭产量分别为 0.89 亿 t、0.8 亿 t 和 0.6 亿 t。

2) 晋陕蒙宁甘新区。包括山西、内蒙古、陕西、宁夏、甘肃和新疆等 6 省份，是目前和今后较长时期内我国煤炭主产区和主要调出区。其中，山西、陕西、内蒙古、宁夏 4 省份煤炭资源丰富，赋存条件好，适宜建设大型现代化煤矿，未来全国煤炭产量增长主要依靠该地区，但该区域水资源缺乏、生态环境容量不足。新疆、甘肃煤炭资源丰富，适合建设大中型煤矿，但远离煤炭消费中心，近期该区域煤炭生产仍主要以满足区域内的供需平衡为主，中长期煤炭调出量将逐渐增加。预测 2015 年、2020 年、2030 年该区煤炭产量分别为 24.75 亿 t、29.7 亿 t 和 33.8 亿 t。

3) 东北区。包括辽宁、吉林、黑龙江 3 省。该区大部分资源赋存条件差、开采难度大，已有矿区开发时间长、强度大，可供建设大中型煤矿的资源少，且多为褐煤，未来煤炭生产能力呈逐步下降趋势。预测 2015 年、2020 年、2030 年该区煤炭产量分别为 1.95 亿 t、1.85 亿 t 和 1.6 亿 t。

4) 华东区。包括上海、江苏、浙江、安徽、福建、江西、山东 7 省份，可供建设大中型煤矿的资源较少，未来煤炭生产能力呈缓慢下降趋势。预测 2015 年、2020 年、2030 年该区煤炭产量分别为 3.57 亿 t、3.45 亿 t 和 2.93 亿 t。

5) 中南区。包括河南、湖北、湖南、广东、广西、海南 6 省份，其中湖南、湖北、广西煤炭资源少而分散、煤层薄、开采条件差，该区未来煤炭生产能力呈下降趋势。预测 2015 年、2020 年、2030 年该区煤炭产量分别为 2.85 亿 t、2.02 亿 t 和 2.02 亿 t。

6) 云贵区。包括贵州、云南两省。贵州和云南是南方地区煤炭资源最丰富的省份，生产能力具有一定的增长潜力，但由于区域内煤田地质构造复杂，大型整装煤田少，煤矿自然灾害多，煤炭生产主要以中小型煤矿为主，大幅增加煤炭产量的难度大。预测 2015 年、2020 年、2030 年该区煤炭产量分别为 2.59 亿 t、2.9 亿 t 和 3.35 亿 t。

7) 川渝青藏区。包括重庆、四川、青海、西藏 4 省份。重庆、四川煤炭资源较少，赋存条件差，开采规模逐渐下降；青海、西藏资源相对较少，受环境制约严重，要控制开采。预测 2015 年、2020 年、2030 年该区煤炭产量分别为 1.4 亿 t、1.15 亿 t 和 0.7 亿 t。

10.1.3.2　中国煤炭区域需求发展趋势

电力、钢铁、建材和化学工业是我国四大主要耗煤行业，其耗煤量占国内煤炭消费总量的 86% 以上。运用主要耗煤部门法，依据全国及各省份主要耗煤工业发展趋势，对各地区煤炭消费量作出了预测，预测数据见表 10-6。

表 10-6　2015～2030 年分地区煤炭需求量预测 （单位：万 t）

地区	2010 年	2015 年	2020 年	2030 年
合计	323 000	400 000	450 000	480 000
京津冀	28 500	32 500	36 500	38 000
晋陕蒙宁甘新	72 000	103 500	121 000	136 000
东北	33 000	38 500	43 300	46 000
华东	99 600	114 400	124 000	125 000
中南	57 400	71 900	80 200	84 500
云贵	18 000	21 200	24 500	28 500
川渝青藏	15 400	18 000	20 500	22 000

根据预测结果，我国煤炭需求主要集中在华东区、晋陕蒙宁甘新区，两地区占煤炭需求总量的比例预计将分别由 2010 年的 30.84%、22.29%，变化为 2015 年的 28.6%、25.88%，说明未来煤炭消费将有西北和华东两个中心。中南区煤炭消费量位居第三位，基本维持在全国煤炭消费量的 18% 左右，东北区比京津冀区略高，分别为 10%、8% 左右。云贵区和川渝青藏区煤炭消费比例相当，均保持在 5% 左右。

10.1.3.3　中国煤炭区域供需平衡的变化趋势

从预测得到的 2015 年、2020 年、2030 年的全国和各地区的煤炭生产量和需求量看，全国范围内煤炭供需基本保持平衡，需要 3 亿 t 左右的进口补充。

从各地区的供需平衡状况看，晋陕蒙宁甘新区为我国供需差盈余最大的地区，其有很大的煤炭外运的需求，2015 年预计有 14 亿 t 的外运需求，2030 年将达到 20 亿 t。云贵区每年的供需差盈余在 5000 万 t 左右。其余地区都属于煤炭供需差不足的地区，预计到 2015 年，华东区、华中区、京津冀区、东北区、川渝青藏区的供需缺口分别达 7.9 亿 t、4.3 亿 t、2.4 亿 t、1.9 亿 t、0.4 亿 t。

10.2　中国煤炭输配的运输通道分析

10.2.1　煤炭铁路运输及通道分析

10.2.1.1　中国煤炭铁路运输概况

中国煤炭供应的基本特点是西煤东运、北煤南运。随着国民经济的发展，煤炭运输量也不断增加，目前我国煤炭运输主要有铁路直达、铁水联运和公路 3 种运输方式。铁路以其运力大、速度快、成本低、能耗小等优势，一直是我国煤炭运输的主要方式，铁路煤炭运量占全国煤炭总运输量的 85% 以上。从表 10-7 可以看出，近年来我国煤炭铁路运输量不断增加，2010 年国家铁路实现煤炭运量 156 020 万 t，是 1987 年 54 300 万 t 的 2.87 倍，1997 年 70 345 万 t 的 2.22 倍。随着煤炭开发的西移，煤炭平均运距在不断增加，1987 年平均运距为 526km，1997 年为 554km，2010 年已经达到 642km，比 1987

年增加了 116km。与此同时，煤炭运输在整个货物运输中也具有重要的地位，近几年煤炭货运周转量占总周转量的 45% 以上。

表 10-7　国家铁路煤炭运输情况

年份	铁路煤炭运量/万 t	占铁路货运比例/%	平均运距/km
2000	68 545	41.42	555
2001	76 625	42.91	558
2002	81 852	43.80	567
2003	88 132	44.27	574
2004	99 210	45.73	576
2005	107 082	46.37	595
2006	112 034	45.84	601
2007	122 081	46.73	607
2008	134 325	49.04	622
2009	132 720	48.04	639
2010	156 020	50.62	642

从 2009 年各煤炭生产、消费大省的铁路调运关系看（表 10-8），煤炭生产大省山西主要输往河北和山东两个沿海省份，一方面这两个省是煤炭消费大省，另一方面通过这两个省的沿海港口水运至东南沿海；内蒙古生产的煤炭主要输往河北以及东北三省；陕西煤炭铁路输出相对比较分散，平均运输距离较远，主要输往山东、河北、江苏、河南等；产煤大省河南、安徽、山东靠近消费大省，铁路运输距离相对较近；贵州作为西南地区最大的煤炭生产省，除了满足本规划区的煤炭需求外，大量煤炭输往广西、湖南、广东等省份。

表 10-8　2009 年产煤大省的主要铁路调运关系省

省份	主要铁路调运关系省及数量/万 t
内蒙古	河北（7 350），辽宁（4 701），吉林（2 085），黑龙江（1 648），天津（746）
山西	河北（24 297），山东（7216），河南（1988），天津（1717），江苏（1518），湖北（1479），辽宁（1173），北京（823），湖南（564），安徽（541）
陕西	山东（995），湖北（635），江苏（514），河南（377），江西（206），安徽（129）
河南	湖北（2184），湖南（694），江苏（422），安徽（379），江西（250）
山东	浙江（393），湖北（317），江苏（303）
贵州	广西（1945），湖南（309），广东（280），云南（219），四川（206），重庆（110）
安徽	江苏（1416），浙江（704），江西（668），湖北（242）

10.2.1.2　中国煤炭铁路运输通道分析

中国主要煤炭运输通道有"三西"煤炭外运通道、进出关通道、华东通道等，其中"三西"煤炭外运通道是全国铁路最主要的通道。

"三西"通道指的是南、中、北三大通道。南通道由侯月铁路、太焦铁路、陇海铁路、宁西铁路与西康铁路组成；中通道是由邯长铁路与石太铁路组成；北通道是由丰沙大铁路、大秦铁路、集通铁路、京原铁路与神朔黄铁路组成。从各铁路线路运煤量看，"西煤东运"以大秦线、神朔黄线、侯月线为三大通道，其中大秦线是"西煤东运"的第一大通道，2010年煤炭运量超过4亿t。

另外，我国"北煤南运"的纵向通道铁路包括宁西、京沪、焦枝、京广北段、黎湛等线，前四条铁路线具有较高的运输密度与运输量，此外京广南段与枝柳线有一定的运量。

目前，我国主要煤炭铁路干线及煤炭运输能力如下。

1）集通线。集通铁路公司管辖营业总里程1316.3km，其中集（宁）—通（辽）铁路944.4km、锡（林浩特）—多（伦）铁路（273.9km）、锡（林浩特）—乌（兰浩特）线锡（林浩特）—扎布其尔段98km。2010年集通公司管内货运量为4899.9万t，其中集通线2010年煤炭运输为1500万t，规划到2015年达到3500万t。

2）丰沙大线。丰沙大线东起丰台站，经永定河谷至沙城站，接京包线，经宣化、张家口，西至大同枢纽口泉站，简称丰沙大线，长379km，为双线自动闭塞，电力牵引，货物运输能力6500万t，其中煤炭运输5000万t，2015年预计达到5700万t。

3）大秦线。大秦线是我国目前最为重要的煤炭运输专线铁路，自山西大同至河北秦皇岛，纵贯山西、河北、北京、天津，全长653km。2010年大秦铁路煤炭运输超过4.0亿t，规划2015年达到4.5亿t。

4）京原线。京原铁路起自北京石景山南站，经良各庄、十渡、白涧、紫荆关、塔崖驿、涞源、灵丘、平型关、繁峙、枣林、代县、阳明堡，止于山西原平，与北同蒲铁路接轨，全长418km，煤炭运输能力约2000万t。

5）朔黄线。朔黄铁路西起山西神朔铁路的神池南站，东至河北黄骅港前站，为国家一级电气化铁路干线，它与包神铁路和神朔铁路相连，构成了全长1029km的神骅铁路，把陕北、内蒙古南部大型能源基地和渤海湾出海口联结起来，成为中国西煤东运的第二条大通道。2010年运输煤炭1.6亿t，2015年预计达到2.5亿t。目前，朔黄线3.5亿t扩能规划已经核准。

6）石太线。石太线为河北石家庄至山西太原铁路干线。石太铁路于1903年由法国开工修建，1907年10月全线竣工，11月通车。东起正定西到太原（今东起石家庄，改称石太线），全长243km，运输能力7000万t，2015年预计达到7800万t。

7）邯长线。邯长线是一条连接河北南部邯郸与山西东部长治的铁路，线路全长219km。邯长线煤炭运输能力为2000万t，改造完成后能力可达6200万t。

8）太焦线。太焦铁路是晋煤东南外运主要铁路干线。从山西太原经榆次、长治、晋城至河南焦作，全长398km，运输能力6200万t，考虑邯长、邯济线扩能，煤炭运输能力还有增加的空间。

9）侯月线。是侯月铁路由山西侯马至河南月山，全长252km，于1994年建成通车，是晋煤外运的南通路之一。2010年煤炭运输1.3亿t，2015年预计达到1.6亿t。

10）陇海线。陇海铁路是中国一条从江苏连云港通往甘肃兰州的铁路干线，于1905年起动工，经过40余年的分段建设，至1952年全线建成，目前全长1759km，为

Ⅰ级双线电气化线路。陇海铁路是贯穿东、中、西部最主要的铁路干线，也是从太平洋边的中国连云港至大西洋边的荷兰鹿特丹的新亚欧大陆桥的重要组成部分。煤炭运输能力 4000 万 t，2015 年规划达到 5000 万 t。

11）西康线。西康线自陕西西安（陇海线新丰镇）至安康（襄渝线安康东），全长267.49km，为一级单线电气化铁路，预留双线，2010 年煤炭运量 2000 万 t。双向电气化扩能完成后，远期煤运能力可达 5000 万 t。

12）宁西线。宁西线是连接南京与西安两座城市的铁路系统，全长 1030.2km。2010 年煤炭运量 3000 万 t，规划 2015 年达到 5000 万 t，复线建设完后将达到 7000 万 t。

13）张唐线。张唐线西起张家口、南至唐山港，是蒙西、蒙东煤炭外运的新大能力通道。建成后年输送能力近期为 1.2 亿 t，远期为 2 亿 t。

10.2.2　中国煤炭铁水联运概况

中国煤炭铁水联运主要是通过铁路运输到北方港口和内河港口，再通过港口运输到消费地。当前，中国煤炭铁水联运占有越发重要的地位。铁路转海运是北煤南运的主要通道，是"三西"煤炭供应华东、华南和煤炭外贸出口的重要运输通道。中国沿海已基本形成环渤海、长三角、东南沿海、珠三角及西南沿海等五大港口群，其中环渤海港口群为发送港，其他港口主要是接卸港。北煤南运除铁路转海运外，还利用铁路转长江和京杭大运河运输，以及铁路转西江运输。长江煤炭运输主要由浦口、汉口、裕溪口和枝城"三口一枝"转运，京杭大运河煤炭运输主要由邳州和徐州两港转运。

10.2.3　煤炭公路运输状况

目前公路主要承担能源基地内部煤炭运输，或铁路、港口煤炭集疏运输。由于铁路运力不足，在山西、内蒙古和云贵煤炭外运中公路运输也发挥了一定的作用，山西主要运往临近的河北、河南、山东、安徽等省，内蒙古主要运往临近的河北、辽宁、北京等省份，云贵主要运往广西、川渝和湖南等邻近省份。以山西为例，公路外销一直发挥重要的作用，2005~2009 年煤炭外销公路运量基本在 1 亿 t 以上，其中 2009 年外销煤炭总计 44 531.44 万 t，公路外运 10 013.43 万 t，占外销总量的 22.49%（表 10-9），主要运往河北、河南、山东等地（表 10-10），其中公路外运至河北的占 80% 左右。

表 10-9　山西公路外销煤炭数量及比例

年份	外销总计/万 t	公路外销/万 t	公路外销占比例/%
2009	44 531.44	10 013.43	22.49
2008	53 273.59	13 598.68	25.53
2007	51 968.20	12 855.04	24.74
2006	45 065.46	11 558.59	25.65
2005	42 395.57	11 247.53	26.53

资料来源：历年山西省统计年鉴

表 10-10 山西煤炭公路外销的主要省区及运量 （单位：万 t）

省份	2009 年	2008 年	2007 年	2006 年	2005 年
河北	7 110.77	9 870.31	9 090.39	7 996.83	7 998.54
内蒙古	74.86	180.71	84.42	74.83	153.12
江苏	1.40	25.30	11.16	8.33	14.78
山东	616.75	815.32	616.77	700.75	727.87
河南	2128.51	2597.95	2865.70	2653.67	2327.00
陕西	21.96	47.06	181.53	116.55	26.22

资料来源：历年山西省统计年鉴

近年来由于区域间公路路况和交通管理的差异所造成的大量拥堵现象，也给煤炭供应下游客户造成严重的供应中断。例如，2010 年 8 月 14 日开始，时间持续 20 余天的京藏高速公路进京方向大堵车中，大量煤炭运输车辆既是被堵的重要对象，也是引发拥堵的主要根源之一。在鄂尔多斯等"三西"煤炭产区，煤炭公路运输拥堵有愈演愈烈之势，运煤公路拥堵已成为常态，大大增加了运煤成本，对煤炭供应安全产生了严重影响。

10.3 煤炭应急储备基地建设现状分析

为解决煤炭供需矛盾，平抑煤炭价格，应对突发事件，我国在 20 世纪 60 年代，将一些港口作为战略煤场建设起来，如湖北的抬船路港埠（现平鄂煤港），不仅名列国家的战略物资目录，而且每年承担着国家储备煤炭的计划。当时国家计划委员会除了工农业用煤分配外，还要拿出一块作为国家储备，储备资金由国家投资（表 10-11）。

表 10-11 已建（拟建）煤炭储备基地情况

规划部门	规划（拟建成）年份	地点	预计储备规模/万 t	辐射范围	（预期）投资/亿元	投资主体
湖北	2010	武汉四房港区	500	湖北、湖南、江西	8.0	湖北省煤炭投资开发有限公司
北京	2010	昌平、房山、密云、大兴和顺义	300	北京	—	地方煤炭公司或民营投资
山东	2008	龙口	60	胶东半岛四地市	5.3（一期）	龙矿集团、龙口港集团
山东	（2011）	龙口、莱芜、诸城和齐河	300	山东部分地区	—	—
山东	（2015）	6~8 个省级应急储备基地	>600	全省骨干电厂半月以上用煤量	—	—
河北	2010	曹妃甸	416	东南沿海	20.0	开滦集团
浙江	2009	舟山	300	浙江	—	浙江省能源集团
江西	2009	九江	120	中电投沿江各电厂	—	中国电力投资集团公司

续表

规划部门	规划（拟建成）年份	地点	预计储备规模/万 t	辐射范围	（预期）投资/亿元	投资主体
辽宁	2009	沈阳、营口、锦州	50~80	辽宁	—	—
安徽	2009	芜湖	500	安徽	—	芜湖港、淮南矿业
福建	2011	湄州湾	1 期设计年运量 1500 万 t	海西经济区	25.0（1 期）	国家开发投资公司
神华集团	2009	在全国范围内建设十座煤炭储备设施	3000	全国	—	神华集团
国家煤炭储备基地	2011	10 家大型煤炭、电力企业和秦皇岛港、黄骅港、舟山港、广州港、武汉港、芜湖港、徐州港、珠海港等 8 个港口企业	500	全国	—	大型煤炭、电力和港口企业

资料来源：课题组根据相关资料整理

　　自 2003 年福建决定建立煤炭应急储备制度以来，北京、山西、山东、湖北、安徽、辽宁等地纷纷提出了建设煤炭储备基地的规划，部分煤炭储备基地项目已开工建设或建成投入运营（表 10-11）。2010 年山东省人民政府办公厅专门出台了《关于推进山东省煤炭应急储备基地建设的意见》，明确了建设煤炭应急储备基地的规划目标、布局及政策措施，并提出 2011 年争取建成龙口、莱芜等 4 个省级煤炭应急储备基地，煤炭应急储备能力争取达到 300 万 t 左右，到 2015 年，建成 6~8 个区位优势较强的、总体规模达到 600 万 t 以上的省级煤炭应急储备基地，即形成山东全省煤炭应急储备网络。北京 2010 年选择昌平、房山、密云、大兴和顺义为五大煤炭应急储备基地，总体储备规模达 300 万 t，为北京年度煤炭消费量的 10% 左右。2010 年年初，湖北省政府决定拿出 1 亿元资金在宜昌和武汉各建一个储备中心，以解决煤炭运输遇到的问题。2011 年 11 月，由国家开发投资公司投资 25 亿元建设的煤炭码头一期工程开工，设计年运量 1500 万 t。投资 70 亿元、具备 3500 万 t 上水和 3000 万 t 下水能力的二期工程完工后，国投湄州湾煤炭码头年吞吐量将达 8000 万 t，成为辐射整个海西经济区的大型煤炭供应和储备基地。

　　近年来煤荒的频繁发生，也加快了国家相关部门研究和建立煤炭应急储备体系的步伐。2009 年 9 月国家发展和改革委员会启动了国家煤储基地的建设计划，一些地方政府和大型煤企成为其主力军，中央政府委托神华集团筹建国家煤炭储备基地。2010 年 1 月 13 日国务院召开"加强煤电油气运保障工作会议"，指出为应对特殊时期的"煤荒"问题，国家发展和改革委员会提出要加快推进煤炭应急储备的相关工作，具体包括统一规划，有效整合现有资源和设施，加快国家煤炭应急储备基地的建立并择机储备，引导、带动并规范地方储备和企业储备。2011 年国家发展和改革委员会、财政部联合下发了《国家煤炭应急储备管理暂行办法》。2011 年国务院批准通过《国家煤炭应急储备方案》中，确定了神华、同煤、中煤、中平能化集团、徐矿、淮北矿、淮南矿、华能阳逻电厂、国电九江电厂、大唐湘潭电厂等 10 家大型煤炭、电力企业，以及秦皇岛港、黄骅港等 8 家港口企业作为煤炭应急储备点，第一批国家煤炭应急储备计划为 500 万 t，这是煤炭应急储备在国家层面上的第一次正式实施。2011 年《"十二五"规划纲要》中也提出要合理规划建设能源储备设施，加强煤炭储备与调运应急能力建设。

10.4 中国煤炭输配面临的主要矛盾和问题

10.4.1 煤炭供需时空布局的矛盾日益突出

（1）静态布局视角

从静态布局看，存在资源分布不均衡和消费布局不合理现象。

资源分布不均衡。我国煤炭资源分布呈"西多东少、北多南少"格局，决定了资源开发布局与目前我国经济发达程度、生态环境容量成逆向分布的特点。煤炭生产供应区远离主要消费区，长距离运输、瓶颈制约的问题突出。

消费布局不合理。受多重因素影响，大量的高耗煤产业布局在东部地区，加大了我国煤炭运输、配送的难度。

（2）动态发展视角

从动态发展看，晋陕蒙宁地区煤炭产量比例逐渐增大。随着东部矿区资源逐渐枯竭，开采难度加大，全国煤炭生产重心越来越向晋陕蒙宁地区集中，资源、环境的约束逐渐强化。

华东作为主要煤炭消费地区，煤炭产量逐渐减少，需求仍将适度增加，供需矛盾加大。部分传统的煤炭调出省转为煤炭净调入省，区域煤炭供应平衡发生新变化。

蒙东东北褐煤产量快速大幅增加，但受褐煤提质工业化发展尚不成熟等多重因素影响，市场范围仍受到限制。

西南地区资源赋存条件差，煤矿建设与增产难度大，且随着区域煤炭需求增加，将逐渐从区域紧平衡向净调入量逐渐增长的方向发展。新疆地区受运输瓶颈制约，短期内仍以区内消费为主，随着一主两翼铁路干线建设，中长期调出量将逐渐增加。

10.4.2 市场不健全问题突出

（1）铁路建设投资体制不顺

一是受铁路部门亦政亦商、垄断经营的体制制约，铁路投资市场化机制发展缓慢，运力建设滞后于煤炭消费需求和产量增长；二是煤炭铁路运力配置不合理，我国每年铁路运输煤炭占总产量的 60% 以上，但铁路运力配置只有实际需求的 50% 左右，导致煤炭铁路运输瓶颈问题更加突出；三是铁路运输体系行政性收费与非行政收费交织，加大了煤炭物流成本。

（2）地方保护主义问题严重

一是部分产煤省份限制煤炭出省，影响煤炭区域供需平衡；二是征收价格调整基金等行政收费；三是对区域煤炭资源开发企业设置煤炭就地转化率，影响煤炭外运能力。

（3）煤炭物流业发展面临许多制约

一是煤炭物流节点不健全；二是煤炭物流企业数量多、规模小，物流管理粗放、物流运行效率低下；三是煤炭价格市场化机制有待完善；四是受多重因素影响，煤炭物流环节成本居高不下。

（4）煤炭相关行业改革滞后

与煤炭产业密切相关的铁路、电力等行业改革滞后，制约煤炭市场化改革。

（5）煤炭市场主体多、过度竞争问题突出

目前煤炭生产、经营企业多达 10 000 多家，集中度低，市场秩序亟待加强，过度竞争、市场不规范问题突出。

10.4.3　商品煤炭质量标准问题

（1）商品煤标准低，大量低质煤长距离运输，资源浪费严重

受近些年煤炭市场需求持续旺盛的影响，商品煤质量呈下降趋势，导致大量低质煤运输，浪费大量运力。2010 年，我国铁路运输煤炭 20 亿 t，如果将商品煤灰分降低 10 个百分点，减少 2 亿 t 运输，按照平均运距 640km 计算，即节省 1280 亿 t·km（2×640 =1280（亿 t·km））的运力。

（2）煤种使用不合理，造成稀缺煤种浪费

煤炭对路消费标准缺失，大量特殊和稀缺煤种被用于普通动力煤直接燃烧。

（3）动力煤原煤入选率低

我国煤炭入选率尤其是动力煤入选率整体偏低，大量原煤直接运输和燃烧。

（4）市场诚信建设亟待加强

由于近年来持续旺盛的市场需求，存在部分企业掺杂使假现象，而煤炭市场质量监管缺位或不到位，导致商品煤质量下降。

10.4.4　运输结构性的矛盾突出

（1）煤炭铁路网不健全

我国地域辽阔、人口众多、区域经济发展差别大，物（资）流、人（口）流量巨大，而铁路网不健全，特别是铁路直达中南、西南的煤炭运输通道能力低或建设滞后，带来的煤炭运输结构性矛盾突出。

（2）铁路直达用户的运输能力低

由煤矿、矿区铁路经国铁直达主要煤炭用户（电厂、钢厂等）的运输量少，大量商品煤需要经煤矿短途运输、矿区集运站装车、铁路运输、港口（存储、装卸），经海运到接卸港，再经短途运输到用户，环节多、成本高、效率低。

（3）煤炭运输流向不合理

铁水联运、海进江问题越来越多。湖南、湖北的电厂从山西直达铁路运煤只需要2~3天的时间，而山西的煤炭通过秦皇岛港口发船到达上海港，再转入长江到达武汉港，再转入相应电厂，需要20~30天的时间，形成"八千里路云和月，二十五天海进江"的局面，导致运输资源浪费、运输效率降低、煤炭供应安全隐患大。

（4）大量汽车长距离运输煤炭

晋陕蒙（西）地区大量煤炭通过汽车运输到河北、河南、山东等省，导致了我国经常出现京藏高速大堵车现象的发生。

（5）区域性、时段性煤炭运输紧张的问题难以解决

一是我国自然灾害多，区域性干旱、雨雪冰冻，时段性、季节性大雾、雨雪等现象，严重影响煤炭运输；二是每年的春运、每年的两会期间、国家重大节日等，以及铁路运力不足、煤矿事故停产等，均带来区域性、时段性煤炭运输紧张。

10.5　本章小结

本章重点分析了中国煤炭生产、消费的区域结构，分析了中国煤炭运输通道及储备基地现状及其存在的问题。

从生产结构来看，晋陕蒙宁规划区"一枝独秀"，产量明显高于其他规划区，尤其是内蒙古、陕西产量增加较快，在中国煤炭供应中将发挥更加重要的作用。

从消费结构来看，七大规划区中华东消费量最大，约占全国煤炭消费量的近30%，中南、晋陕蒙宁各占20%左右，东北、京津冀、西南各占10%左右，新甘青占3%~4%。

从运输通道看，铁路一直是我国煤炭运输的主要方式，且运量、运距不断增加。铁水联运在煤炭调运中发挥着重要的作用，是"三西"煤炭供应华东、华南和煤炭外贸出口的重要运输通道。公路主要承担能源基地内部煤炭运输，或铁路、港口煤炭集疏运输。近年来运煤公路拥堵大大增加了运煤成本，对煤炭供应安全产生了一定的影响。

为解决煤炭供需矛盾，平抑煤炭价格，应对突发事件，煤炭储备基地建设近年来引起了各方关注。2011年国家发改委、财政部联合下发了《国家煤炭应急储备管理暂行办法》，在《国家煤炭应急储备方案》中，确定了10家大型煤炭、电力企业和8家港口企业作为煤炭应急储备点。《"十二五"规划纲要》中也提出要合理规划建设能源储备设施，加强煤炭储备与调运应急能力建设。

根据生产和消费的区域结构，以及运输通道、储备基地发展现状，指出中国煤炭输配存在以下问题和矛盾：煤炭供需的时空布局矛盾突出、煤炭市场不健全、商品煤质量标准尚未建立、部分区域煤炭运力不足、煤炭储配体系不完善等。

第11章 中国煤炭输配发展战略及政策建议

11.1 中国煤炭输配格局及变化

11.1.1 中国煤炭输配基本格局

中国煤炭生产主要在中西部,以 2009 年为例,山西、内蒙古、陕西 3 个省份的煤炭产量分别为 59 353.98 万 t、60 058.45 万 t、29 611.13 万 t,分别占全国煤炭总产量的 20.12%、20.36% 和 10.04%,也就是说,3 个省份煤炭产量超过全国煤炭产量的 50%。相应地,这 3 个省份也是我国煤炭供应的主要调出区,2009 年山西、内蒙古的煤炭净调出量超过 3 亿 t,陕西的煤炭净调出量超过 2 亿 t。随着中西部经济的快速发展和高耗能产业向中西部的转移,近年来,中国煤炭消费的区域格局发生变化,部分中西部省份的煤炭消费增加较快。在全国煤炭消费量超过 2 亿 t 的省份中,东部有山东、江苏、河北,中部有山西、河南、内蒙古。

从表 11-1 可以看出,在我国煤炭生产、消费中,除了山西、内蒙古、陕西、宁夏、新疆、安徽、贵州产销相抵且有富余外,其余均有较大缺口,自给率在 50% 以下的有北京、天津、河北、辽宁、上海、江苏、浙江、福建、山东、湖北、广东、广西、海南等 13 个省份,缺口超过 1 亿 t 的有河北、江苏、山东、浙江、湖北、广东 6 省,其中河北、江苏、山东供应缺口达 2 亿 t。我国的煤炭消费大省可以分为四类:第一类是煤炭生产大省,煤炭消费能够自给自足且有大量调出,如山西、内蒙古;第二类是煤炭生产量较大,但是煤炭消费量更大,需要有大量调入,如山东、河北;第三类是煤炭生产量和消费量都较大,基本能够自给自足,如河南、安徽、贵州等;第四类是煤炭生产量较少,煤炭消费量较大,基本靠外省调入,如江苏、浙江、湖北等。

从七大规划区来看,东北、京津冀、华东、中南规划区的煤炭供应缺口主要依靠晋陕蒙宁地区调入,西南和新甘青地区基本自给。也就是说,七个规划区形成了三种格局,两个规划区基本自给(西南规划区和新甘青规划区),一个规划区大规模调出(晋陕蒙宁规划区),四个规划区大规模调入(东北规划区、京津冀规划区、华东规划区、中南规划区)。

表 11-1　2009 年各省份原煤产量、消费量及缺口、自给率

省份	消费/万 t	生产/万 t	缺口/万 t	自给率/%	地区	消费/万 t	生产/万 t	缺口/万 t	自给率/%
北京	2 665.00	641.25	2 023.75	24.06	湖北	11 100.00	1 058.45	10 041.55	9.54
天津	4 120.00	0.00	4 120.00	0.00	湖南	10 751.00	6 572.85	4 178.15	61.14
河北	26 516.00	8 494.58	18 021.42	32.04	广东	13 647.00	0.00	13 647.00	0.00
山西	27 762.00	59 353.98	−31 592.00	213.80	广西	5 199.00	519.72	4 679.28	10.00
内蒙古	24 047.00	60 058.45	−36 011.50	249.75	海南	537.00	0.00	537.00	0.00
辽宁	16 033.00	6 624.17	9 408.83	41.32	重庆	5 782.00	4 290.79	1 491.21	74.21
吉林	8 589.00	4 401.46	4 187.54	51.25	四川	12 147.00	8 997.34	3 149.66	74.07
黑龙江	11 050.00	8 748.72	2 301.28	79.17	贵州	10 912.00	13 690.74	−2 778.74	125.46
上海	5 305.00	0.00	5 305.00	0.00	云南	8 886.00	5 571.26	3 314.74	62.70
江苏	21 003.00	2 397.44	18 605.56	11.41	西藏	—	—	—	—
浙江	13 276.00	13.20	13 262.80	0.10	陕西	9 497.00	29 611.13	−20 114.10	311.79
安徽	12 666.00	12 848.55	−182.55	101.44	甘肃	4 479.00	3 875.59	603.41	86.53
福建	7 109.00	2 466.13	4 642.87	34.69	青海	1 310.00	1 283.61	26.39	97.99
江西	5 356.00	2 982.47	2 373.53	55.68	宁夏	4 781.00	5 509.53	−728.53	115.24
山东	34 795.00	14 377.72	20 417.28	41.32	新疆	7 418.00	7 646.00	−228.00	103.07
河南	24 445.00	23 018.12	1 426.88	94.16					

注：煤炭供应缺口的计算公式为本地区年度消费量−本地区年度生产量，正值为调入，负值为调出；自给率计算公式为本地区年度生产量÷本地区年度消费量。

资料来源：中国能源统计年鉴 2010

　　根据上面的分析，可以看出我国煤炭输配总体上呈现扇形结构，但是近期以"折叠扇形"结构为主，随着新疆煤炭的开发和利用，中远期将形成"芭蕉扇形"的煤炭输配格局。近期各调出区的战略定位为：晋陕蒙宁为核心调出区，主要调往东北、京津冀、华东、中南；新甘青（主要是新疆）是自给区，也是我国重要的战略资源开发储备区；西南为自给区，澳大利亚、印度尼西亚、越南、蒙古国、俄罗斯的进口是重要补充，主要输往东南沿海和东北地区。中远期各调出区的战略定位为：晋陕蒙宁为主要调出区，主要调往东北、京津冀、华东地区；新甘青（主要是新疆）将成为西南地区和中南地区的输出区，进口将形成较大规模，主要输往东南沿海和东北地区（图 11-1）。

11.1.2　中国煤炭输配格局的演变

　　借鉴相关学者的研究，利用重心模型和 2001～2009 年中国各区域煤炭生产、消费数据，计算煤炭生产重心和消费重心及变化，以反映我国煤炭生产和消费的偏离程度，进而反映我国煤炭输配格局的演变。重心坐标一般以地图经纬度表示，公式为

$$X_t = \sum_{i=1}^{n} C_n X_i \Big/ \sum_{i=1}^{n} C_n \qquad (11\text{-}1)$$

$$Y_t = \sum_{i=1}^{n} C_n Y_i \Big/ \sum_{i=1}^{n} C_n \qquad (11\text{-}2)$$

式中，X_t 为全研究区第 t 年煤炭的生产重心或消费重心的经度坐标；Y_t 为全研究区第 t 年煤炭的生产重心或消费重心的纬度坐标；C_n 为第 i 省份的煤炭生产量或消费量；X_i、Y_i 为第 i 省份所在地的经纬度坐标。其中，在具体计算各年煤炭的生产重心和消费重心

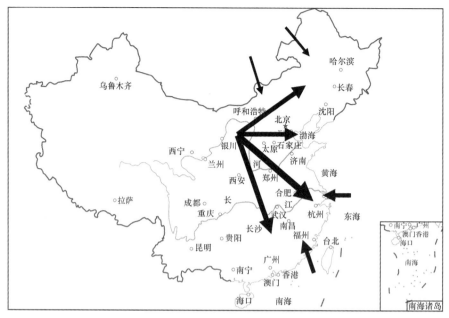

(a) 近期煤炭输配格局

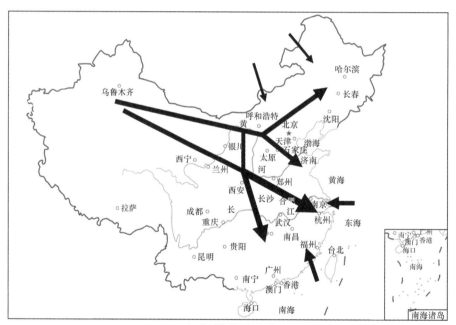

(b) 中远期煤炭输配格局

图 11-1 我国煤炭输配格局及变化

时，本书采用各省会城市所在的地理坐标作为各省的地理坐标。为了测算生产重心和消费重心的偏离程度，可以再依据以下公式计算两点间的距离。

$$s = 2\arcsin \sqrt{\sin^2 \frac{a}{2} + 6378.137 \cos(\text{Lat}_1) \cos(\text{Lat}_2) \sin^2 \frac{b}{2}} \qquad (11\text{-}3)$$

$$a = \text{Lat}_1 - \text{Lat}_2 \tag{11-4}$$

$$b = \text{Lung}_1 - \text{Lung}_2 \tag{11-5}$$

式中，Lat_1、Lung_1 为 A 点经纬度；Lat_2、Lung_2 为 B 点经纬度。

（1）中国煤炭生产重心演变轨迹分析

从表 11-2 和图 11-2 可以看出，1997 年以来，中国煤炭生产重心从一开始的剧烈不规则运动到剧烈向西南移动，最后平稳向西北转移。13 年间，煤炭生产重心的经向移动 $1.87°$，纬向移动 $0.65°$，$k<1$ 有 9 年，占 75%，即煤炭生产重心在经度上的变化速度大于纬度上的变化速度。由表 11-2 可知，煤炭生产重心移动方向为正的年份占到 58.3%，说明我国煤炭生产重心整体向西北方向移动。另外，煤炭生产重心累计移动了 436.36km，其中 $2005\sim2009$ 年共移动 96.34km，占 22.08%，说明煤炭生产重心移动速度从剧烈趋向平缓。

表 11-2　我国煤炭生产重心移动的方向与距离

年份	空间位置		移动距离/km
1997	35.76°N	112.82°E	—
1998	35.71°N	112.75°E	8.43
1999	36.25°N	113.09°E	67.47
2000	36.36°N	113.23°E	17.54
2001	35.79°N	112.83°E	72.95
2002	36.17°N	113.49°E	72.97
2003	36.11°N	113.24°E	23.45
2004	35.80°N	112.47°E	77.49
2005	35.79°N	112.22°E	22.60
2006	35.84°N	112.11°E	11.38
2007	35.94°N	111.93°E	19.68
2008	36.13°N	111.72°E	28.37
2009	36.23°N	111.62°E	14.31

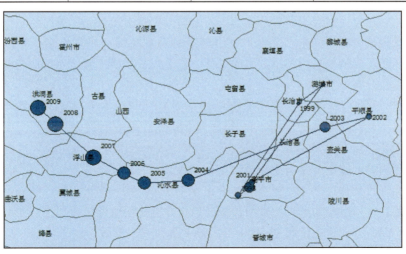

图 11-2　1997~2009 年我国煤炭生产重心的演变轨迹

1997~2002 年，我国煤炭生产重心呈现出剧烈不规则运动，这主要是因为 1998 年的亚洲金融危机使煤炭需求大幅下降。此外，国家为推进煤炭市场化改革，在 1993 年放开煤炭价格，改革订货制度，使煤炭生产量大幅度增长，到 1997 年我国煤炭市场已出现供大于求的局面。受内外部环境的共同影响，我国煤炭生产量从 1997 年逐年降低，至 2000 年到达最低点。这期间，我国绝大多数煤炭企业陷入困境，职工工资拖欠严重，大部分煤矿限产，煤矿安全投入严重不足，煤矿安全生产基础设施严重不到位，煤矿投资大幅下降，甚至处于停滞状态。煤炭生产重心的剧烈不规则运动也说明我国煤炭产业健康发展受到巨大影响。

2003~2005 年，我国煤炭生产重心大幅度向西南移动，3 年间共移动 123.54km。2002 年以后，我国经济快速增长，煤炭需求大幅增加，2005 年全国煤炭生产量是 2002 年的 1.98 倍。煤炭生产重心之所以向西南转移是由于国家加大了对西南地区煤炭的开发。重庆、四川、贵州和云南 4 省份 2005 年的煤炭生产量分别比 2002 年增加 2407 万 t、5371 万 t、5194 万 t 和 5242 万 t，增长 199%、195%、116% 和 430%，远远高于同时期的全国 98% 的平均增长率。

2006~2009 年，我国煤炭生产重心稳步向西北移动，速率降低，说明我国煤炭产业趋于健康稳定发展。煤炭生产重心向西北转移是因为内蒙古、陕西和宁夏煤炭资源的大幅度开采，尤其是内蒙古，2009 年内蒙古煤炭生产量达到 6 亿 t，超过山西，成为全国煤炭生产第一大省。3 省份 2009 年的煤炭生产量分别比 2005 年增长 235%、94% 和 111%，而同时期的煤炭增长率仅为 34%。

（2）中国煤炭消费重心演变轨迹分析

从 1997~2009 年总体变化趋势来看，煤炭消费重心呈现出"西进南移"的趋势（图 11-3），其中经度变化 0.54°，纬度变化 0.27°，变化幅度远小于煤炭生产重心，$k>1$ 的有 7 年，占 53.5%，说明煤炭消费重心在"西进南移"的过程中，纬度上的变化大于经度上的变化。从表 11-3 中可以看出，煤炭消费重心移动方向为正的年份占 53.5%，亦说明我国煤炭消费重心向西南演变的趋势。13 年间，煤炭消费重心累计移动 135.93km，平均每年移动 10.46km，可知煤炭消费重心在向西南移动的过程中速度比较平稳。

1997~2001 年，煤炭消费重心移动较为波动，先西南后东北再折向西北。这与 1997 年的亚洲金融危机有很大的关系。亚洲金融危机影响我国经济的发展，使煤炭需求下降，各地区的煤炭消费量呈现不规则的变化，或大幅减少或小幅增加，从而使得这期间煤炭消费重心分布不规律。

2002~2009 年，煤炭消费重心整体向西南演变，但其中也出现了个别年份，2005 年煤炭消费重心向东北移动，而 2008 年向西北移动。由前面的分析可知，煤炭消费重心"西进南移"的过程中，纬度上的变化大于经度上的变化，说明煤炭消费重心向南移动得更加明显。这主要是由于南方经济的发展快于北方，而我国以工业为主导产业，产业尚未实现转型，自然地能源消费高于北方。另外，我国煤炭资源占到一次能源消费的 2/3 以上，所以南方的煤炭消费增长率高于北方，从而使煤炭消费重心向南移动。煤炭消费重心向西移动是由于国家 2000 年实施了西部大开发战略，东部地区的高耗煤产业向煤炭资源地转移，而我国煤炭资源分布在西部。此外，煤炭消费重心 2005 年向东

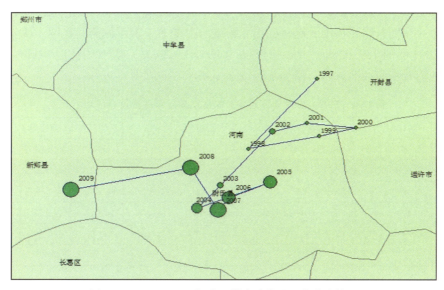

图 11-3 1997~2009 年我国煤炭消费重心的演变轨迹

北移动,是由于山东、河北、吉林 3 省的煤炭消费量分别比 2004 年增长 38%、20%、19%,而全国平均增长率为 17%。同时这也与我国 2003 年实施振兴东北老工业基地的政策息息相关。2008 年,煤炭消费重心向西北移动,是因为内蒙古、陕西、黑龙江的煤炭消费量分别比 2007 年增长 20%、13%、13%,而全国平均增长率仅为 5%,远远高于全国平均增长率。

表 11-3 我国煤炭消费重心移动的方向与距离

年份	空间位置		移动距离/km
1997	34.64°N	114.27°E	—
1998	34.50°N	114.13°E	20.19
1999	34.52°N	114.27°E	13.03
2000	34.54°N	114.34°E	6.79
2001	34.55°N	114.25°E	8.33
2002	34.53°N	114.18°E	6.79
2003	34.42°N	114.08°E	15.30
2004	34.37°N	114.04°E	6.67
2005	34.43°N	114.18°E	14.49
2006	34.39°N	114.10°E	8.59
2007	34.37°N	114.08°E	2.89
2008	34.46°N	114.03°E	11.02
2009	34.41°N	113.80°E	21.84

(3) 生产和消费重心偏离程度 (输配格局) 的变化

由表 11-4 可知,2001 年以来,我国煤炭的生产重心在 111.624°E ~ 113.490°E、35.786°N ~ 36.227°N 变动,消费重心在 113.411°E ~ 114.246°E、34.370°N ~ 34.549°N

变动。可见，生产重心的经度向西移动，纬度则波动较大；而消费重心的经度有向南移动的趋势，纬度有向西移动的趋势，南北偏离的程度强于东西偏离的程度。两者之间的距离由 2001 年的 189.026km 增加到 2009 年的 282.624km，增加了将近 94km。煤炭生产重心和消费重心逐渐背离，增加了区域间煤炭调运的难度。

表 11-4　2001~2009 年我国煤炭的生产重心和消费重心移动情况

项目	2001 年	2002 年	2003 年	2004 年	2005 年	2006 年	2007 年	2008 年	2009 年
生产重心	35.792°N	36.172°N	36.113°N	35.804°N	35.786°N	35.843°N	35.936°N	36.132°N	36.227°N
	112.831°E	113.490°E	113.240°E	112.466°E	112.221°E	112.106°E	111.933°E	111.722°E	111.624°E
消费重心	34.549°N	34.531°N	34.420°N	34.373°N	34.427°N	34.395°N	34.370°N	34.456°N	34.411°N
	114.246°E	114.180°E	114.081°E	114.037°E	114.176°E	114.098°E	114.077°E	114.025°E	113.798°E
距离/km	189.026	193.127	203.372	214.174	233.645	242.677	261.704	280.375	282.624
变化/km	—	4.101	10.245	10.802	19.471	9.032	19.027	18.671	2.249

11.1.3　中国煤炭输配格局演变的影响因素

通过电力、冶金、建材、化工四大耗煤行业产值重心的变化来分析影响煤炭输配格局变化的因素。

从电力行业产值重心演变来看，基本在河南息县附近移动，可以明显地分为两个阶段，1999~2003 年为第一阶段，2003~2009 年为第二阶段。第一阶段重心虽然东西南北移动不定，但总体上是向西北方向移动的；第二阶段相对第一阶段，明显向东南方向移动，但是 2003 年后，有较为明显的向西北方向移动的趋势（图 11-4）。

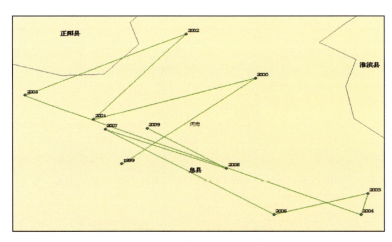

图 11-4　电力行业重心演变轨迹

从冶金（黑色金属冶炼及压延）行业重心变化来看，除了 2003 年偏离较大以外，向中西部转移的趋势比较明显，尤其是 2004 年后，有向西偏南移动的趋势，自商丘市附近移动至宁陵县附近（图 11-5）。

建材行业重心在 1999~2004 年有向东北偏移的趋势，但是 2004 年后，向北偏西移动（图 11-6）。

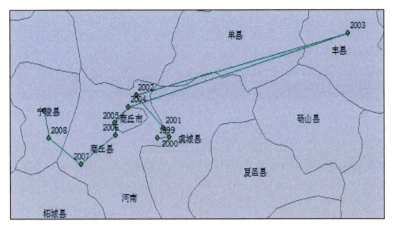

图 11-5　冶金（黑色金属冶炼及压延）行业重心演变轨迹

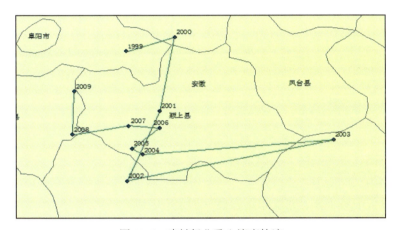

图 11-6　建材行业重心演变轨迹

化工行业发展重心在 1999~2002 年有向南偏移的趋势，但是 2003 年后，向西偏北移动的趋势明显（图 11-7）。

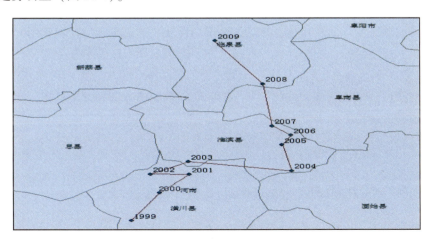

图 11-7　化工行业重心演变轨迹

从煤炭输配格局变化来看,煤炭就地转化(发电、煤化工等)、高耗煤产业向中西部转移等在一定程度上减缓了煤炭消费和生产重心偏离的速度,未来仍可以作为输配格局优化的重要举措从政策上加以引导。

11.2 中国煤炭输配发展战略思路

11.2.1 立足国内、全球配置

坚持立足国内,提高我国煤炭保障能力。我国煤炭资源丰富,预测资源总量居世界第二位,是支撑我国经济社会发展的基础能源保障,同时富煤缺油少气的能源资源特点决定了在今后较长时期内,煤炭仍将是我国的主体能源。因此,煤炭输配战略必须坚持立足国内,以完善国内输配体系为主,发展现代煤炭物流,促进我国煤炭梯级开发、梯级清洁高效利用,提高全国煤炭供应保障能力。

全球配置资源,提高我国获取境外资源能力。扩大煤炭领域对外开放水平,增加煤炭进口量,研究国际煤炭贸易形势和主要产煤国家相关政策变化,重点关注周边产煤国家煤炭生产和贸易情况,支持我国煤炭企业"走出去",增强我国获取境外煤炭资源的能力。

11.2.2 调整结构、区域平衡

调整煤炭生产结构。按照"限制东部、稳定中部、发展西部"的煤炭资源开发布局思路,调整煤炭生产结构,即限制东部矿区煤炭产量规模增长,延长矿井服务年限;稳定山西、河南、安徽等省煤炭产量,适度增加内蒙古、陕西等省份煤炭产量;做好新疆地区资源开发准备工作,根据市场发展,扩大新疆地区煤炭开发规模,形成我国煤炭资源"梯级开发、梯级利用"格局。

调整煤炭产品结构。按煤种、煤质、用途划分商品煤品种,鼓励原煤全部入选(洗),优质煤外运,低质煤就地转化,提高运输效率和资源综合利用水平。

调整煤炭消费结构。按照"稳东、增中、扩西"的思路,调整煤炭消费布局,即稳定东部地区煤炭消费总量,推动高耗煤产业向中西部转移;增加中部地区煤炭消费量,扩大西部地区煤炭消费规模,拉动区域市场发展,推进煤炭生产和利用方式变革。

调整煤炭运输结构。加快煤炭主产地到主要消费地煤炭铁路运输干线建设,形成以"点对点"直接输送为主、"点对面"配送为辅的煤炭输送格局,重点建设"西煤东运"通道、直达中南、直达华东、直达川渝等地区的煤炭运输干线和配送体系;减少煤炭物流环节,提高全国输配效率。

调整区域供应结构。建立区域煤炭供需平衡调节机制,打破区域市场、价格、行政格局,维护区域煤炭供需平衡。

11.2.3 优化流向、转(化)(外)运合理

优先发展煤炭主产区到重点消费区的大型物流通道,优化煤炭流向。例如,晋陕蒙直达华东、中南、华南等主要消费区的铁路专用通道,减少流通环节,提高煤炭运输

效率。

优先发展煤炭主产区到重要煤炭物流节点（煤炭中转地）的通道。例如，蒙西、晋北、晋中南等直达东南沿海港口、主要中转地的煤炭运输通道，减少公路煤炭运输量。

优先发展大型煤炭企业与电力、钢铁等重点耗煤企业之间"矿对厂"的供需模式。通过加强煤炭市场化机制建设，建立大型煤矿与主要用煤单位"点对点"的长期战略合作关系，提高煤炭直供能力。

根据煤炭品种，推行对路消费，提高煤炭利用效率。推行煤炭按品种、质量、用途对路消费，充分发挥煤炭既是能源又是工业原料的性能，提高煤炭利用效率。

煤炭就地转化与外运结合。根据煤质特点，合理确定煤炭就地转化与外运比例，坚持优质煤外运，褐煤等低质煤就地转化，按经济运输半径对路消费的原则，避免"逢煤必化"、低质煤长距离运输。

11.2.4　输配结合、应急保障

建设大型煤炭储配基地。鼓励大型企业在铁路、公路、水路条件适合的地方，建立集煤炭仓储、加工、物流、配送等功能为一体的煤炭储配基地，形成国家、区域、地方三级煤炭储备体系。

建立煤炭应急保障机制。推动秦皇岛、曹妃甸、黄骅、日照、舟山、广州等沿海港口，枝城、武汉、芜湖、徐州等长江、大运河中转港口及铁路运能不足的华中、西南等地区煤炭应急储备基地建设，提高应对重大自然灾害和突发事件能力。

发展现代配煤技术。发展煤炭物联网，鼓励煤炭物流企业采用电子数据交换技术、可视化技术、货物跟踪技术等，实现资源来源可追溯、去向可查证、物流流程可视化的目标。在发展配煤的基础上，完善煤炭供应链管理体系，促进煤炭合理对路高效消费。

推动全国煤炭交易中心建设。以煤炭交易中心为载体，构建全国煤炭物流信息采集、处理、交流和服务的共享机制，形成覆盖主产地、中转地和消费地的快捷、便利、畅通的全国性的煤炭物流信息网络平台。

11.3　中国煤炭输配发展战略路线图

11.3.1　中国煤炭运输通道发展路线图

目前，中国铁路运输能力仍不能完全满足煤炭运输的需要，运力短缺的局面在近期内仍然难以得到根本性的改变。中国西部地区和中部地区铁路建设极不发达。根据《中长期铁路网规划（2008 年调整）》，中国将进一步扩大西部路网规模，完善中东部路网结构，新建和改扩建"西煤东运"的通道（表 11-5）。国家在《"十二五"规划》中也提到要加快煤运通道建设，完善煤炭运输系统。国家在《"十二五"综合交通运输体系发展规划》中指出要规划建设蒙西地区至京唐港曹妃甸港区，晋中南地区至山东沿海港口的"西煤东运"通道，蒙西等能源基地至湖北、湖南、江西等中部地区的"北煤南运"新通道，优化完善煤炭运输系统，煤运通道能力约 30 亿 t。除了对我国既有的煤炭

铁路线进行改造扩运以外，我国根据各地区的煤炭供需特点和运力状况，已经在建设或规划建设主要煤炭铁路干线，主要涉及"三西"、华东、中南、东北和西北五大地区。铁路通道的改善将会在一定程度上缓解现有煤炭运输通道的压力。

表 11-5　近中期主要规划建设或扩能运煤线路运量　　　　（单位：万 t）

干线名称	起点	终点	2010 年运量	规划至 2015 年运量
集通线	集宁	通辽	1 500	3 500
丰沙大线	丰台站	沙城站	5 000	5 700
大秦线	大同	秦皇岛	40 000	45 000
京原线	北京	原平	2 000	
朔黄线	神朔铁路神驰南站	黄骅港	16 000	25 000
石太线	石家庄	太原	7 000	7 800
邯长线	邯郸	长治	2 000（年均）	6 200
太焦线	太原	焦作	6 200	
侯月线	侯马	月山	13 000	16 000
陇海线	连云港	兰州	4 000	5 000
西康线	西安	安康	2 000	5 000（预期）
宁西线	南京	西安	3 000	5 000（复线完成预期达 7 000 万 t）
蒙冀线	集宁	张家口，曹妃甸		4 000（远期 20 000 万 t）
蒙华线	内蒙古浩勒报吉	江西吉安		20 000（预计 2017 年建成）
晋中南铁路	晋中南	日照、烟台（龙口）、连云港		9 000（2030 年可达 12 000 万 t）

（1）"三西"煤炭外运通道

在建重点项目有：①大秦线 4.0 亿 t 扩能改造（已完成）；②新建集宁至张家口线；③集宁至包头增建第二双线；④集通线增建第二线；⑤新（扩）建包头至西安线；⑥神朔—朔黄线扩能改造；⑦邯长线扩能改造；⑧新建太中银铁路。此外，还有新建准朔线、巴准线、平西线等集煤项目，以及北同蒲、南同蒲、大准线、包神线等集煤铁路扩能改造项目。

规划建设的重点项目有：①新建张家口经唐山至曹妃甸铁路；②新建呼和浩特经集宁至张家口客运专线，呼张段客货分线运营后，可提高煤运能力；③新建和顺经邢台至黄骅铁路；④新建晋中南铁路；⑤新建黄陵至韩城铁路；⑥宁西线增建第二线；⑦西康线增建第二线；⑧神朔—朔黄线榆襄段增建第二双线。此外，还有新建新包神至乌审旗、新包神至杭锦旗、大塔至何家塔、准池等集煤项目，以及侯西等集煤铁路扩能改造项目。

（2）华东在建和规划建设的铁路运输通道

在建重点项目有：①新建京沪高速铁路，京沪线客货分线运营后，可提高煤运能力（已建成通车）；②新建德州经龙口至烟台铁路；③新建晋中南铁路；④新建南昌至莆田和福州铁路；⑤新菏兖日线电气化；⑥漯阜线扩能改造。

规划重点项目有：①新建石家庄至济南客运专线，石济段客货分线运营后，可提高煤运能力；②新建郑州至徐州客运专线，郑徐段客货分线运营后，可提高煤运能力；③新建合肥至福州客运专线，皖赣—鹰厦线客货分线运营后，可提高煤运能力；④邯济线增建第二线；⑤武九线电气化改造。

（3）中南在建和规划建设的铁路运输通道

在建重点项目有：①新建郑州至武汉客运专线，郑武段客货分线运营后，可提高煤运能力；②襄渝线增建第二线。

规划重点项目有：①焦柳线电气化改造；②新建安康经张家界至常德铁路；③新建运城至石门铁路；④石长线扩能改造。

（4）东北在建和规划建设的铁路运输通道

在建重点项目有：①新建哈尔滨至大连客运专线，哈大线客货分线运营后，可提高煤运能力；②新建天津至秦皇岛客运专线，津秦段客货分线运营后，可提高煤运能力；③新建伊敏至伊尔施铁路；④新建锡林浩特至乌兰浩特铁路；⑤新建赤峰至锦州铁路；⑥新建巴彦乌拉至阜新铁路；⑦平齐—大郑线扩能改造；⑧通霍线扩能改造；⑨锡林浩特至正蓝旗扩能改造。此外，还有新建锡林浩特至二连浩特、伊和吉林至松根山、贺斯格乌拉至珠斯花等集煤项目。

规划重点项目有：①新建齐齐哈尔至牡丹江客运专线，齐牡段客货分线运营后，可提高煤运能力；②新建北京经承德至沈阳客运专线，京沈段客货分线运营后，可提高煤运能力；③新建正蓝旗至丰宁铁路；④新建桑根达来至张家口铁路；⑤阿尔山经白城至长春扩能改造；⑥赤峰至锦州段扩能改造；⑦京通线扩能改造。此外，还有新建珠恩嘎达布其至白音华、额和宝力格至巴彦宝力格等集煤项目。

（5）西北在建和规划建设的铁路运输通道

在建重点项目有：①新建兰新客运专线，兰新线客货分线运营后，可提高煤运能力；②新建兰西客运专线，兰西段客货分线运营后，可提高煤运能力；③新建兰渝铁路；④新建哈达铺至成都铁路。此外，还有新建小黄山至将军庙、哈密至罗布泊、木里至柴达尔等集煤项目。

规划重点项目有：①新建哈临线哈密至额济纳段；②新建库尔勒经格尔木至成都铁路；③新建敦煌至格尔木铁路；④新建西宁至成都铁路；⑤新建兰州经合作至成都铁路。此外，还有新建将军庙至哈密等集煤项目。

新疆煤炭外运"一主两翼"规划外运量见表 11-6。

表 11-6　新疆煤炭铁路外运通道及外运量　　　　　　（单位：万 t）

外运通道		2020 年	2030 年
一主	兰新铁路	12 000	18 000
北翼	临哈铁路	2 000	6 000
南翼	鄯善—敦煌—格尔木	2 500	6 000
合计		16 500	30 000

基于前面的分析，提出煤炭运输通道发展路线图，如图 11-8 所示。

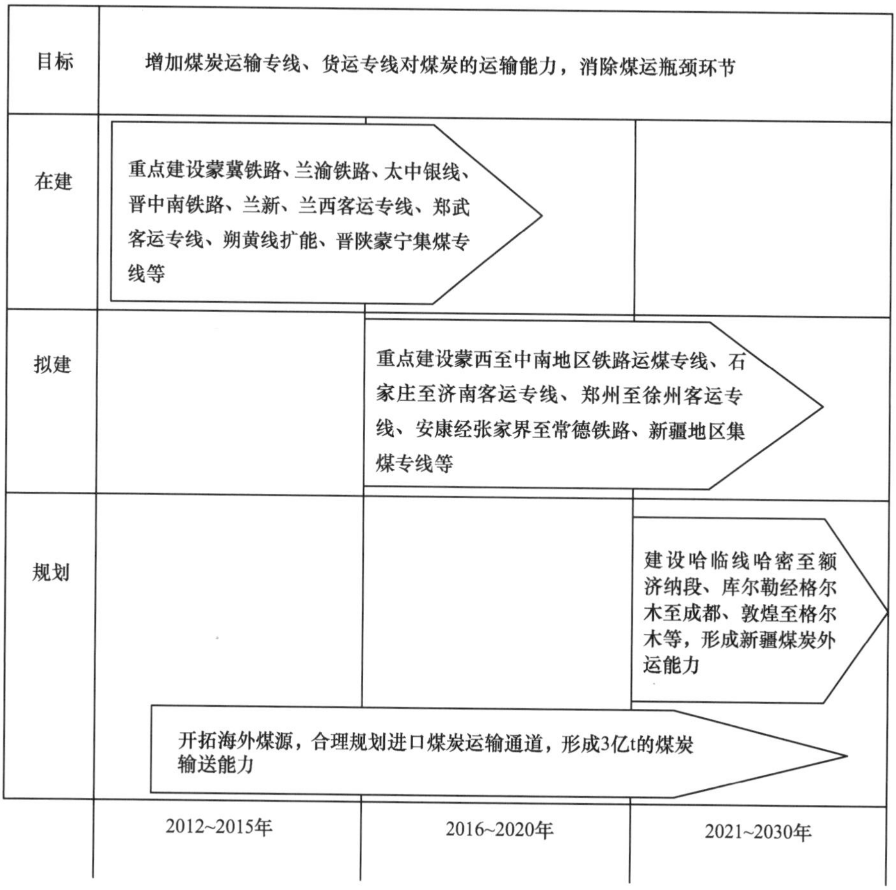

目标	增加煤炭运输专线、货运专线对煤炭的运输能力，消除煤运瓶颈环节		
在建	重点建设蒙冀铁路、兰渝铁路、太中银线、晋中南铁路、兰新、兰西客运专线、郑武客运专线、朔黄线扩能、晋陕蒙宁集煤专线等		
拟建		重点建设蒙西至中南地区铁路运煤专线、石家庄至济南客运专线、郑州至徐州客运专线、安康经张家界至常德铁路、新疆地区集煤专线等	
规划			建设哈临线哈密至额济纳段、库尔勒经格尔木至成都、敦煌至格尔木等，形成新疆煤炭外运能力
	开拓海外煤源，合理规划进口煤炭运输通道，形成3亿t的煤炭输送能力		
	2012~2015年	2016~2020年	2021~2030年

图 11-8　煤炭运输通道发展路线图

11.3.2　中国煤炭储配基地发展路线图

11.3.2.1　煤炭储备总规模测算

煤炭应急储备规模的确定是目前煤炭储备理论界和实践界共同关注的问题。储备规模过大，虽然增加了煤炭安全保障程度，但使社会负担的成本增大，储备规模过小则难以应对各种煤炭风险，降低煤炭供应的安全水平。因此确定最佳的煤炭应急储备规模是需要研究的重要课题。煤炭应急储备的目标不同、影响因素变化有异，将影响煤炭应急储备的最佳规模。从煤炭应急储备目的入手，分析影响煤炭应急储备规模的相关因素，运用社会福利模型和成本—收益分析方法，构建煤炭应急储备最优规模的数学模型，并运用现实数据和相关假设进行数值模拟和敏感性分析，分析影响煤炭应急储备规模的主要因素。对国家煤炭应急储备规模决策提出建议。

（1）煤炭应急储备规模最优模型构建

1）模型构建基本思路。在石油储备规模研究领域，国内外众多学者如 Teisberg

（1981）、林伯强等（2010）运用福利经济学理论，构建最优战略石油储备规模决策模型。其基本思想是：石油中断危机导致消费者剩余的减少，这是石油中断危机的成本，而战略石油储备可以减少这一成本，即通过运用战略石油储备可带来效益，但同时战略石油储备也产生诸如设施建设、日常维护、资金占用等成本，而政府的目标就是在储备的效益和成本之间进行权衡，以实现通过选择最优的战略石油储备规模和吞入（吐出）策略，使总成本最小化。

煤炭与石油都是中国重要的基础能源，煤炭虽然不如石油对外依存度高且关系国防安全和经济安全，具有国防等战略意义，但煤炭供应中断对我国国民经济会造成很大的影响，其更关系到我国的经济安全，煤炭主要依靠国内生产满足消费需求，与石油等对外依存度高并受国际市场影响较大的物资相比，其储备模型有其自身的特点。因此，沿着 Teisberg（1981），林伯强和杜立民（2010）关于石油储备规模模型研究的思路，基于煤炭市场自身的特点，运用社会福利模型和成本收益分析方法，构建我国煤炭储备规模的静态模型，并通过数值模拟和敏感性分析，根据中国的具体数据进行经验研究。

按照卡尔多-希克斯补偿检验理论，只要建立储备的成本小于其收益，就可以实现社会净收益增加，为此，建立一个储备成本-效益分析模型来计算储备净收益。该模型包含两个函数：①效益函数表示储备规模与社会总收益的关系；②成本函数表示储备规模与由此产生的成本之间的关系。

理论上，储备量的大小，应该有一个最佳规模。按照边际理论，只要每增加一个单位的储备物资所得到的边际收益大于成本，就应该增加储备规模。因此最佳储备量实际上是指能够使总的净收益最大化的规模。

2）模型构建。结合储备成本效益分析，建立一个储备成本-效益分析模型来计算储备净收益。该模型包含两个函数：效益函数，表示储备规模与社会总收益的关系；成本函数，表示储备规模与由此产生的成本之间的关系。

①效益函数构建。

如果政府的煤炭储备规模为 s，当发生规模为 t 的煤炭中断危机时，政府将释放部分或全部煤炭储备，挽回部分或全部消费者净剩余的损失，为此我们分两种情况讨论。当煤炭储备规模 s 小于煤炭中断规模 t 时，只有部分消费者净剩余得到挽回，此时消费者净剩余为 $\int_{0}^{365-t+s} P(Q)\mathrm{d}Q - (365-t+s)P^{*}$。因煤炭储备而挽回的消费者净剩余损失为 $\int_{0}^{365-t+s} P(Q)\mathrm{d}Q - \int_{0}^{365-t} P(Q)\mathrm{d}Q - sP^{*}$。此时，社会福利净增加值（本书指储备挽回的社会福利损失中的消费者剩余），即煤炭中断规模为 t 时，储备规模为 s 的煤炭储备的社会净收益，用 $B_{1}(t,s)$ 表示，则有：

$$B_{1}(t,s) = \int_{0}^{365-t+s} P(Q)\mathrm{d}Q - \int_{0}^{365-t} P(Q)\mathrm{d}Q - sP^{*} \tag{11-6}$$

式中，P 为煤炭价格；Q 为煤炭消费量；t 为煤炭供应中断规模；s 为煤炭储备规模；$P(Q)$ 为煤炭需求函数；P^{*} 为均衡价格；$S(Q)$ 为正常状态下的煤炭供给函数；$B(t,s)$ 为社会净收益。

当煤炭储备规模 s 大于或等于煤炭危机规模 t 时，通过煤炭储备释放，消费者的煤炭消费量恢复到正常状态水平"365 天煤炭可供量"，消费者净剩余为 $\int_0^{365} P(Q)\mathrm{d}Q -$ $365P^*$，在图 11-9 中表示为需求曲线 $P(Q)$ 下方、水平虚线 E^*P^* 的交集区域面积，此时全部消费者净剩余损失得到挽回。因煤炭储备而挽回的社会福利净损失量为 $\int_0^{365} P(Q)\mathrm{d}Q - \int_0^{365-t} P(Q)\mathrm{d}Q - tP^*$，在图中表示为 E_1E^*F 的面积，这也就是煤炭储备的社会净收益，我们用 $B_2(t, s)$ 表示：

$$B_2(t, s) = \int_0^{365} P(Q)\mathrm{d}Q - \int_0^{365-t} P(Q)\mathrm{d}Q - tP^* \qquad (11\text{-}7)$$

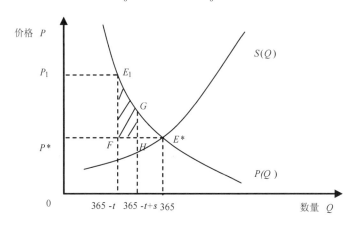

图 11-9　煤炭应急储备的社会收益

总结起来，煤炭储备的社会净收益可以表示为如下分段函数：

$$B(t, s) = \begin{cases} B_1(t, s), & s < t \\ B_2(t, s), & s \geq t \end{cases} \qquad (11\text{-}8)$$

由于在分段点 $s=t$ 处，煤炭储备的社会净收益函数 $B(t, s)$ 是连续的，这一性质为下文的分析提供了极大的便利。进一步对社会净收益函数 $B_1(t, s)$ 和 $B_2(t, s)$ 关于煤炭储备规模 s 求一阶导数，可得如下结果：

$$\begin{cases} \dfrac{\partial B_1(t, s)}{\partial s} = P(365-t+s) - P^* \\ \dfrac{\partial B_2(t, s)}{\partial s} = 0 \end{cases} \qquad (11\text{-}9)$$

此结果的经济含义比较容易理解，即在煤炭储备规模 s 小于煤炭中断规模 t 的情况下，增加一单位额外的煤炭储备具有社会价值，其价值正好等于消费者再额外消费一单位煤炭而产生的消费者净剩余。而在煤炭储备规模 s 大于或等于煤炭中断规模 t 的情况下，消费者的煤炭消费需求已经得到充分满足，因此额外再增加一单位煤炭储备不会带来消费者净剩余的增加，此时没有边际社会价值。

②成本函数构建。

煤炭储备也带来相应的成本。煤炭储备成本[①]可以分为三部分：第一部分为固定成本，假设每增加一单位煤炭储备容量的单位固定成本为 c，则规模为 s 的煤炭储备的固定成本为 cs；第二部分为可变成本，这部分成本主要是煤炭储备的运营成本，包括人员支出、日常维护支出、动态轮换、库存损失等，这部分支出和煤炭储备量有关。假设每增加一单位储备的运营成本为 v，则规模为 s 的煤炭储备的可变成本为 vs；第三部分为资金占用成本，煤炭储备要占用大量资金，虽然这一资金本身最终都能通过出售煤炭储备而回收，但是仍然会产生相应的利息支出，如果利率为 r，则资金占用成本为 rsP^*。因此，规模为 s 的煤炭储备的总成本为

$$C(s) = (c+v)s + rsP^* \tag{11-10}$$

③净收益函数构建及求解。

明晰了煤炭储备的收益和成本以后，政府必须在两者之间进行权衡。

对于政府而言，其目标是通过选择最优的煤炭储备规模 s，实现由储备投放挽回的社会福利与储备成本之差的最大化，即储备净收益的最大化：

$$\max\left(\int_0^{365} f(t)B(t,s)\mathrm{d}t - C(s)\right) \tag{11-11}$$

式中，$f(t)$ 为随机变量 t 的密度函数，t 服从均值为 λ 的指数分布。

由于政府在选择煤炭储备规模 s 时，煤炭中断危机的规模 t 仍然是未知的随机变量，因此对政府来说只能通过选择最优的储备规模 s 达到期望储备净收益最大化。一般认为，期望储备净收益最大化的条件是边际效用等于边际支出。

对式（11-11）求解一阶条件，并代入 $\dfrac{\partial B_1(t,s)}{\partial s}$、$\dfrac{\partial B_2(t,s)}{\partial s}$ 以及 $C'(s)$，可获得如下均衡条件：

$$\int_s^{365} f(t)\left[P(365-t+s)-P^*\right]\mathrm{d}t = (c+v) + rP^* \tag{11-12}$$

式中，$f(t)$ 为随机变量 t 的密度函数；t 服从均值为 λ 的指数分布。

式（11-12）的经济含义为，为了实现期望的煤炭储备净收益最大化，政府应该选择煤炭储备规模 s^*，使得储备挽回的期望边际社会福利收益等于煤炭边际储备成本。

（2）参数估计及数值模拟

1）参数估计。对煤炭需求价格弹性，煤炭储备的固定成本、变动成本和储备占用资金，煤炭供应中断等进行参数估计，得出基准参数值：煤炭需求价格弹性为 0.15，煤炭储备的单位储备总成本为 76 元/（t·a），根据规避最坏情景原则，依据近年来煤炭供应中断的历史数据，设定煤炭供应中断为 15 天。

2）数值模拟。将上面设定的基准参数值代入式（11-12）中，运用 matlab7.1 软件的数值积分功能，进行数值积分计算。模拟结果显示，最优的国家煤炭应急储备规模为

---

① 物资储备的成本正常应由初始成本、采购成本、持有成本以及处置成本组成。本研究假定煤炭应急储备的购入和释放均在正常状态下的均衡价格进行，因此不考虑储备的采购成本和处置成本。此外，本研究也不考虑煤炭储备基地可通过配煤实现的价值增值部分，此部分如果加入考虑相当于是储备成本的节约，将相应降低煤炭储备成本，进而带来煤炭应急储备规模的降低。

1 亿~1.5 亿 t。

11.3.2.2　不同区域煤炭储备规模

（1）煤炭应急储备布局影响因素分析

煤炭应急储备基地布局是一项系统工程，全国范围内的煤炭应急储备基地的合理选址应综合考虑多种因素。本研究认为我国煤炭应急储备的影响因素主要有煤炭消费量、煤炭自给率、风险发生概率、区位、运输条件及储备基地的资源等。

1）煤炭消费量。煤炭消费量也即煤炭市场的需求量，是煤炭应急储备的基本决定因素。地区煤炭消费量越大，则需要的应急储备基数就大，反之，所需的应急储备量就越小。

2）煤炭自给率。自给率是储备规模的重要决定因素，一般情况下，储备较多的国家或地区自给率较低、对外依存度较高。我国各省份在煤炭生产、消费和运输上存在较大差别，对于煤炭消费量大但其资源赋存条件差的省份，一旦发生重大自然灾害或突发事件，易导致煤炭供应中断或严重不足，因而需要较多储备。进一步看，我国煤炭自给率较低的省份其煤炭供应的运距也相对较长，较大的储备规模对于防范危机有重要作用。

3）煤炭供应中断危机发生的概率和严重程度。煤炭应急储备基地是针对特定地区煤炭供应风险的消除而设立的，因此选址时必须考虑因重大灾害事故或突发事件导致的煤炭供应中断或严重不足危机的发生概率，概率和严重程度的不同将会影响到煤炭应急储备基地的选址和规模。

4）区位。煤炭消费地的区位因素对煤炭应急储备布局决策也会产生重要影响。如果煤炭消费地位于生产地附近，或进口进入地，或被煤炭生产富集区环绕，那么煤炭供应中断时的及时补给能力就较强，反之，则需要大规模的煤炭应急储备。我国煤炭重点消费区华东、华中地区远离"三西"煤炭生产富集区；西南地区尽管总消费量少，但供应中断风险高且远离煤炭生产富集区。因此，煤炭应急储备的建立应重点考虑这些区域。

5）运输条件。运输条件是煤炭应急储备布局的重要影响因素。如果运输距离短、运输载体充足、运输速度快、运力宽松，那么煤炭的调运就容易，煤炭储备规模就低，或者不需要布局储备基地。如果运输距离长、运输方式缓慢、运力紧张，那么煤炭调运难度大，就需要建立煤炭应急储备基地来应对突发事件导致的煤炭供应中断或严重不足。例如，煤炭消费主要依靠跨省区调入、运输距离长、环节多的地区，就需要煤炭应急储备。从我国的实际情况看，东部沿海和南部沿海地区煤炭输入量较大，运输距离长，铁水联运时间长，一旦突发事件导致运煤的铁路、水路等交通中断，进而会导致煤炭供应中断，给经济社会带来很多危害，因此，需要进行煤炭应急储备基地布局。

（2）不同区域煤炭储备规模

结合以上因素，将其分为四类煤炭应急储备区域。一类区域包括湖北、湖南、广西、重庆、贵州、云南、四川、江西，主要位于华中和西南地区，煤炭主产区通往地区的铁路运力较为紧张，一般水力发电量较大导致煤炭需求季节性波动大，煤炭应急储备量应是在 15 天以上的消费量；二类区域包括上海、江苏、浙江、广东、福建、海南，这些区域处于东南沿海，可以通过铁水联运满足需求（铁路专用线加航运），运输可达性较高，但是需求量普遍较大，且自给率低，应急储备量应是 10～15 天的消费量；三类区域包括河南、山东、安徽、北京、天津、辽宁、吉林、黑龙江、甘肃、青海、西藏，这些地区靠近煤炭主产区，可以通过铁路直达甚至公路运输满足需求，应急储备量应是在 10 天左右的消费量；四类区域包括山西、内蒙古、陕西、宁夏、新疆，主要为煤炭主产区，具有一定的煤矿生产库存，必要时可满足应急需求，应急储备量应是 5～7 天的煤炭消费量。

11.3.2.3　煤炭储备基地选址

从我国当前煤炭输配基地发展来看，出现了两类输配节点：一类为传统的承担煤炭中转功能的港口，以沿海、沿江、沿河港口为主；另一类为国家和各级政府已经建设或拟建的应急储备点。这两类节点既有重合，也有一定的相对独立性。根据"输配结合、储配结合"（同时具备中转、储存、应急储备功能）的原则，应该统筹规划，除了少数原有输配节点发育不完善或应急储备要求高、规模大的区域外，新增储备基地应以现有中转港口或铁路枢纽为主。

在已经公布的第一批煤炭应急储备基地中，除了秦皇岛港、黄骅港两个发运港以外，其他煤炭储备基地都以服务于本省或本企业为主，能够集中转、储存、应急储备为一体的、具有一定规模的基地较少。在东北、华东、中南、西南（川渝）、京津冀等主要煤炭调入区中，东北铁路运力相对宽松，煤炭供应保障程度较高；华东地区的山东靠近煤炭主产区，煤炭供给以铁路直达为主，且距离较近；安徽是东部产煤大省，且调入以铁路直达为主，所以山东、安徽与江苏、浙江、上海、福建等地的输配格局差别较大，因此认为江苏、上海、浙江形成的长三角地区，适合建立大型煤炭输配基地，从流向、运输条件、自然条件等综合考虑，可以将舟山港培育成大型煤炭储配基地；中南地区的河南是产煤大省，且距离山西、陕西等煤炭调出省距离较近，以直达运输为主；广东以北方七港的铁水联运和进口为主，和江西、湖南、湖北的输配情况差别较大，加之国家已经认定珠海港、广州港为第一批煤炭储备基地，暂时不需考虑，所以认为需要建立服务于湖南、湖北、江西的煤炭储配基地，通过三省调入量重心的计算，发现其调入量重心在武汉附近，基于武汉重要的交通位置和港口优势，可以将武汉培育成服务于江西、湖南、湖北的大型煤炭储配基地；从西南地区来看，云南、贵州具有较高的煤炭自给率，建立大型储配基地的要求不高，随着四川、重庆的发展，煤炭调入量越来越大，鉴于重庆的港口和铁路运输优势，可以在重庆建立大型储配基地，服务于川渝的煤炭调运和应急储备。

基于前面的分析，提出煤炭输配基地发展路线图，如图 11-10 所示。

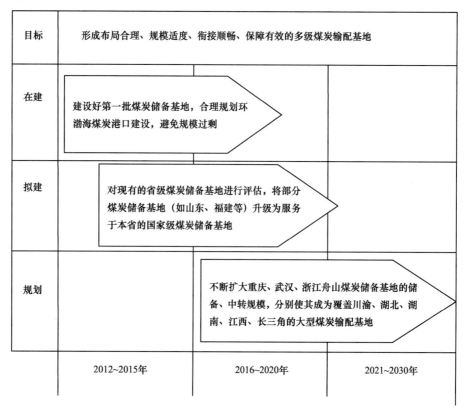

图 11-10 煤炭输配基地发展路线图

11.4 中国煤炭输配优化的政策建议

11.4.1 完善体制机制，支持现代煤炭物流业健康发展

研究促进煤炭物流业发展机制。研究建立煤炭物流园区和储配基地建设的金融、土地、财税支持政策，取消不合理收费，减轻企业负担，降低煤炭物流成本，加强煤炭物流企业诚信建设。

夯实煤炭物流基础。加强煤炭物流业标准化体系建设，建立健全我国煤炭集装、运输、存储、装卸等规范和标准。加快煤炭物流人才建设，培养一批煤炭物流技术和管理高级人才。

11.4.2 加快结构调整，实施区域煤炭总量控制措施

加强煤炭需求管理。控制高耗煤产业无序发展，加大力度淘汰能耗高、污染严重的小高炉、小水泥、小焦化，支持发展煤炭清洁、高效利用技术，控制不合理的煤炭需求。

实施煤炭消费总量控制措施。国家拟将"三区九群"区域的煤炭消费总量作为项目审批的前提条件，以总量定项目，以总量定产能，重点控制区新扩改建项目实行煤炭消费等量替代。到 2015 年，北京煤炭消费总量控制在 2000 万 t；上海、珠三角、乌鲁

木齐城市群（乌鲁木齐、昌吉、阜康、五家渠共 4 个地级及以上城市和 3 个县级市）实现煤炭消费总量零增长；江苏、浙江和山东半岛城市群（青岛、济南、烟台、淄博、威海、潍坊、东营、日照 8 个地级及以上城市）煤炭消费总量增幅控制在 10% 以内；天津、河北煤炭消费总量增幅控制在 15% 以内。

促进高耗煤产业有序向中西部转移。支持东部高耗煤产业向中西部煤炭资源富集地区有序转移，推进煤炭生产和利用方式变革，研发煤炭高效清洁转化技术和产品，变运煤为运输高质量的能源，支持西部地区经济社会可持续发展。

11.4.3　深化煤炭市场化改革，完善商品煤标准体系

建立和完善煤炭市场价格形成机制。研究建立适合我国煤炭市场、不同煤种的煤炭价格指数，完善反映资源稀缺程度、供求关系、煤矿安全、矿区环境和合理人工成本的煤炭价格形成机制，建立和完善煤炭与相关能源比价关系，理顺电煤价格，为深化煤炭市场化改革奠定基础。

取消地方行政干预市场行为。研究建立区域煤炭生产、供应与应急保障协调机制，取消地方行政干预煤炭价格、市场销售等行为，维护区域煤炭供需平衡。

推进煤炭订货制度改革。研究建立以全国煤炭交易中心为主，主要产煤地区、重要中转地区和主要消费地区为辅，以信息化为平台的全国煤炭交易体系，放开全部煤炭运力，构建煤炭长期协议、期货交易、现货等多重形式并存的煤炭订货机制，提高全国煤炭供应效率。

建立和完善商品煤标准体系。健全商品煤标准体系，鼓励原煤全部入选，支持优质煤外运，低质煤就地转化，推行煤炭对路消费，促进煤炭分级高效利用。

11.4.4　创新体制机制，加快煤炭运输通道建设

加快推进铁路投资体制改革。鼓励大型煤炭企业参与煤炭铁路运输通道建设，努力构建铁路建设多元投资机制，加快煤炭铁路干线建设速度。

加快晋陕蒙宁主要煤炭供应地区外运通道建设。加快推进内蒙古到河北、山西中南部铁路新通道建设，积极推进集通、朔黄、宁西、邯长、邯济线扩能改造工程，大幅减少公路煤炭运输。

加快蒙西到华中地区煤炭运输通道建设，提高华中地区煤炭供应效率。

加快兰新线电气化改造、兰新铁路第二线双线、兰渝和成兰铁路建设，积极推动新疆直达川渝地区煤炭运输通道建设。

加快北方煤炭下水港口扩能改造工程建设。加快唐山港、天津港、黄骅港、青岛港、日照港、连云港等北方煤炭下水港扩能改造工程建设，提高港口吞吐能力，增加煤炭堆存量，建设一批港口煤炭储配基地，提高煤炭下水和应急调运能力。

11.5　本章小结

本章分析了我国煤炭输配的基本格局及演变过程，提出了煤炭输配优化的基本思路、战略路线图及政策建议。

　　我国煤炭输配总体上呈现扇形结构，近期以"折叠扇形"结构为主，随着新疆煤炭的开发和利用，中远期将形成"芭蕉扇形"的煤炭输配格局。近年来，煤炭生产重心和消费重心的偏离度增加，由2001年的189.026km增加到2009年的282.624km，增加了近94km。

　　我国煤炭输配发展的战略思路为：立足国内、全球配置；调整结构、区域平衡；优化流向、转（化）（外）运合理；输配结合、应急保障。运输通道建设上，重点为蒙冀铁路、晋中南铁路、蒙西至华中地区煤运通道和出疆煤运通道，并做好朔黄线、集通线等既有线路扩能改造。煤炭储备基地建设上，需要及时总结第一批国家级煤炭储备基地的建设经验，重点在长三角、珠三角、华中、西南（川渝）地区建设具有一定规模、能够覆盖整个区域的大型煤炭储备基地。

　　我国煤炭输配优化的政策建议包括：完善体制机制，支持现代煤炭物流业健康发展；加快结构调整，实施区域煤炭总量控制措施；深化煤炭市场化改革，完善商品煤标准体系；创新体制机制，加快煤炭运输通道建设。

第 12 章　结论与建议

本书通过对煤炭提质技术与输配方案的全局性、系统性、基础性问题的深入研究，提供我国近、中期煤炭提质和输配的技术与产业发展方案，为我国煤炭清洁高效利用提供技术保障与决策支持。首先，以不断提高用煤洁配度为目标，提供我国近、中期煤炭整体提质关键技术与产业发展方案；其次，以低品质煤大规模开发为目标，提供我国褐煤、高硫煤、优质稀缺煤资源二次开发提质的技术路线图；再次，以我国已有的"西煤东运，北煤南调"煤炭输配格局，和必须面对的"两种煤炭资源、两种煤炭市场"的现状，研究形成以能源保障与安全为基础、以节能减排为目标、以区域为特征、最大限度地实现煤炭合理利用的输配方案。

12.1　主要结论

12.1.1　煤炭整体提质技术

1）选煤是煤炭提质的基本方法，在节能减排方面贡献巨大。加强选煤技术研究，加快大型关键设备的国产化率步伐，积极采用先进选煤方法，进一步提高原煤入选率，是我国由选煤大国向选煤强国迈进的基本保障。型煤、动力配煤和水煤浆等技术是实现煤炭高效洁净燃烧的重要技术环节，是发展中国洁净煤技术的有效技术途径，具有广阔的市场前景。

2）我国目前商品煤洁配度为25%，其中作为钢铁原料用煤、化工原料用煤的洁配度分别达到54%、50%，作为燃料用煤的洁配煤达到18%；而美国洁配度达到60%。分析我国用煤洁配度低于美国，除煤炭资源的原因外，还有煤炭消费结构和煤炭市场不健全等因素。通过改善煤炭消费结构，减少工业锅炉、窑炉、民用等用煤量，通过提质加工提高煤炭质量，限制低洁配度煤炭进入流通领域，可以逐步提高我国用煤质量，提升商品煤的洁配度。

通过燃用提质加工煤，到2015年、2020年、2030年，我国商品煤洁配度分别提升为37%、46%、57%；年节约煤量分别为3805万tce、6272万tce、8735万tce。

3）煤炭提质加工的基本原则是扩大煤炭提质加工总量，改进产品质量，增加产品品种；提高研发能力，促进装备升级；鼓励技术创新，不断提高煤炭提质加工的水平；推进先进适用技术的推广应用；实现资源综合利用，促进循环经济发展。以科学发展观为指导，依靠科技进步发展煤炭提质加工，改变我国煤炭用户使用原散煤状况，促进煤炭清洁、高效利用，发展资源综合利用和循环经济，促进煤炭工业产业结构和产品结构的转变。

4）煤炭提质技术和产业发展战略主要包括：研制大型选煤设备，提高煤炭入选率和分选效率；逐渐实现精细化动力配煤和现代化配送体系；一定程度和一定范围内发展气化型煤、锅炉型煤、褐煤型煤，以及水煤浆用于气化和工业锅炉，拓宽水煤浆制浆原料范围，提高水煤浆浓度。到 2015 年，提质加工比例达到 60%，2020 年达到 70%，2030 年达到 80%。

12.1.2　低品质煤提质利用技术

1）褐煤提质就是褐煤资源合理利用的有效途径之一，不但可以解决褐煤直接燃烧时环境污染严重、热利用率低和远距离运输困难等问题，还可以得到型煤、型半焦、煤焦油、焦炉煤气等多种煤基产品，提高了褐煤的经济效益和能量利用效率，是褐煤高效、低污染利用的重要途径，完全符合我国发展洁净煤技术能源多元化的战略需要。各种不同的褐煤提质技术在具有自身优势的同时，也存在明显的缺陷。大部分技术工艺系统非常复杂，褐煤提质成本高昂，系统运行可靠性低，对环境有着较大的污染等，离真正大规模工业化应用还有较长距离。

2）我国煤炭储量中有相当大的比例是高硫煤，高硫煤的储量大，且分布不均，若能解决高硫煤使用的过程中硫的排放问题，扩大高硫煤资源的开发利用，将会增强国家能源供给的保障程度，同时产生很大的经济效益。煤炭脱硫技术可划分为燃烧前脱硫、燃烧中脱硫和燃烧后脱硫三大类。燃烧前脱硫主要是通过重选、浮选、磁选等物理与物理化学技术脱除和减少煤中的硫分，在三大类技术中，煤炭燃烧前脱硫运行成本最低，且便于大规模生产，也是高硫煤利用技术中重点发展的技术，同时发展新型煤炭脱硫技术，对于解决特殊炼焦煤种的脱硫具有重要意义。

3）开发针对稀缺中煤特点的分选与净化技术，提高稀缺煤的总回收率，对于充分发挥稀缺主焦煤资源的优势，增加其有效供给量，具有重要现实意义。建议完善稀缺煤资源的开发技术体系，从物质科学的认知开始，分析煤岩的物相组分及选择性磨碎方法，再进行精细化碎磨分选，并对整个分选过程进行动态过程调控强化，将核心技术进行耦合集成，形成具有我国特色的资源开发技术体系，有效释放褐煤和高灰煤资源量，提高稀缺炼焦精煤回收率 5%～15%。

12.1.3　煤炭输配战略

1）通过对近中期我国主要煤炭生产区产量、主要煤炭消费区消费量、四大耗煤行业（电力、钢铁、建材和化工）的预测、进出口变化趋势及预测、运输通道和港口储配能力分析，提出"立足国内、全球配置、调整结构、区域平衡、优化流向、品种调剂、输配结合、应急保障"的输配战略思路。通过煤炭输配格局、输配通道和区域间输配关系的分析，认为我国近中期"扇形"的输配格局不会改变，即近期晋陕蒙宁为核心调出区，调往东北、京津冀、华东、中南，新甘青为自给区和战略资源开发储备区；中远期晋陕蒙宁为主要调出区，调往东北、京津冀、华东地区，新甘青将成为西南地区和中南地区的输出区。

2）煤炭输配优化的重点在于：第一，根据运输可达性、运输距离、运输便利性等做好调入区定位，划定邻近调入区、可达调入区、边缘调入区等，优先保障邻近调入区的增量需求，控制可达调入区和边缘调入区的增量需求，并以产业政策、能源结构调整政策和节能减排政策调节，缩小消费重心偏离生产重心的程度；第二，针对当前煤炭运输通道的瓶颈环节，优化完善煤炭运输通道体系，加快建设蒙西地区至京唐港曹妃甸港区，蒙西等能源基地至湖北、湖南、江西等中部地区，以及出疆煤炭通道等；第三，根据服务半径、物流规模等因素，规划建设生产区的集配中心和中转、消费的储配中心，完善煤炭配送节点和网络，形成多级配送体系，提高煤炭输配服务水平。

12.2 保障措施及政策建议

12.2.1 煤炭整体提质方面的政策建议

(1) 加大科技和装备研发和技术推广力度，全面提高提质加工水平

建立以企业为主体的多层次技术科技创新体制和以科研开发、技术服务、成果推广为主要内容的技术创新体系。充分调动发挥煤炭大型企业、煤炭科技企业和高校的积极性，形成不同技术特色的煤炭科技自主创新能力。

国家加大资金投入，建立煤炭重大科技专项，对行业应用基础研究、高技术研究、公益性研究、关键技术攻关、重点推广项目予以扶持。

鼓励发展以煤炭洗选为主的煤炭提质加工能力建设，稳定和提高煤炭质量。

大力发展煤炭洗选加工等提质技术，提高动力煤入选率；示范和推广先进的型煤和水煤浆生产技术，加大褐煤提质技术的开发和示范。

促进以煤炭洗选为主的煤炭加工能力建设，优先在港口、煤炭集散中心、产煤区、煤炭用户集中区等地，建设大型现代化动力煤洗选加工配送中心和储配煤基地。根据用户对煤炭的发热量、灰分、水分、硫分、挥发分、灰熔点等参数的要求，进行精细化加工和配煤管理，满足用户用煤质量要求；制定煤炭生产、加工、配送相关标准，建立产、洗、配、销、送及售后服务的煤炭配送体系，提高煤炭配送比例。

加快集成煤炭运输、仓储、交易、加工、配送等功能的煤炭物流园区建设，形成煤炭洗选加工配送体系和煤炭物流通道，减少中间环节推进煤炭现货交易中心的发展，提高煤炭资源配置效率，减少烦琐的流通环节，减轻用煤企业负担。

(2) 通过洁配度的引入，鼓励煤炭的分级分质利用

进一步深化洁配度指标体系研究，完善指标内容的科学性及适应性，建立煤炭洁配度指标与煤炭利用间关系，建议国家设置进入流通市场的煤炭洁配度准入标准，严格煤炭市场准入门槛，提出不同行业煤炭洁配度的最低要求值、适宜值和理想值，制定系列煤炭洁配度指标和准入标准，实现煤炭的分质、分级、高效利用。

通过洁配度的引入，将煤炭分为不同的洁配度等级，通过煤炭提质加工，为不同煤炭用户提供不同洁配度等级的煤炭产品。

设置进入流通领域的煤炭洁配度准入标准，规定洁配度低于市场准入标准的煤炭，实现就地消化利用，禁止长途运输以及在市场上流通，实现煤炭的分质、分级利用。同时制定合理的商品煤优质优价政策。

（3）鼓励对洗选加工副产品的综合开发利用

在资金投入、排污费减免等方面，给予扶持。洗矸、煤泥等低质煤炭，可采用循环流化床，作为制砖和水泥掺混材进行利用，也可直接就近充填井下煤柱和边角残煤，加大煤炭资源的回收。

完善煤炭生产和应用的标准化体系。进一步完善煤炭产品质量标准，随着技术发展和环保要求的严格，逐步提高煤炭用户用煤设计规范。对于新建燃煤设备，可根据特定煤炭资源和较优煤炭指标进行设计，逐步提高燃煤质量标准。

鼓励企业和地方制定相应标准。鼓励有条件的主要产煤地区和用煤地区、煤炭企业，根据有关国家标准、地方需要、企业实际，制定相应的煤炭产品质量地方标准和企业标准。

强化煤炭产品质量监管体系的建立。强化煤炭质量监管，坚决打击掺杂使假行为。严格煤炭经营许可证管理制度，提高准入门槛，减少煤炭中间环节产生的问题。各地对煤炭经营单位建立市场准入条件，国家或地方的质量监督部门对煤炭经营企业出售的煤炭产品进行定期检查和不定期的抽查，建设具有良好市场竞争和可持续发展的市场。

进一步加强和规范煤炭产品管理与质量监管体系，建立和完善煤炭质量第三方监督检验和认证体系。加强行业监管部门对煤炭产品质量进行监督，对于煤炭生产和供应商的商品煤质量、煤炭用户的煤炭质量进行监管和检验，对于达不到标准的煤炭不允许销售和使用。促使煤炭生产和加工企业必须生产和出售符合标准的煤炭产品，煤炭用户必须使用符合标准要求的煤炭产品。

提高第三方检验机构的门槛，以保证检验质量。对第三方检验机构应有严格的考核标准并定期进行严格考核，使煤炭标准化工作能够长期、稳定、持续地开展下去。

（4）加大财政支持

对采用提质加工煤所获得的节能效益给予认定，享受节能专项补贴和优惠贷款支持，激发煤炭用户采用提质加工煤的积极性。

对未按相关标准进行煤炭生产、销售、使用，以及能效和排放不达标的企业，通过行政罚款、限期整改等措施进行规范。

规范价格管理体系，完善煤炭价格形成机制，研究制定科学合理的煤炭比价制度，政府引导建立健康有序的煤炭市场，出台煤炭产品定价指导性意见。减少煤炭供应中间环节，制止中间环节随意加价、搭车收费等现象的发生。

对于煤炭生产企业和用煤企业，可通过长期锁定煤炭价格（包括固定价和弹性波动价）等方式，保障煤炭的供应和价格的相对稳定。同时，可通过煤电联营、相互参股等方式，解决行业分割以及煤炭供应和煤炭价格问题。

调整铁路运输单价，提质加工煤和其他煤炭同样运价。

（5）加大环境执法

加大燃煤用户污染物排放监控和排污收费，把燃煤环境成本计入用户能源消费成本中，调动用户采用提质加工煤炭的积极性。按照最佳煤炭利用效率作为煤炭成本测算基准，促进煤炭用户采用优质的提质加工煤炭，提高燃烧效率，降低设备磨损、厂用电率和污染物排放费用。

12.2.2 低品质煤提质利用的政策建议

1）国家对褐煤提质技术的开发处于引导和限制规模的阶段，所以制定了近、中、远期目标，近期目标是攻克有关褐煤脱水提质的基础科学问题，改进和完善各个工艺中的干燥系统设备、除尘装置等设备，建设 5~7 个不同地区的褐煤提质（脱水、成型）工程技术示范装置，满足《"十二五"规划》中煤化工装备的示范要求。中期目标是升级示范项目，建立成熟提质技术的褐煤项目，实现褐煤多联产技术，排放的废气和废水达到国家环境要求。远期目标就是发展褐煤提质产业，实现煤、焦、电、化一体化技术，形成产业链的有效延伸和综合利用，形成资源和能源的循环利用系统。

2）随着国家对煤炭资源需求量的增加，高硫煤资源在我国煤炭资源中的地位将逐渐受到重视，通过开发和应用高效煤炭脱硫技术，完全可以扩大高硫煤资源的利用范围；通过气化转化利用，同样可以实现高硫煤资源的高效、清洁利用，国家应该制定高硫煤资源的利用规划，对高硫煤资源合理规划开采，实施分区利用和分级利用，扩大我国煤炭资源的供给保障能力。

3）重点对适度解离后各粒级物料的分选过程进行研究，进一步提高分选精度。主要包括末煤重介旋流器精细分选技术、粗煤泥分选工艺与技术开发、细煤泥精细浮选技术，以及综合运用多种方法的煤基洁净产品精细加工技术，形成一套完整的从中间产品碎磨、分选、脱水到洗水净化技术体系。

4）推进构建与褐煤利用配合的褐煤提质技术，依据褐煤本地或远地利用需要着力发展相应的支持技术，实现褐煤的高效利用；对高硫煤资源合理规划开采，实施分区利用和分级利用，扩大我国煤炭资源的供给保障能力；重视稀缺煤二次资源提取利用，加大技术投入形成一套完整的稀缺煤二次资源分选技术体系提高稀缺炼焦精煤回收率。

12.2.3 中国煤炭输配优化的政策建议

（1）完善体制机制，支持现代煤炭物流业健康发展

研究促进煤炭物流业发展机制。研究建立煤炭物流园区和储配基地建设的金融、土地、财税支持政策，取消不合理收费，减轻企业负担，降低煤炭物流成本，加强煤炭物流企业诚信建设。

深化煤炭运输体制改革。推动煤炭铁路运力市场化，推动煤炭铁路港口建设的投融资体制改革，鼓励大型煤炭产运需企业参股建设煤炭铁路干线和港口等相关基础设施。

深化煤炭订货改革。鼓励大型煤炭产运需企业建立战略联盟，签订中长期合同。完善煤炭交易规则，强化市场监管，建立公平、规范、透明的市场准入制度。

建立全国煤炭价格指数。研究建立适合我国煤炭市场特点、不同煤种的煤炭价格指数，完善反映资源稀缺程度、供求关系、煤矿安全、矿区环境和合理人工成本的煤炭价格形成机制。

夯实煤炭物流基础。加强煤炭物流业标准化体系建设，建立健全我国煤炭集装、运输、存储、装卸等规范和标准。加快煤炭物流人才建设，培养一批煤炭物流技术和管理高级人才。

（2）加快结构调整，实施区域煤炭总量控制措施

加强煤炭需求管理。控制高耗煤产业无序发展，加大力度淘汰能耗高、污染严重的小高炉、小水泥、小焦化，支持发展煤炭清洁、高效利用技术。控制不合理的煤炭需求。

实施煤炭消费总量控制措施。国家拟将"三区九群"区域的煤炭消费总量作为项目审批的前提条件，以总量定项目，以总量定产能，重点控制区新扩改建项目实行煤炭消费等量替代。到 2015 年，北京煤炭消费总量控制在 2000 万 t；上海、珠三角、乌鲁木齐城市群（乌鲁木齐、昌吉、阜康、五家渠共 4 个地级及以上城市和 3 个县级市）实现煤炭消费总量零增长；江苏、浙江和山东半岛城市群（青岛、济南、烟台、淄博、威海、潍坊、东营、日照 8 个地级及以上城市）煤炭消费总量增幅控制在 10% 以内；天津、河北煤炭消费总量增幅控制在 15% 以内。

促进高耗煤产业有序向中西部转移。支持东部高耗煤产业向中西部煤炭资源富集地区有序转移，推进煤炭生产和利用方式变革，研发煤炭高效清洁转化技术和产品，变运煤为运输高质量的能源，支持西部地区经济社会可持续发展。

（3）深化煤炭市场化改革，完善商品煤标准体系

建立和完善煤炭市场价格形成机制。研究建立适合我国煤炭市场、不同煤种的煤炭价格指数，完善反映资源稀缺程度、供求关系、煤矿安全、矿区环境和合理人工成本的煤炭价格形成机制，建立和完善煤炭与相关能源比价关系，理顺电煤价格，为深化煤炭市场化改革奠定基础。

取消地方行政干预市场行为。研究建立区域煤炭生产、供应与应急保障协调机制，取消地方行政干预煤炭价格、市场销售等行为，维护区域煤炭供需平衡。

推进煤炭订货制度改革。研究建立以全国煤炭交易中心为主，主要产煤地区、重要中转地区和主要消费地区为辅，以信息化为平台的全国煤炭交易体系，放开全部煤炭运力，构建煤炭长期协议、期货交易、现货等多重形式并存的煤炭订货机制，提高全国煤炭供应效率。

建立和完善商品煤标准体系。健全商品煤标准体系，鼓励原煤全部入选，支持优质煤外运，低质煤就地转化，推行煤炭对路消费，促进煤炭分级高效利用。

（4）创新体制机制，加快煤炭运输通道建设

加快推进铁路投资体制改革。鼓励大型煤炭企业参与煤炭铁路运输通道建设，努力构建铁路建设多元投资机制，加快煤炭铁路干线建设速度。

加快晋陕蒙宁主要煤炭供应地区外运通道建设。加快推进内蒙古到河北、山西中南部铁路新通道建设，积极推进集通、朔黄、宁西、邯长、邯济线扩能改造工程，大幅减少公路煤炭运输。

加快蒙西到华中地区煤炭运输通道建设，提高华中地区煤炭供应效率。

加快兰新线电气化改造、兰新铁路第二线双线、兰渝和成兰铁路建设，积极推动新疆直达川渝地区煤炭运输通道建设。

加快北方煤炭下水港口扩能改造工程建设。加快唐山港、天津港、黄骅港、青岛港、日照港、连云港等北方煤炭下水港扩能改造工程建设，提高港口吞吐能力，增加煤炭堆存量，建设一批港口煤炭储配基地，提高煤炭下水和应急调运能力。

参 考 文 献

白向飞 . 2010. 中国褐煤及低阶烟煤利用及提质技术开发 . 煤质技术，1（6）：9-11.

伯叠斯 C H，伯杰 S，斯特劳布 K. 1998. 机械热脱水加工工艺 . 国外选矿快报，（23）：4-7.

布罗克威，李孝尚 . 2000. 澳大利亚先进的褐煤发电技术 . 中国煤炭，26（3）：56-58.

蔡璋 . 1998. 选择性絮凝在煤炭分选中的应用 . 洁净煤技术，4（1）：21-23.

常春祥，熊友辉，蒋泰毅 . 2006. 高水分褐煤燃烧发电的集成干燥技术 . 选煤技术，（4）：19-21.

陈秉均，杨锐邦 . 2004. 干磨与湿磨的残余应力试验研究 . 机电工程技术，33（5）：40-41.

陈鹏 . 2004. 中国煤炭性质、分类和利用 . 北京：化学工业出版社 .

陈维禧，王国南 . 2006. 固硫型煤的生产技术和使用效果 . 污染防治技术，3（19）：11-13.

陈永国，郭森魁，何屏 . 2001. 褐煤气化及其影响因素分析 . 能源工程，（1）：6-8.

初茉，李华民 . 2005. 褐煤的加工与利用技术 . 煤炭工程，（2）：47-49.

刍治邦 . 1986. 煤直接液化工艺技术发展 . 煤炭加工与综合利用，1（1）：8-12.

崔广文，王京发，杨硕，等 . 2013. 细粒难浮煤泥浮选试验研究 . 洁净煤技术，19（6）：1-4.

崔丽杰，姚建中，林伟刚 . 2003. 喷动—截流床中粒径对内蒙霍林河褐煤快速热解产物的影响 . 过程工程学报，3
   （2）：104-108.

崔学茹，刘厚乾，李明东 . 2005. 磨矿介质与磨矿效率剖析 . 矿业工程，3（6）：35-37

戴和武，杜铭华，谢可玉，等 . 2001. 我国低灰分褐煤资源及其优化利用 . 中国煤炭，27（2）：14-18.

戴和武，李连仲，谢可玉 . 1999. 谈高硫煤资源及其利用 . 中国煤炭，（11）：27-31.

戴和武，谢可玉 . 1999. 褐煤利用技术 . 北京：煤炭工业出版社 .

戴和武，詹隆 . 1986. 低煤化度煤与煤的新分类 . 北京：地质出版社 .

邓晓阳，吴影 . 2003. 最近五年国内外选煤设备点评 . 选煤技术，6：40-47

付晓恒，李萍，刘虎，等 . 2005. 煤的超细粉碎与超净煤的分选 . 煤炭学报，30（2）：219-223

高俊荣，陶秀祥，侯彤，等 . 2008. 褐煤干燥脱水技术研究进展 . 洁净煤技术，（6）：3-5.

高俊荣，陶秀祥，候彤，等 . 2008. 煤干燥脱水技术的研究进展 . 煤质技术，14（6）：73-76.

高孟华，章新喜，陈清如 . 2003. 应用摩擦电选技术降低微粉煤灰分 . 中国矿业大学学报，32（6）：674-677.

葛林瀚，陈昕，刘青 . 2010. 浅谈煤炭脱硫技术及其使用现状 . 煤矿现代化，（3）：84-85.

关珺，何德民，张秋民 . 2011. 褐煤热解提质技术与多联产构想 . 煤化工，12（6）：1-4.

郭奎建 . 2010. 2009 特种设备统计分析 . 中国特种设备安全，26（5）：69-75.

郭力方 . 2010-11-15. 资源利用率低或将全面改观 . http：//paper.people.com.cn/zgnyb/html/2010-11/15/content_ 672176.htm.

郭树才 . 2000. 褐煤新法干馏 . 煤化工，92（3）：6-8.

郭万喜，刘兵元，李苹 . 2004. 不同煤种配煤直接液化试验研究 . 煤化工，2（111）：10-15.

郭秀军，刘晓军 . 2011. 最近五年国内外选煤设备现状及发展趋势 . 选煤技术，4：68-73

国土资源部 . 2007. 煤、泥炭地质勘查规范 .

何青松，高硫煤合理分选与减少重庆市二氧化硫排放的途径分析 . 洁净煤技术，4（4）：5-9.

何青松，杨江青，唐联松 . 2008. 煤系硫铁矿的分选 . 煤炭加工与综合利用，（5）：42-43.

何青松 . 2009. 煤泥重介质旋流器在高硫难选煤分选工艺中的应用 . 煤炭加工与综合利用，（1）：5-9.

贺永德 . 2004. 现代煤化工技术手册 . 北京：化学工业出版社 .

黄山秀，马名杰，沈玉霞，等 . 2010. 我国型煤技术现状及发展方向 . 煤炭科技，1：84-87.

黄文辉，杨起，唐修义，等 . 2010. 中国炼焦煤资源分布特点与深部资源潜力分析 . 中国煤炭地质，22（5）：1-6.

贾艳阳，曹亦俊 . 2012. 我国配煤技术的现状与发展趋势 . 煤炭技术，31（1）：10-11.

贾艳阳 . 2012. 我国配煤技术的现状与发展趋势 . 动力配煤规范 GB25960-2010.

江寿建 . 2009. 褐煤干燥成型工艺技术综述 . 化肥设计，252（5）：1-9.

姜彦立，周新华，郝宇 . 2007. 国内外燃煤脱硫技术的研究进展 . 矿业快报，（1）：145-147.

焦红光，崔敬媛，陈清如 . 2007. 微粉煤燃前干法脱硫降灰工艺技术评论 . 煤质技术，（2）：43-47.

康淑云 . 1999. 微生物脱硫技术进展 . 中国煤炭，25（5）：35-39.

雷佳莉，周敏，严东，等 . 2012. 煤炭微波脱硫技术研究进展 . 化工生产与技术，19（1）：43-46.

李东卫 . 2011. 从电荒看我国煤炭资源战略储备的必要性 . 广西经济，（6）：52-55.

李国辉，胡杰南 . 1997. 煤的微生物法脱硫研究进展 . 化学进展，（1）：79-90.

李金克 . 2011. 中国煤炭战略储备适度规模的确定 . 中国煤炭，37（8）：5-7.

李蒙俊，邹红林，文春燕 . 1999. 应用油团聚技术高效脱除煤炭灰分 . 煤炭加工与综合利用，（4）：27-28.

李宁，刘维屏，周俊虎，等 . 2002. 新型钡基高温燃烧固硫剂的研究与应用 . 化工学报，53（11）：1198-1201.

李萍，付晓恒，周建军，等 . 2005. 炼焦中煤深度降灰的研究 . 洁净煤技术，11（2）：18-21.

李青松，李如英，马志远，等 . 2010. 美国 LFC 低阶煤提质联产油技术新进展，19（12）：82-87.

李群，赵大伟，侯振华，等 . 2009. 褐煤提质工艺试验研究 . 煤质技术，（6）：14-16.

李文华，翟炯 . 1994. 中国煤中硫的分布及控制硫污染的对策 . 煤炭转化，17（4）：1-10.

李先才，龚由遂 . 1999. 关于高硫无烟动力煤走"煤—电—化"一体化发展道路的探讨 . 煤矿环境保护，13（4）：53-54.

李晓兰，叶京生，罗乔军 . 2007. 流化床干燥技术的研究与进展 . 干燥技术，6（8）：61-64.

梁金钢 . 2008. 国内外选煤技术与装备现状及发展趋势 . 中国煤炭，1：59-63.

林伯强，杜立民 . 2010. 中国战略石油储备的最优规模 . 世界经济，（8）：72-92.

刘光启，邓蜀平，蒋云峰，等 . 2007. ATP 技术用于褐煤热解提质的技术经济分析 . 洁净煤技术，13（6）：25-28.

刘炯天 . 2011. 关于我国煤炭能源低碳发展的思考 . 中国矿业大学学报（社会科学版），1：6-10.

刘军利，唐惠庆，郭占成 . 2004. 煤气部分返回炼焦过程焦炭脱硫 . 燃料化学学报，（3）：268-273.

刘随芹，陈怀珍，崔凤海 . 1999. 燃煤高温固硫技术的现状及进展 . 中国煤炭，25（9）：14-16.

吕涛，聂锐 . 2008. 煤炭应急供应的储备机制研究 . 中国安全科学学报，12：68-74.

吕玉庭，吴鹏，孙玉堂 . 2010. 中煤再洗工艺及其主要分选设备 . 选煤技术，（4）：43-45.

罗俊，熊振涛 . 2010. 高硫无烟煤脱硫工艺试验研究 . 煤炭工程，（7）：81-83.

罗锡亮 . 2007. 中国煤炭加工与综合利用技术、市场、产业化信息交流会暨煤化工产业发展研讨会/煤制甲醇的风险与对策 . 中国煤炭，115-117.

马剑 . 2011. 我国煤炭洗选加工现状及"十二五"发展构想 . 煤炭加工与综合利用，（4）：1-3.

莽东鸿，杨丙中，林增品，等 . 1994. 中国煤盆地构造 . 北京：地质出版社 .

毛节华，许惠龙 . 1999. 中国煤炭资源预测与评价 . 北京：科学出版社 .

煤炭标准化委员会 . 2010. 煤炭质量标准——煤质量分级 . 第 2 部分：硫分 . GB/T 15224.2—2010.

煤炭工业洁净煤工程技术研究中心 . 2010. 我国提质煤的市场机制及政策支持研究报告 .

煤炭科学研究总院 . 2010. "清洁煤先进技术"应用研究 .

苗俊明 . 2009. 动力配煤技术的发展及现状 . 中国科技信息，（19）：32-33

欧泽深，张文军 . 2006. 重介质选煤技术 . 徐州：中国矿业大学出版社 .

彭荣任，丛桂芝 . 1997. 论我国高硫煤的综合加工和洁净利用 . 煤炭学报，22：286-288.

彭荣任 . 2012. 重介质旋流器选煤理论与实践 . 北京：冶金工业出版社 .

钱平凡，李敏，周健奇 . 2010. 基于供应链管理的我国煤炭储备模式分析 . 煤炭经济研究，30（4）：15-19.

山东省人民政府办公厅 . 2011. 关于推进山东省煤炭应急储备基地建设的意见 . 山东政报，2：47-49.

尚京鄠 . 2006. 澳大利亚褐煤期待与中国结缘 . 地质勘查导报 .

邵俊杰 . 2009. 褐煤提质技术现状及我国褐煤提质技术发展趋势初探 . 神华科技，7（02）：17-22.

盛明，蒋翠蓉 . 2008. 浅谈高硫煤资源及其利用 . 煤质技术，（6）：4-6.

石达 . 2005. 现代配煤生产配方优化设计、工艺控制及煤质评定标准实务全书 . 北京：当代中国音像出版社 .

水恒福，刘健龙，王知彩，等 . 2009. 小龙潭褐煤不同气氛下液化性能的研究 . 燃料化学学报，（3）：257-261.

陶长林 . 1994. 90 年代国外选煤述评 . 世界煤炭技术，8：25-29.

田海宏，王劲草 . 2004. 煤炭浮选存在的问题与解决方法 . 煤炭技术，（5）：70-71.

万永周，肖雷，陶秀祥，等 . 2008. 褐煤脱水预干燥技术进展 . 煤炭工程，（8）：91-93.

汪家铭 . 2010. SES 煤气化技术及其在国内的应用 . 化肥设计, 5（48）: 15-18.

王怀法, 湛含辉, 杨润全 . 2001. 高灰极难选煤泥的絮凝浮选试验研究 . 选煤技术,（1）: 17-18

王建成 . 2004. 超声波和微波联合萃取和氧化脱除煤中硫 . 太原: 太原理工大学硕士学位论文 .

王世光 . 2001. 南桐选煤厂全重介选煤工艺 . 选煤技术,（6）: 9-12.

王市委, 陶秀祥, 吕则鹏, 等 . 2010. 高灰难选细粒煤泥煤质分析及其浮选工艺探讨 . 中国煤炭, 36（11）: 78-80.

王天威 . 2007. 褐煤改质的基础研究 . 应用能源技术,（9）: 19-20.

王学举, 王涛, 于才渊 . 2011. 褐煤资源洁净高效转化中的脱水技术//中国干燥专业组研究中心 . 第十三届全国干燥会议论文集 .

尉迟唯, 李保庆, 李文, 等 . 2003. 煤的岩相显微组分对水煤浆性质的影响 . 燃料化学学报, 31（5）: 415-419.

魏广学, 徐建华, 陈伍平 . 1994. 褐煤脱水提质的研究 . 农村能源,（2）: 16-20.

邬来栓 . 2009. "三高" 劣质煤制甲醇汽油 . 中氮肥,（4）: 34-36.

邬丽琼 . 2007. 中国主要炼焦煤矿区的储量、产量和利用 . 煤质技术, 6: 20-23.

吴林 . 2004. 内江高坝发电厂循环流化床锅炉脱硫系统的探讨/中国电力企业联合会 . 循环流化床（CFB）机组技术交流论文集（1-4）合集: 285-289.

吴忠标, 刘越, 余世清 . 2000. 我国烟气脱硫技术现状与进展第八届全国学术环境会议 .

武乐鹏, 杨立忠, 解国辉 . 2009. 选煤技术的发展 . 科技情报开发与经济, 19（14）: 121-123.

夏玉 . 2000. 典型高硫煤矿区煤炭洗选加工利用技术的研究通过国家验收 . 选煤技术,（6）: 3-4.

谢登峰 . 2008. 选择性絮凝-浮选法制备超纯煤的试验研究 . 选煤技术,（5）: 25-27.

谢广元, 陈清如 . 1988. 干式流态化选煤介质磨制及其研究 . 第四届全国粉碎工程技术研讨会 .

熊友辉 . 2006. 高水分褐煤燃烧发电的集成干燥技术 . 锅炉技术,（37）: 46-49.

徐建平 . 2001. 高效的高硫煤物理洗选脱硫技术 . 中国煤炭,（3）: 15-18.

许代芳 . 1999. 南桐局开发成功高硫煤洁净配制成型燃烧技术 . 煤矿环境保护,（2）: 48-48.

许力 . 2003. 环保型煤的研制及应用研究 . 兰州: 兰州铁道学院 .

杨笺康 . 1988. 煤微波脱硫与试样介电性质的关系 . 华东理工大学学报, 14（6）: 713-718.

尹立群 . 2004. 我国褐煤资源及其利用前景 . 煤炭科学技术, 32（08）: 12-14, 23.

于良, 金凤君, 张兵 . 2006. 中国煤炭运输的现状、发展趋势与对策研究 . 铁道经济研究, 5: 38-41.

袁红莉, 杨全水, 王风芹, 等 . 2002. 不可再生能源物质褐煤的生物可持续发展问题展望利用研究 . 世界科技研究与发展, 24（3）: 13-17.

苑卫军, 李建胜, 郭健 . 2009. 褐煤提质系统若干问题的探讨与分析 . 煤炭加工与综合利用,（04）: 37-39.

云增杰, 董洪峰, 曹勇飞 . 2008. 高水分燃料褐煤脱水技术 . 露天采矿技术,（4）: 69-71.

张博 . 2010. 疆煤东运铁路通道运量分配研究 . 铁道建筑技术,（增）: 244-245, 248

张殿奎 . 2010. 我国褐煤综合利用的发展现状及展望 . 神华科技, 8（1）: 51-56.

张镜, 吕玉庭 . 2011. 热水干燥技术处理舒兰褐煤的研究 . 煤炭加工与综合利用, 1（5）: 47-49.

张妮妮, 周永刚, 翁善勇, 等 . 2005. 俄罗斯煤和平朔煤混煤的粉碎机理和可磨性规律研究 . 电站系统工程, 21（6）: 14-16.

张荣增 . 1996. 水煤浆制浆技术 . 北京: 科学出版社 .

张锐, 高玉春, 张奎同 . 2011. 浅谈甲醇水冷器除蜡 . 上东化工, 40（10）: 66-67.

张世奎 . 2004. 中国煤炭资源保障程度与合理开发利用 . 中国煤田地质,（1）: 1-4.

张相国, 沈笑君, 史春华 . 2007. 中煤再选的必要性和可行性 . 中国煤炭, 33（3）: 53-55.

张悦秋, 谢广元, 李国洲 . 2007. 氧化硫硫杆菌氮代谢及其对煤炭脱硫影响的研究 . 洁净煤技术, 13（4）: 32-34.

中国电力企业联合会 . 2010. 电力工业 "十二五" 规划研究报告 .

中国工程院 . 2010. 中国能源中长期（2030、2050）发展战略研究

中国科学院能源战略研究组 . 2006. 中国可持续能源发展战略 . 北京: 科学出版社 .

中国能源中长期发展战略研究项目组 . 2011. 中国能源中长期（2030、2050）发展战略研究: 综合卷 . 北京: 科学出版社 .

中华人民共和国国家统计局 . 2011. 中国统计年鉴 2011 北京: 中国统计出版社 .

周夏 . 2009. 褐煤气化技术评述 . 煤化工，（6）：1-4.

朱晓川 . 1997. 微泡旋流浮选柱在中梁山选煤厂的应用 . 煤炭加工与综合利用，（4）：15-16.

左伟，骆振福，吴万昌，等 . 2009. 高硫煤的干法分选技术 . 煤炭加工与综合利用，（6）：17-20.

Berginsc K. 2002. Mechanism during mechanical. Fuel，82（2003）：355-364.

Jena M S，Biswal S K，Rudramuniyappa M V. 2008. Study on flotation characteristics of oxidised Indian high ash sub-bitumi-
nous coal. International Journal of Mineral Processing，87（1/2）：42-50.

Lagas J. 1993. Recent developments to the SCOT process. Sulpur，（227）：39-44.

SCOT. 1998. Hydrocarbon processing's gas processes' 98. HP，77（4）：122.

Teisberg T J. 1981. A dynamic programming model of the U. S. strategic petroleum reserve. The Bell Journal of Economics，12
（2）：526-546.

Trimble A S，Hower J C. 2003. Studies of the relationship between coal petrology and grinding properties. International Journal
of Coal Geology，54（3）：253-260.

U. S. Energy Information Administration. 2011. Quarterly Coal Report.

Zaidi S. 1993. Ultrasonically enhanced coal desulphurization. Fuel Processing Technology，33：95-100.